陕西省"十四五"职业教育规划教材（GZZK2023-1-164）

高等职业教育国家"双高计划"建设课改教材

机械创新设计与制作

主　编　王毅哲

参　编　宁　煜　付兴娥　魏　静

　　　　乔　琳　夏　伟　王小爱

主　审　史丽晨

西安电子科技大学出版社

内 容 简 介

本书以激发读者的创新思维为出发点，旨在帮助读者熟悉创新技法，掌握机械创新设计的流程，从而提升读者的机械创新能力。全书共 10 章，包括绪论，创新思维与创新技法，机械系统运动方案的创新设计，机构创新设计，机械结构与创新设计，反求设计、绿色设计和人机工程，仿生创新设计，常见的创新作品制作工具与专利申请，TRIZ 理论，作品控制的创新设计。

本书可作为高职院校机械类专业机械创新设计课程的教材、创新创业基础类课程的拓展教材，也可供相关科研人员和工程技术人员参考。

图书在版编目（CIP）数据

机械创新设计与制作 / 王毅哲主编. -- 西安 ：西安电子科技大学出版社, 2024. 8. -- ISBN 978-7-5606-7349-3

Ⅰ. TH

中国国家版本馆 CIP 数据核字第 2024AV2138 号

策　　划　秦志峰　成　毅
责任编辑　秦志峰
出版发行　西安电子科技大学出版社（西安市太白南路 2 号）
电　　话　（029）88202421　88201467　　　邮　　编　710071
网　　址　www.xduph.com　　　　　　　电子邮箱　xdupfxb001@163.com
经　　销　新华书店
印刷单位　陕西天意印务有限责任公司
版　　次　2024 年 8 月第 1 版　　2024 年 8 月第 1 次印刷
开　　本　787 毫米×1092 毫米　1/16　印 张　12.5　插页　1
字　　数　291 千字
定　　价　36.00 元
ISBN 978-7-5606-7349-3

XDUP 7650001-1

*** 如有印装问题可调换 ***

前　言

党的二十大报告提出要"推动制造业高端化、智能化、绿色化发展"。 在全球范围内，智能工厂、工业机器人被越来越广泛地应用于生产中，"机器换人"已经成为制造业转型升级的必然趋势。制造业的转型升级离不开高素质技术技能人才的支撑。在此形势下，创新能力、数字化能力已成为新型智能制造工程技术人员不可或缺的技能。因此，培养适应制造业转型升级所需的创新人才成为机械类专业当前的重要任务。

中国特色高水平高职学校和专业建设计划（简称"双高计划"）涵盖了197所高职院校和253个专业群，其中56所高职院校入选高水平学校建设名单。本书是陕西工业职业技术学院机械制造与自动化专业群建设的成果之一，同时也是该专业群中"机械设计与制造"专业的核心专业课教材。

本书依据《高等职业学校专业教学标准》的要求编写。在深入分析本专业所需岗位能力的基础上，编者根据机械数字化设计与制造职业技能等级标准和全国大学生机械创新设计大赛的比赛要求，力求实现"岗、课、赛、证"的融通，并将思想引领与职业技能训练相结合，在提升学生创新能力的同时，注重培养学生的综合素质。

本书共10章。第1章介绍创新与创新设计的基本概念，强调了创新人才培养的重要性，使读者对机械创新设计有初步的了解。第2章介绍创新思维和常见的创新技法，同时给出了创新技法在实际案例中的具体应用。第3章介绍机械系统运动方案的创新设计，包括机械系统的运动协调设计以及机械系统运动方案设计与评价。第4章介绍机构创新设计，讲解了机构的演化、变异、组合和再生设计等。第5章介绍机械结构的创新设计，详细讨论了运动副、构件、轮毂、机架等结构的创新设计方法。第6章介绍反求设计、绿色设计和人机工程在机械创新设计中的应用场景和实践意义。第7章介绍仿生创新设计的常见形式和方法，详细讨论了模仿动物步行、飞行和游动的机械创新设计。第8章介绍常见的创新作品制作工具的使用方法，并强调了专利申请时的注意事项。第9章介绍 TRIZ 理论的起源及其在不同领域的应用案例。第10章介绍基于

Arduino 的创新作品控制硬件和软件，并通过实例展示了如何应用它们进行创新设计。

本书的编写团队由陕西工业职业技术学院机械创新设计教研室的专业老师组成，具体分工如下：宁煜编写第 1 章和第 2 章，付兴娥编写第 3 章，王毅哲编写第 4 章、第 7 章、第 9 章和第 10 章，魏静编写第 5 章，乔琳编写第 6 章，夏伟和王小爱共同编写第 8 章。史丽晨审阅了全书并提出了宝贵的意见。

本书在编写过程中，得到了机器时代(北京)科技有限公司的大力支持，在此表示感谢。

由于编者水平有限，书中难免有不妥之处，恳请广大读者批评指正。

编　者
2023 年 11 月

目　录

CONTENTS

第 1 章

绪　　论

1.1　创新与创新设计

　　发明与创新是人类文明进步的原动力，在人类社会的发展与进步过程中发挥了极其重要的作用。例如，原始工具的创新使原始人类得以进入劳动状态，而使用这些工具的劳动本身又进一步塑造了人类自身；火的发现与利用改变了原始人类茹毛饮血的野蛮生活方式，熟食不仅提高了原始人类的智商，而且还为人类进化提供了良好的物质基础。人类在农业、手工操作等领域的创新逐渐把人类带入初级文明社会。由此可见，发明与创新不但对人类科学世界观的形成和发展产生了巨大而深远的影响，而且使科学成为推动社会变革的重要力量，加快了人类社会的发展进程。

1.1.1　创新设计

1. 创新的概念

　　创新的概念最早由美国经济学家约瑟夫·熊彼特(Joseph Alois Schumpeter)在 1912 年出版的《经济发展理论》一书中提出。他将创新的具体内容概括为以下几个方面：采用新技术，生产新产品，开发新材料，开辟新市场，以及采用新的组织模式或管理模式。同时，他还提出"创新"是一种生产函数的转移。

　　在世界进入知识经济的时代，创新更是一个国家经济发展的基石。在当今世界中，创新能力的大小已经成为衡量一个国家综合国力强弱的关键因素。在国际竞争中，国防、工业、农业等领域的竞争日益凸显为科学技术能力和人才的竞争，特别是创新型人才的竞争尤为突出。因此，培养具有创新意识和创新能力的人才是高等学校的重要任务。

　　为了更深入地理解创新的含义，我们可以将与之相近的概念，如发现、发明、创造等，进行对比说明。

　　(1) 发现。发现是指原本早已客观存在的事物，在经过人们不断努力和探索后被人们认知的具体结果。不断出现的新发现，可以帮助人类更加深入地认识世界和改造世界。例如，人类在探索太空过程中，不断发现新的星体，尽管这些星体早已在太空中存在，但这些新发现对人类认识宇宙起了很好的推动作用。人类发现了自然界中由于雷电作用引起的火并将其应用于食物烤制和冬季取暖，这是一种由"发现"而产生的应用创新；在后续但用火的过程中，人类逐渐学会了钻木取火，这就是发明或创造。门捷列夫发现了化学元素周期表，但科学家后来人工合成新元素则是一种创造。一般来说，发现新事物，可帮助人类认识世界；把发现的结果应用到人类社会的实践活动中，就完成了由发现到应用的创新过程。但并不是所有的发现都能产生应用创新。

(2) 发明。发明是指人们提出或创造原本不存在的、经过不断努力和探索后所得到的具体结果。中国古代的造纸术、印刷术、指南针、火药等，以及美国发明家爱迪生发明的电灯、留声机、电报等，都是伟大的发明。近代电子计算机的发明则奠定了现代高科技的发展基础。由此可知，发明与发现有着明显的区别。

(3) 创造。创造也是一种完成新成果的过程，但这种新成果可能基于一定的参照物，而不一定强调原本不存在的事物。创造往往是借助某种现实条件去实现另一种目的的过程。例如，我们常说的劳动创造了世界，劳动创造了人。又如，人类借助已经发明的蒸汽机，将其安装在陆地车辆上，则创造出了机车；将其安装在船上，则创造出了轮船。在现实生活中，人们常把发明与创造联系在一起，实际上严格区别二者的差异没有工程意义；但在哲学范畴中，二者是有一定差别的。

创新与创造也没有本质差别，创新是创造的具体实现。但创新更强调创造成果的新颖性、独特性和实用性。所以创新是指提出或完成具有独特性、新颖性和实用性的理论或产品的过程。从创新的内容看，一般把创新分为知识创新(也称为理论创新)、技术创新和应用创新。

(1) 知识创新是指人们对认识世界、改造世界的基本理论的总结，一般以理论、思想、规则、方法、定律的形式指导人们的行动。知识创新的难度最大。例如，哲学中的"辩证唯物主义"、物理学中的"相对论"、机械设计学中的"三心定理""格拉霍夫定理"等都是知识创新。知识创新为人们改造世界提供了指导理论。

(2) 技术创新是指针对具体事物，提出并完成具有新颖性、独特性和实用性的新产品的过程。例如，计算机、机器人、航天飞机、宇宙飞船等高科技产品都是技术创新的具体体现。

(3) 应用创新是指把已存在的事物应用到某个新领域，并产生显著的社会与经济效益的具体实现过程。例如，把军用激光技术应用到民用的舞台灯光、医疗手术刀等，把曲柄滑块机构应用到内燃机的主体机构，把平行四边形机构应用到升降装置等，都是典型的应用创新。

2. 创新设计的概念

设计的含义是指根据社会或市场的需求，利用现有的知识和经验，通过人们的思维和劳动，借助各种工具和方法(如数学方法、实验设备、计算机等)进行反复的思考、决策和量化，最终实现将人、物、信息资源转化为产品的过程。这里的产品是广义概念，包括装置、设备、设施、软件以及社会系统等。

创新设计是指设计领域中的创新活动。它通常指在设计过程中，通过引入新的设计理念、发展新的设计理论或采用新颖的设计方法，从而创造出具有独特性和新颖性的产品。这种创新设计的目的是提高设计质量、增强产品的竞争力、缩短设计周期。

创新设计属于技术创新范畴，所以对创新设计的要求相较于对传统设计的要求有了显著的提高。创新设计不仅是一项具有创造性的活动，还是一个具有经济性、时效性的活动。同时，创新设计还受到意识、制度、管理及市场等多种因素的影响与制约。因此非常有必要研究创新设计的思想与方法，使设计能继续推动人类向更高的目标发展与进化。

归纳起来，创新设计有如下特点：

(1) 创新设计是一项涉及设计学、创造学、经济学、社会学、心理学等多种学科的综合性工作，其结果的评价也是多指标、多角度的。

(2) 创新设计中相当一部分工作是非数据性、非计算性的，要依赖对多学科知识的综合理解与交融和对已有经验的归纳与分析，并运用创造性思维与创造学的基本原理来开展工作。

(3) 创新设计不只是因为问题而设计，更重要的是提出问题并找到解决方案。

(4) 创新设计是多层次的，不在乎规模的大小，也不在乎理论的深浅，注重的是新颖、独创、及时。

(5) 创新设计的最终目的在于应用。

1.1.2 机械创新设计

机械设计方法对机械产品的性能有决定作用。一般来说，设计方法可分为正向设计和反向设计，其中反向设计也称为反求设计。正向设计的过程是：首先明确设计目标，然后拟订设计方案，接着进行产品设计、样机制造和实验验证，最后投产。正向设计又可分为常规设计(又称为传统设计)、现代设计和创新设计。它们之间有区别，也有共同性。反向设计的过程是：首先引进待设计的产品，然后以此为基础，进行仿造设计、改进设计或创新设计。

1. 常规设计

常规设计是以力学和数学中的理论公式或经验公式为先导，以实践经验为基础，运用图表和手册等技术资料，进行设计计算、绘图和编写设计说明书的设计过程。一个完整的常规设计过程主要由下面各个阶段组成：

(1) 市场需求分析。本阶段的标志是完成市场调研报告。

(2) 明确产品的功能目标。本阶段的标志是明确设计任务书。

(3) 方案设计。拟订设计方案，通过对设计方案进行选择与评价，最后确定出一个相对最优方案是本阶段的工作标志。

(4) 技术设计。技术设计是机械设计过程中的核心环节，该阶段的工作任务主要包括机构设计、机构系统设计(含运动协调设计)、结构设计、总装设计等。该阶段的工作标志是完成设计说明书和全部设计图的绘制工作。

(5) 样机制造与测试。制造样机并对样机的各项性能进行测试与分析，根据测试结果完善和改进产品的设计，为产品的正式投产提供有力的支持。

常规设计方法是应用最为广泛的设计方法，也是相关教科书中重点讲授的内容。例如，机械原理中的连杆机构综合方法、凸轮廓线设计方法、齿轮几何尺寸计算方法、平衡设计方法、飞轮设计方法，以及其他常用机构的设计方法等都是常规设计方法。常规设计是以成熟技术为基础，运用公式、图表、经验等常规方法进行的产品设计，其设计过程有章可循。目前，机械设计大都采用常规设计方法。例如，在机械设计课程设计中进行的减速器轴系结构(如图 1-1 所示)设计采用的就是常规设计方法。

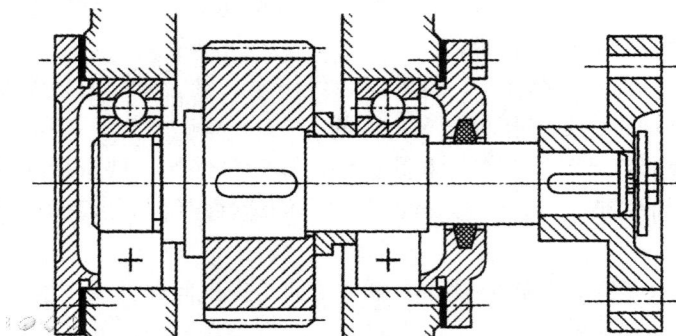

图 1-1   减速器轴系结构的常规设计方法

2. 现代设计

相对于常规设计，现代设计则是一种新型设计方法，其在机械设计过程中的优势日渐突出，应用日益广泛。现代设计是以计算机为工具，以工程设计与分析软件为基础，运用现代设计理念的新型设计方法。与常规设计方法相比，现代设计方法的显著特点是强调计算机、工程设计与分析软件和现代设计理念的运用，从而实现了产品开发的高效性和高可靠性。现代设计的内容极其广泛，可运用的学科繁多。计算机辅助设计、优化设计、可靠性设计、有限元设计、并行设计、虚拟设计等都是经常运用的现代设计方法。Pro-E、UG、SolidWorks、ADAMS 等都是常用的工程设计分析应用软件。

3. 创新设计

创新设计是指设计人员在设计中发挥创造性，提出新方案，探索新的设计思路，提供具有社会价值的、新颖的且成果独特的设计成果。创新设计的特点是运用创造性思维，强调产品的独特性和新颖性。机械创新设计是设计者充分发挥创造力，利用人类已有的相关科学技术知识进行创新构思，设计出具有新颖性、创造性及实用性的机械产品或装置的一种实践活动。它包含两个部分：从无到有的全新设计和从有到新的改进设计。

创新设计是相对于常规设计而言的，它特别强调人在设计过程中，特别是在总体方案、结构设计中的主导性及创造性作用。

1.2   创新人才培养

创新是人类文明进步的原动力，是技术进步的主要途径。

创新是国家创新驱动发展战略的重要组成部分，也是"中国制造 2025"和"十三五"国家科技创新规划的重要内容。在"大众创业、万众创新"的时代背景下，提高学生的创新意识，培养学生的创新能力，是新时代建设社会主义现代化、实现中华民族伟大复兴中国梦的必然需求。

1.2.1 创新意识和创新能力

1. 创新意识

创新意识是指人们根据社会和个体生活发展的需要，产生创造前所未有的事物或观念的动机，并在创造活动中表现出的意向、愿望和设想。它是人类意识活动中的一种积极的、富有成果性的表现形式，是人们进行创造活动的出发点和内在动力，是创造性思维和创造力的前提条件。

1) 创新意识的内容

创新意识包括创造动机、创造兴趣、创造情感和创造意志。

(1) 创造动机是创造活动的动力因素，它能推动和激励人们发起并持续进行创造性活动。

(2) 创造兴趣能促进创造活动的成功，是促使人们积极探求新奇事物的心理倾向。

(3) 创造情感是引起、推进乃至完成创造的心理因素，只有具有正确的创造情感才能使创造成功。

(4) 创造意志是在创造中克服困难、冲破阻碍的心理因素，具有目的性、顽强性和自制性。

创新意识以思想活跃，不因循守旧，富于创造性和批判性，具有敢于标新立异、独树一帜的精神和追求为主要表现。只有具备强烈的创新意识，才能敢想前人没想过的事，敢创前人不曾创成的业。

2) 创新意识的主要特征

创新意识有如下三个主要特征：

(1) 新颖性。创新意识的产生或是为了满足新的社会需求，或是用新的方式更好地满足原有的社会需求。创新意识也是求新意识。

(2) 社会历史性。人们的创新意识激发的创造活动和产生的创造成果，应为人类进步和社会发展服务。创新意识必须考虑社会效果。

(3) 个体差异性。人们的创新意识与社会地位、文化素质、兴趣爱好、情感志趣等因素密切相关，这些因素对创新起重大推进作用。

2. 创新能力

1) 创新能力的定义

创新能力是在技术和各种实践活动领域中不断提供具有经济价值、社会价值、生态价值的新思想、新理论、新方法和新发明的能力。

2) 创新能力的内容

创新能力包括学习能力、分析能力、综合能力、想象能力、批判能力、创造能力、解决问题的能力、实践能力、组织协调能力，以及整合多种能力的能力。

1.2.2 创新意识和创新能力的培养

青年学生要培养自身的创新意识与创新能力，就要从上面所阐述的二者的内涵、特点和内容出发，自觉而主观强制性地去培养和提高自身的相关素质和能力，具体包括以下几个方面。

1. 注重自我大脑开发的训练

利用各种思维方法和思维方式，提高自我思维的积极性、全面性和活跃性。

2. 创新源于观察，观察重在思考

爱因斯坦和牛顿都说过"发现问题比解决问题更重要"。而要发现问题，必须仔细观察生活和生产中的事与物，并通过分析和思考，研究它们的功能、参数、原理、结构，找出它们的优点、缺点，思考通过哪些技术手段可以解决现有问题，提高工作效率，改善工作效果。针对这些事与物的优点，思考如何才能将其更凸显，或稍加改变，应用到其他场合；针对缺点，思考能否改进或避免等，如此才能激发创新的欲望和明确创新的方向。

3. 掌握必要的创新思维方式与创新技法

如果把创造与创新活动比喻成过河，那么方法和技巧就是过河的桥或船。在某些情况下，方法和技巧的重要性甚至超过内容和事实本身。创新技法是从创造技法中衍生出来的，是创造学家根据创造性思维发展规律和大量成功的创造与创新实例总结出来的。一些原理、技巧和方法的应用，既可直接产生创造和创新成果，又可启发人们的创新思维，提高人们的创造力、创新能力和创新成果的实现率。

4. 学好基础知识

青年学生应该认真学习所学专业的基础课程和专业课程，掌握必要的知识和熟练使用设计分析软件。这些专业知识是提高创新能力的基础。

5. 关注和了解新工艺、新技术和新材料

要紧跟时代步伐，了解和掌握新工艺、新技术和新材料的发展现状，并尝试将其融入自身的创新项目中，以拓宽创新视野，提升创新实践的广度和深度。

第2章

创新思维与创新技法

2.1 思维与创新思维

2.1.1 思维及其特性

1. 思维的定义及思维活跃性提升训练

1) 思维的定义

思维是人脑的一种意识活动，是人脑对来自客观世界的信息进行加工处理，从而产生新信息的过程。它不仅能揭示客观事物的本质和内部规律，而且还可能产生新的客观实体，如文学艺术的新创作、科学和自然规律的新发现、技术领域的新成果等。思维的三要素为认识主体(人脑)、认识对象(自然界)、认识工具(思维方式)。

2) 思维活跃性提升训练

要成为一个具有创新意识和创新能力的新时代青年，必须从以下几个方面着手，训练并提升自己思维的活跃性。

(1) 提高大脑的开发程度。要人为地加强大脑的应用训练，如练习用不习惯的手吃饭，练习用左右手同时画不同的图形或写不同的文字，阅读时练习用扫描的形式快速阅读。

(2) 充分地认识自然界，开阔眼界，为思维提供尽可能多的信息储备。首先，"读万卷书，不如行千里路"，要充分认识自然界，就必须走出去，亲身了解和体验社会百态和自然万物。其次，通过阅读书籍和观看影视资源，尽可能多而快速地认识自然界。最后，加强学习科技知识，掌握相应的科技原理，从而理解自然现象的原理，更好地认识自然界万事万物的本质和成因。

(3) 掌握相应的思维方法与创新技法，它们可以为思维提供必要的通道与引导方式。

2. 思维的特性

思维的特性包括间接性、概括性、自觉性和创造性，以下对这几个特性分别进行阐述。

(1) 间接性。间接性是指借助已有的知识和信息，通过其他信息的触发，认识那些没有直接感知过的事物，并预见和推知事物的发展进程。例如，我们可以凭借间接的方式认识水分子的化学结构。

(2) 概括性。概括性是指思维能够忽略不同事物之间的具体差异，而抽取它们的共同本质或特征进行反映。例如，在工程中，我们可以概括出不同零件均应满足强度准则。

(3) 自觉性和创造性。人脑在受到外界触发时，会在无意识的状态下(如梦中、休闲时)突然产生新信息，实现从感性认识到理性认识的飞跃，这体现了思维的自觉性。这种思维的结果可能创造出未曾有过的新信息，因此思维具有创造性。

》 2.1.2 思维的类型

根据思维在运作过程中作用与地位的不同，可以将思维划分为形象思维、抽象思维、发散思维和收敛思维等。

1. 形象思维

形象思维也称为具体思维，它是人脑对客观事物或现象的外在特征和具体形象的反映。形象思维主要表现为表象、联想和想象这三种形式。

1) 表象

表象是单个事物的形状、颜色、材质、特征和功能在大脑中的印记。表象的形成依赖观察，它体现了思维的直观性，是形象思维不可或缺的基础。所以，在观察时，一定要强制性地在大脑中形成一种全面而细致的形容事物的指令，以尽可能详细而全面地用语言和文字描绘事物的形状、颜色、材质、特征和功能。对于如图 2-1 所示的水杯，我们可以这样描述：其形状为圆柱形，颜色为中国红，材质为陶瓷，特征为开口、无盖、带有耳型手柄，功能为手持式喝水器具。

图 2-1 水杯

2) 联想

联想是将不同的表象联系起来的思维方式。通过这种联系，我们的思维可以从一个事物、概念或现象拓展到与之相关的其他事物、概念或现象。联想是人类普遍具备的一种思维本能。联想可分为相似联想、相关联想、对比联想和强制联想。

(1) 相似联想是由某一事物或现象想到与它相似的其他事物或现象，进而产生某种新设想。这种相似主要体现在时间、空间、功能、形态等方面，且相似中很可能隐含着事物之间难以觉察的联系。例如，看到如图 2-1 所示的水杯，我们可能会从功能角度相似联想到各种水杯；从形状角度相似联想到各种圆柱形的物体，如五号干电池；从材质角度相似联想到各种陶瓷器具等。

(2) 相关联想是指利用事物之间存在的某种连锁关系，一环紧扣一环地进行联想，使思考逐步深入，进而引发出某种新的设想。例如，看到如图 2-1 所示的水杯，我们会从用途角度相关联想到水、水的三种形态，以及江河湖泊等；从材质角度相关联想到陶瓷的历史、种类和烧制工艺等。

(3) 对比联想是指大脑中根据事物之间在形状、结构、性质、作用等某个方面存在着的互不相同或彼此相反的情况进行联想，进而引发出某种新的设想。例如，看到如图 2-1 所示的水杯，我们可以由其体积较小的特点对比联想到体积较大的水桶、水池和水缸等。

(4) 强制联想是一种将两个表面上不相关的事物，通过寻找它们在某种性能方面的相似性或相关性将两者联系起来的思维过程。将面包和椅子进行强制联想，由于面包具有蓬松柔软的质地，我们会联想到设计一款具有类似质感的软垫椅子，即柔软舒适的座椅。又因为面包在新鲜出炉时是温热的，所以我们可以进一步联想到设计并制造加热座椅，以提供温暖的坐感。将小学生和电话进行强制联想，会想到因为学校通常不允许小学生携带手机，为了解决他们的定位和远程信息交流的问题，市场上便出现了儿童电话手表这一创新产品。

3) 想象

想象则是将一系列相关的表象融合起来，从而创造出一种新表象的过程。人可以在头脑中塑造出过去未曾接触过的事物形象，或未来才可能实现的事物形象。想象思维可以帮助人发现问题，依靠想象的概括作用，可帮助人们在头脑中塑造新概念、新设想。想象不仅是理性的先驱，还可以帮助人们反思过去、展望未来。爱因斯坦曾说过："想象力比知识更重要，因为知识是有限的，而想象力概括着世界上的一切，推动着进步，并且是知识进化的源泉。严格地讲，想象力是科学研究中的实在因素。"想象的类型包括如下几种。

(1) 组合想象是指在思维者的头脑中，对某些事物形象的整体或部分进行抽取，然后根据某种需要将其重新组合成另一种具有自身结构、性质、功能与特征的新事物形象。

(2) 充填想象是指思维者在仅仅认识了某事物的某些组成部分或某些发展环节的基础上，通过想象对该事物的其他组成部分或其他未知发展环节进行填充和补实，进而在头脑中构建出一个完整的事物形象。

(3) 预示想象是指思维者根据已有的知识、经验和形象积累，在头脑中构建出某种尚未存在但未来可能实现的事物形象。这种想象通常被视作一种对未来的预测或设想，有时也被称作幻想。

(4) 导引想象是指思维者通过在头脑中具体而细致地想象和体验自己完成某一项艰巨任务的全过程，包括正在进行的顽强努力，以及预计任务完成后所感受到的成功情景与喜悦心情。通过这种方式，思维者能够高度协调并发挥自身潜在的智力和体力，从而更有效地促进任务的顺利完成。这种想象有时也被称为意念。

2. 抽象思维

1) 抽象思维的定义

抽象思维又称为逻辑思维，是一种通过概念、判断和推理进行的思维方式，其思维材料侧重于语言、数字、符号等。

2) 抽象思维的方式

概念是对客观事物本质属性的反映，它是一类具有共同特性的事物或现象的总称。判断则是基于概念之间的联系，对两个或更多概念之间关系进行确定。推理则是基于判断之间的联系，通过一系列的判断来得出新的结论或判断。

抽象思维的主要方法包括分析与综合、抽象与概括、归纳与演绎、判断与推理。例如，在铰链四杆机构中，我们运用抽象思维对曲柄、摇杆、周转副、机构类型等概念进行定义，做出判断，并进行推理，以深入理解其工作原理和特性。

3) 形象思维与抽象思维的关系

形象思维具有灵活、新奇的特点，而抽象思维较为严密。形象思维和抽象思维是人类认识事物的过程中不可分割的两个方面，它们互相联系、互相渗透。在机械设计中，应将两者很好地结合起来，优势互补，从而完成设计任务。

3. 发散思维

发散思维又叫辐射思维、扩散思维、分散思维、求异思维、开放思维。该思维的过程是：以待解决的问题为核心，根据已知的信息，运用横向、纵向、逆向、颠倒、分合、对称、质疑等思维方法，从一物思万物，考虑所有因素的影响，从而找出尽可能多的解决方案。发散思维可为设计提供大量的选择机会，是激发创造力的起点。

1) 横向思维

顾名思义，横向思维是指一个人的思维有往宽处发展的特点，其能够联想到与同一时间、地点、位置、空间、地位、层次和水平等相关的事物，并据此想到解决问题的方法。具有这种思维特点的人，其思维面都不太窄，且善于举一反三。有一个形象的比喻提到，横向思维就像河流在宽广处自然而然地蔓延开来，但不足之处是深度不够。

2) 纵向思维

所谓纵向思维，是指在一种结构范围内，按照有顺序、可预测、程式化的方向进行，从而联想到与其有上下关系或层级关系的其他事物的思维方式。

纵向思维是一种符合事物发展方向和人类认识习惯的思维方式，它遵循由低到高、由浅到深、由始到终等规律，因此思维过程清晰明了、逻辑严谨。纵向思维是一种具有轴线贯串特性的思维进程。当人们对事物进行纵向思维时，会抓住事物的不同发展阶段所具有的特征进行考量、比照、分析。事物展现出连续的动态演变特性，而在这个过程中，各个发展阶段或片段都由其内在的本质轴线所贯穿，形成一个连贯的整体。

横向思维是指从多个角度展开分析(水平分析)，属于面的范畴。纵向思维是将问题进行细分，采用线性思维(流程分析)。将这两种思维结合起来就形成了 T 形思维分析法，其思维模型图如图 2-2 所示。

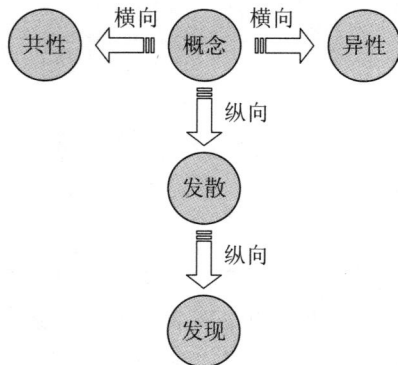

图 2-2　T 形思维分析法的思维模型图

　　T 形思维分析法将横向思维与纵向思维有机结合起来，充分发挥了两者各自的优势，为思维提供了行之有效的方向。在思考时，我们要充分利用形象思维和抽象思维中的表象、联想和想象等思考方式，使思维逐渐扩散和深入，最终找到最好的解决问题的方式。在日常生活和生产中，遇到任何问题时，我们都应该牢记"磨刀不误砍柴工"的道理，积极运用 T 形思维分析法，选择最优的方法解决问题。

　　3) 逆向思维

　　逆向思维也叫求异思维，是一种对司空见惯的似乎已成定论的事物或观点进行反向思考的思维方式。这种思维方式鼓励人们敢于"反其道而思之"，让思维向对立面的方向发展，并从问题的相反面进行深入探索，从而树立新思想，创造新形象。当大家都朝着一个固定的思维方向思考问题时，你却独自朝相反的方向思索，这样的思维方式就叫逆向思维。逆向思维有以下几种类型。

　　(1) 反转型逆向思维法。这种方法是指从已知事物的相反方向进行思考，以产生新的发明构思。在运用此方法时，人们常常从事物的功能、结构、因果关系等方面进行反向思维。比如，市场上出售的无烟煎鱼锅和空气炸锅，就是把传统锅的热源从锅的下方转移到锅的上方，这正是利用逆向思维对结构进行反转型思考的成果。

　　(2) 转换型逆向思维法。这是指在解决某一问题时，由于原有手段受阻，转而采用另一种手段或转换思考角度，以使问题得以顺利解决的思维方法。例如，历史上著名的司马光砸缸救落水儿童的故事，实质上就是一个运用转换型逆向思维法的例子。

　　(3) 缺点逆向思维法。这是一种利用事物的缺点，将这些缺点变为可利用的资源，从而化被动为主动，化不利为有利的思维方法。这种方法并不以克服事物的缺点为目的，相反，它将缺点化弊为利，找到解决方法。例如，金属腐蚀被认为是一种不利的现象，但人们却利用金属腐蚀的原理，进行金属粉末的生产或电镀等其他应用，这无疑是缺点逆向思维法的具体体现。

　　4) 颠倒思维

　　颠倒思维即打破思考对象原有的上下、前后、内外等空间顺序，或者将思考对象的整体、部分及其相关性能等颠倒过来，以寻求新思路的思维方式。

　　一般来说，常见的颠倒思维方式有上下颠倒、左右颠倒、前后颠倒、大小颠倒、快慢颠倒、动静颠倒、有无颠倒、正负颠倒、因果颠倒、内外颠倒、长短颠倒、好坏颠倒、主次颠倒、顺逆颠倒等。

　　逆向思维主要涉及思考的方向，即使思考的方向不同，但所依据的基本原理是相同的。而颠倒思维主要涉及解决问题的原理，即颠覆或颠倒传统的解决问题的原理。

　　下面举例说明逆向思维和颠倒思维的区别。圆珠笔在发明之初，长时间书写会导致笔珠磨损，进而造成油墨泄露。厂家尝试采用高强度材料甚至宝石来制造笔珠，但书写量增大后，问题依然存在，且成本大幅提高，最终未能广泛推广。那么，如何解决这个难题呢？

　　可以采用逆向思维进行分析。为何会漏油？因为笔芯太粗，油墨装得太多。基于这些思考，厂家将笔芯做得更细，使得在油墨发生泄露之前就需要更换笔芯，从而很好地解决了这个难题。

在解决油墨泄露问题时，厂家还采用了颠倒思维。为何会泄露？因为笔珠和珠窝磨损，导致二者间的缝隙变大。为何会磨损？因为笔珠转动且材质没有弹性。于是，他们颠倒思维，改变材料，用有弹性的材料来替代硬质材料，从而发明了现在广泛使用的软芯签字笔。

5）分合思维

分合思维是一种将问题细化为部分，然后分别寻求每一部分的解决办法，再将它们综合起来以思考整体问题的思维方法。在分合的过程中，可能会经历混沌与重组，但正是通过这种不断的分合，我们有可能找到更好的解决问题的方案。如何分，如何合，并没有固定不变的方法，也没有最佳的解决方案。一切都取决于要解决的问题，以及人们的观察角度和立场位置。

例如，我国自主研制的 C919 客机，其设计过程采用了分合思维，将整个飞机细分为机身、尾翼、机翼、发动机、通信导航系统、机轮刹车系统、飞机起落架系统和飞行数据记录系统等多个部分，通过分布全球的多家公司分散设计，并深度合作，实现各个部分的整合。这一方法不但缩短了设计制造周期，而且为该型飞机取得国际准航证做好了强力的铺垫。

6）对称思维

对称思维是以对称规律为基本的思维规律，它涉及天与人、思维与存在、思维内容与思维形式、思维主体与思维客体、思维层次与思维对象、科学本质与客观本质之间的对称逻辑。根据对称的规律，人们以对称为坐标，认识旧事物、发现新事物。

在不同的应用场合，对称思维有不同的变现形式。在设计上，采用如图 2-3 所示的对称图形会提升设计的平衡性和美感度。

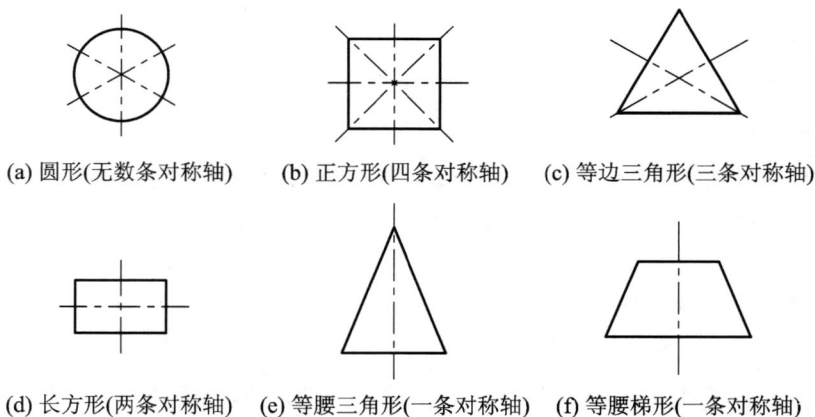

(a) 圆形(无数条对称轴)　(b) 正方形(四条对称轴)　(c) 等边三角形(三条对称轴)

(d) 长方形(两条对称轴)　(e) 等腰三角形(一条对称轴)　(f) 等腰梯形(一条对称轴)

图 2-3　常用的对称图形

人际关系上的对称思考是指，在人际关系中，站在对方的立场上去思考问题，相互理解彼此的难处和不得不如此做的苦衷，从而在相互协商后实现问题的和谐解决。长期坚持这种思考方式，必然会获得很好的人缘。

对称就是平衡，平衡则意味着公正。在任务分工时，一定要根据个人情况，尽量将任务分配均衡。而在成功后的利益分配上，一定要确保和个人的贡献度相平衡，这样才能避免造成有些人心理上的失衡和对分配公正性的疑问。

7) 质疑思维

质疑思维是指创新主体在已有事物的基础上，通过提出"为什么"(可否或假设)，综合应用多种思维方式改变原有条件，以产生新事物(新观念、新方案)的思维过程。

质疑思维的目的完全在于它的求实性，亦包括它的求真性、完整性、价值性和规律性。

"问路问三家"就是质疑思维的一个典型应用。这不是不信任，而是为了避免因他人描述不清或自己理解错误而导致走错路的必要预防措施。

质疑的步骤包括：先因怀疑而引发思索，再通过思索来辨别是非。在质疑的过程中，我们会经历以下几个阶段。

"怀疑"：对吗？

"思索"：为什么会这样呢？

"辨别"：如果对则执行，如果错则纠正。

作为青年学生，要勇于质疑，但同时也要注意质疑的方式和方法。质疑时需要有勇气，有疑问就要大胆地探求真相。质疑时要有理有据，切忌无的放矢和无理取闹。例如，哥白尼提出日心说时因缺乏证据而遭受迫害；而牛顿则利用望远镜观察到月球和太阳的形状，进而推导出万有引力定律，并证明了地球是圆形的，从而成为科学界的巨匠。在质疑时，我们也要考虑到他人的感受，避免在公众场合直接质疑或反驳他人。如果有疑问，那么应该私下进行考虑，并在有理有据的基础上与老师或领导进行商讨。我们应禁止不顾场合地当面质疑，以免让他人感到尴尬或引发不必要的争执。

4. 收敛思维

收敛思维又叫辐轴思维、集中思维、求同思维，是一种在大量设想或多种方案的基础上寻求某种最佳答案的思维方式。收敛思维以问题为中心，将众多思路和信息汇集于这个中心点，通过比较、筛选、论证、评价、决策，得出现有条件下的最佳方案。

(1) 比较：在一定范围内辨别两种或两种以上事物的高下异同的过程。在收敛思维中，我们应主动搜集资料，进行比较思考。

(2) 筛选：在比较的基础上，结合客观事实和自身能力与资源，在众多可行的方法中选出 3～5 种较好的解决问题的方法。

(3) 论证：通过广泛咨询朋友和相关专家的意见，深入讨论筛选结果的优点和缺点，取长补短，相互综合，并查漏补缺，最终提出一个综合建议的过程。

(4) 评价：根据讨论结果，考虑问题技术参数的轻重程度，采用投票法或评分法，对每个方案进行打分并排序，以明确各自的优劣。

(5) 决策：根据评价结果，选取最优方法并实施，从而解决问题。

收敛思维的具体过程是一种逻辑思维过程，它是深化思考和挑选方案的常用思维方法。

在遇到问题时，通常的思考过程如图 2-4 所示，即首先发散思维，找出尽可能多的解决问题的方案，然后收敛思维，从中找出最佳方案并实施。

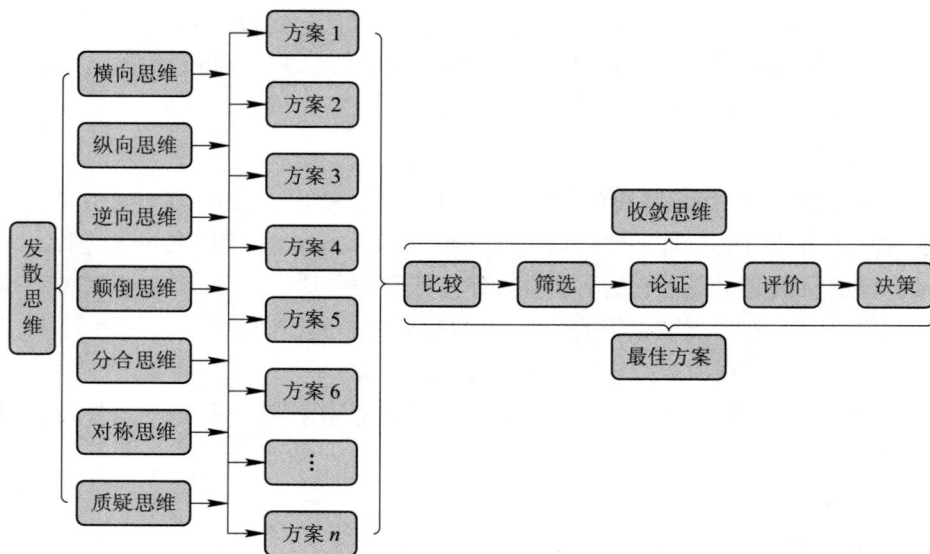

图 2-4　思考过程框图

2.1.3　创新思维

1. 创新思维

创新思维是一种高层次的思维活动，它建立在常规思维的基础上，是人脑在外界信息的激励下，自觉综合主客观信息，从而产生新客观实体(如文学艺术作品、技术成果、科学发现等)的思维形式。

2. 创新思维的形成过程

创新思维的形成过程包括准备阶段、酝酿阶段和顿悟阶段。

1) 准备阶段

在准备阶段，明确要解决的问题，围绕问题搜集信息，使问题和信息在脑细胞及神经网络中留下印象。大脑所储存的信息是诱发创造性思维的关键因素，信息储备越多，诱发创新思维的概率越高。任何一项创造发明都需要一个准备过程，只是时间长短不同而已。例如，爱因斯坦创立相对论准备了 10 年时间。只有厚积薄发，长期积累，才能偶然得之。

2) 酝酿阶段

在酝酿阶段，当围绕问题进行积极思索时，大脑会不断地对神经网络中的递质(传递信息的物质)、突触、受体(神经细胞中的物质)进行能量积累，为产生新信息而运作。此时，大脑的神经网络会进行受控的、有目的的自觉活动。若问题简单，则可能很快找到解决的办法；否则，可能要经历多次失败的探索。当遇到较大阻力时，需中断思维，这时潜意识仍在大脑深层继续工作。

3) 顿悟阶段

在顿悟阶段，人脑会突然有意或无意地闪现出某些新的形象或思想，使长久未能解决的问题得以解决。正如辛弃疾的诗句所云："众里寻他千百度，蓦然回首，那人却在，灯火阑珊处。"顿悟是人在坚持不懈的思索之后，受到特定情景的启发，突破了思维定式和障碍，而产生的认识上的飞跃。

3. 创新思维的特点

1) 思维结果的新颖性、独特性

思维结果的新颖性、独特性是指具备与前人、他人不同的独特见解，且思维结果是过去未曾有过的。例如，在 20 世纪 50 年代研究晶体管材料时，人们普遍考虑将锗提纯的方法，但均未能成功。而日本科学家在多次提纯实验失败后，采用了求异探索法，不再提纯，而是加入少量杂质。他们发现，当锗的纯度降低为原来的一半时，会形成一种性能卓越的电晶体，这一发现使他们获得了诺贝尔奖。

2) 思维方法的多样性、灵活性、开放性

思维方法的多样性、灵活性、开放性是指当面对客观事物或问题时，勇于突破思维定式，善于从不同角度思考问题，并提出多种解决方案；同时能根据条件的变化灵活调整思维方法，寻找解决问题的新途径。例如，尽管苍蝇被人类憎恶，但科学家们却通过创新思维跳出常规的思维框架，研究发现苍蝇体内含有丰富的蛋白质，可以用来造福人类。

3) 思维过程中潜意识的自觉性

创新思维的产生离不开紧张的思维活动和扎实的准备工作，但其往往在人类思维经历长期紧张之后的暂时松弛状态中出现，如在散步、听音乐或睡觉时。这是因为当大脑放松时，信息在神经网络中得以无意识地流动和扩散，这时思维的范围扩大，思维变得活跃，多种思维和信息能够互相联系、互相影响，从而为问题的解决提供了更有利的条件。

4) 顿悟性

创新思维是长期实践和深入思考的结果。经过反复探索，当思维运动发展到某一关键节点，或由外界偶然机遇所激发，或由大脑内部积淀的潜意识所触动，就会产生一种质的飞跃。这种飞跃如同一道划破天空的闪电，使问题突然得到解决，这就是创新思维的顿悟性。

2.2　创新技法

创新技法是以创新思维的基本规律为基础，通过对大量创新获得的成功经验进行归纳、分析、总结而得出的创新发明的原理、技巧和方法。

2.2.1　观察法

观察法是指人们通过感官等器官或科学仪器，有目的、有计划地对研究对象进行反复细致的观察，再通过思维器官的综合分析，以揭示研究对象的本质及其规律的一种方法。其中，"观"是指用敏锐的眼光去看，"察"是指用科学思维去想。以下从观察三要素、观察技巧两个方面展开讨论。

1. 观察三要素

观察的三要素是观察者、观察对象和观察工具。

(1) 观察者。作为观察的主体，观察者应具备科学知识、实践经验，并掌握一定的观察技法。除进行一系列有目的、有计划的观察外，观察者还应时时做有心人，注意、留心某些意外的事物与现象，并随时记录下来，以备后用。

(2) 观察对象。观察对象可以是实物的结构、形态、位置、材料等，也可以是事件的发生、发展、运动过程等，还可以是事物或现象的起源、发生、结果，以及它们在时间和空间领域内的变化等。

(3) 观察工具。观察工具是进行观察活动的辅助性工具。观察工具的选择应有助于扩大观察范围，以确保获得可靠、准确的观察结果。例如，微小的物体可用显微镜观察，遥远的物体可用望远镜观察，有遮挡的物体可借助具有透视功能的射线进行观察。

2. 观察技巧

观察技巧包括重复观察、动态观察和间接观察。

(1) 重复观察是指对相似或重复出现的现象以及事物进行反复观察，以捕捉或揭示这些重复现象中隐藏或被掩盖而没有被发现的某种规律。

(3) 动态观察是指通过改变观察对象的空间、时序、条件等，使其处于变动状态，再对不同状态下的对象进行观察，以获取在静态条件下无法知道的情况。

(3) 间接观察是指当直接观察受阻时，可采用间接的方式进行观察，即借助各种观察工具和仪器仪表等，例如应变仪、潜水艇的潜望镜等。

》》 2.2.2 类比法

比较分析两个对象之间某些相同或相似之点，以此来认识事物或解决问题的方法称为类比法。

"它山之石，可以攻玉"就是这种方法的生动写照。类比法以比较为基础，通过将陌生与熟悉、未知与已知相对比，由此物及于彼物，由此类及于彼类，从而启发思路，提供线索，实现触类旁通。采用类比法的关键是认识本质的类似性，不仅要分析本质的类似性，还要认识它们之间的差别，以避免生搬硬套和牵强附会。类比法需借助原有知识，但又不能受之束缚，应善于异中求同，同中求异。创造性的类比思维并不基于严密的推理，而源于自由的想象和超常的构思。类比对象间的差异愈大，其创造出的设想才愈具有新颖性。

常见的类比法有相似类比、拟人类比和因果类比，分别介绍如下。

(1) 相似类比是指基于形态、功能、空间、时间、结构等方面的相似性进行的类比。例如，大蓟花和尼龙搭扣在结构上相似。

(2) 拟人类比是指从人类本身或动物等生物的结构及功能上进行类比和模拟，从而设计出各类机器人、爬行器，以及其他类型的拟人产品等。例如，基于人体血液循环系统设计出的高效锅炉，类比鲨鱼皮肤研制的泳衣等是拟人类比的应用。

(3) 因果类比是指通过类比某一事物的因果关系，推理出另一类事物的因果关系。例如，通过类比河蚌育珠的自然过程，人们研发出人工牛黄的生产方法。

2.2.3　移植法

移植法是指借用某一领域的成果，将其引用、渗透到其他领域，以实现变革和创新。这种过程是将某种科学技术原理向新的领域进行类推或外延。

类比法先有可比较的原形，从而得到启发并产生联想创新。而移植法则先有问题，再去寻找可应用的原形，最后将原形应用于解决问题上。

例如，二进制原理不仅应用于电子学(如计算机)，还用于机械学(如二进制液压油缸、二进制二位识别器等)；超声波原理不仅应用于探测器，后来被引入洗衣机、盲人拐杖等产品中；激光技术不仅应用于医学的外科手术(如激光手术刀)，还应用于加工技术而产生了激光切割机，应用于测量技术而产生了激光测距仪等。此外，将 3D 打印技术从零件制造移植到巧克力制作中，人们创造出了 3D 打印巧克力机，并将其放置到儿童医院的走廊，使儿童在看病空闲时间和家长一起学习到了 3D 打印的原理。

2.2.4　组合创新法

在发明创新活动中，按照所采用技术来源的不同，发明可分为两类：一类是采用全新的技术原理，这类发明称为突破型发明；另一类是利用已有技术进行重新组合，从而创造出新的发明，这类发明称为组合型发明。从人类的技术历史中可以看出，自 19 世纪 50 年代以来，突破型发明在总发明数量中所占的比重逐渐下降，而组合型发明的比重则在不断上升。在组合中寻求发展，在组合中实现创新，这已经成为现代技术创新活动的一种趋势。

组合创新法是指按照一定的技术原理，通过将两个或多个功能元素合并，创造出具有新功能的新产品、新工艺、新材料的创新方法。

组合创新法有多种形式，从组合的内容区分，有功能组合、原理组合、结构组合、材料组合等；从组合的方法区分，有同类组合、异类组合等；从组合的手段区分，有技术组合、信息组合等。下面对部分常用的组合创新方法进行介绍。

1. 功能组合

功能组合是指，当有些商品的功能已被用户普遍接受时，通过进一步组合可以为其增加一些新的附加功能，以满足更多用户的不同需求。

例如，人们在使用铅笔时，难免写错字，一旦写了错字就需要使用橡皮进行修改。为了满足人们的这种需求，有人设计出了带有橡皮的铅笔。这种铅笔的主要功能仍是书写，但由于添加了橡皮，除书写之外，它还具有了修改错字的附加功能。

同样地，自行车的主要功能是代步。通过在自行车上添加货架、车筐、里程表、车灯、后视镜等附件，它不仅可以用于代步，而且还具有了载货、测速、照明、辅助观察路况等功能。

2. 材料组合

有些应用场合要求材料具有多种特征，而实际上很难找到一种同时具有这些特征的材料。通过采用某些特殊工艺，将多种不同材料进行适当组合，可以制造出满足特殊需要的材料，这就是材料组合。

V带传动要求V带材料具有抗拉、耐磨、易弯、价廉等特征。使用单一材料很难同时满足这些要求，但通过将化学纤维、橡胶和帆布进行适当组合，人们设计出了现在被普遍采用的V带材料。

在建筑施工中，需要一种具有抗拉、抗压、抗弯、易施工、价格便宜等特征的材料，钢筋、水泥和砂石的组合很好地满足了这种需求。此外，通过锡与铅的组合，人们得到了比锡和铅的熔点更低的低熔点合金。

通过不同材料的适当组合，人们设计出了满足各种特殊需求的特种材料，例如具有特殊磁转变温度的铁磁材料、具有极高磁感应强度的永磁材料、具有高温超导特性的超导材料、耐腐蚀的不锈钢材料、具有多种优秀品质的轴承合金材料。

3. 同类组合

同类组合是将同一种功能或结构在一种产品上重复组合，以满足人们更高的要求，这也是一种常用的创新方法。

双色或多色圆珠笔上安装了多个不同颜色的笔芯，这极大地减少了有特殊需要的人必须携带多支笔的麻烦。

机械传动中使用的万向联轴器可以在两个不平行的轴之间传递运动和动力。但是，万向联轴器的瞬时传动比未不恒定，会产生附加动载荷。为了解决这个问题，人们将两个同样的单万向联轴器按一定方式连接起来，组成双万向联轴器，其原理如图 2-5 所示。这样，既可实现在两个不平行轴之间的传动，又可确保瞬时传动比的恒定。

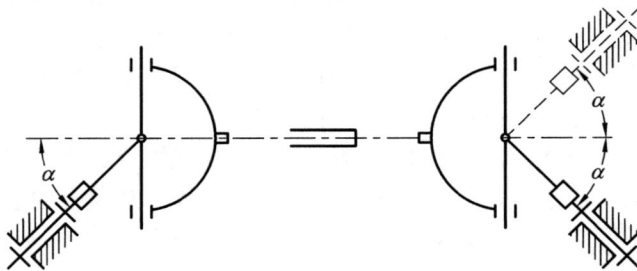

图 2-5 万向联轴器原理示意图

V 带传动时可以通过增加带的根数来提高承载能力，如图 2-6(a)所示。但是随着带根数的增加，由于多根带的带长不一致，导致带与带之间的载荷分布不均匀，从而使得多根带不能充分发挥其作用。图 2-6(b)所示的多楔带将多根带集成在一起，确保了带长的一致性，从而提高了承载能力。

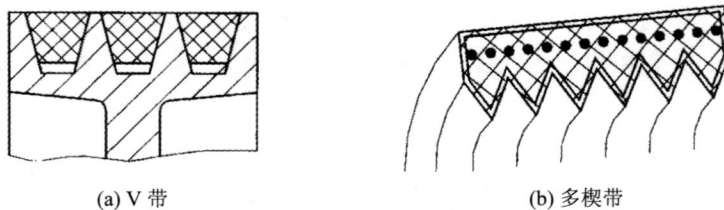

(a) V 带   (b) 多楔带

图 2-6 传动带的同类组合

4．异类组合

在商品生产领域中进行创新活动的目的是用新的商品满足用户的需求，从而获得最大的商业利益。人们在从事某些活动时，经常同时有多种需求。如果能将满足这些需求的功能组合在一起，形成一种新的商品，使人们在从事活动时不会因为缺少某种功能而影响活动的进行，那么这将会使人们的工作、学习、生活更加方便，同时，商品生产者也将获得相应的利益。

例如，人们在使用螺丝刀时，由于被拧的螺钉头部形状、尺寸各异，常需要同时准备多种不同形状、尺寸的螺丝刀。针对这种需求，有人发明了多头螺丝刀，即为一把螺丝刀配备多个可方便更换的头部，使用者可根据所需要的形状和尺寸很方便地随时更换合适的螺丝刀头。

此外，有些不同的商品具有其些相同的成分，将这些不同的商品加以组合，使其共用这些相同成分，可以使整体结构更简单、价格更便宜、使用更方便。

5．技术组合

技术组合法是将现有的不同技术、工艺、设备等加以组合，以形成解决新问题的新技术手段的发明方法。技术组合法可分为聚焦组合法和辐射组合法。

(1) 聚焦组合法是指以待解决的特定问题为中心，广泛地搜索与解决问题有关的各种已知的技术手段，最终形成一种或多种解决这一问题的综合方案。在应用这种方法的过程中，广泛地搜索技术手段尤为重要，要尽量将所有可能与所求解问题有关的技术手段纳入考察范围内。只有通过广泛的考察，不遗漏每一种可能的选择，才能组合出具有最佳技术功能的方案。

(2) 辐射组合法是指从某种新技术、新工艺、新自然效应出发，广泛地寻求各种可能的应用领域，并将新的技术手段与这些领域内的现有技术相组合，从而形成很多新的应用技术。新应用技术的辐射组合示意图如图 2-7 所示。

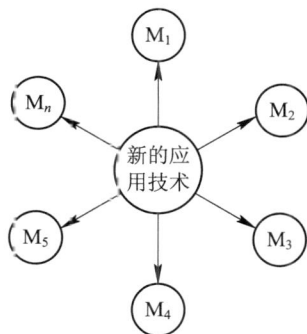

图 2-7　新应用技术的辐射组合示意图

6．信息组合

应用组合法进行创新活动的关键问题是如何合理地选择被组合的元素。为了解决这个问题，提高组合创新的效率，有人提出了一种非常有效的组合方法——信息组合法。

如表 2-1 所示，将家庭用的家具和家电以列表的形式组合，就得到了很多具有创意的组合家具设计作品。

表 2-1   家具和家电信息组合列表

类型	床	沙发	桌子	衣柜	镜子	电视
床						
沙发	沙发床					
桌子	床头桌	沙发桌				
衣柜	床头柜	沙发柜	组合柜			
镜子	床头镜	沙发镜	镜桌	穿衣镜		
电视	电视床	电视沙发	电视桌	电视柜		
灯	床头灯	沙发灯	台灯	带灯衣柜	镜灯	电视灯

》》 2.2.5 穷举法

常见的穷举法有希望点列举法和缺点列举法，现分别介绍如下。

1. 希望点列举法

1) 特点

希望，就是人们内心期待达到的某种目的或出现的某种情况，是人类心理需求的反映。设计者从社会需要或个人愿望出发，通过列举希望来形成创造目标或课题，这种方法在创新技法中叫作希望点列举法。

希望点列举法在形式上与缺点列举法相似，都是将思维收敛于某"点"，而后又发散思考，最后又聚焦于某种创意。但是，希望点列举法的思维基点比缺点列举法的要宽，它涉及的目标范围也更广。虽然二者都依靠联想法来推动列举活动，但希望点列举法更侧重自由联想。此外，相对来说，希望点列举法是一种主动的创造方法。

2) 社会需要分析

运用希望点列举法时，虽然只从某个信息基点出发去列举希望，但是这个信息基点的确定不应该孤立地思考。因为创造对象总会受到创造环境的制约和影响。也就是说，在运用该技法确定创造目标时，还应当审时度势，洞察社会希望的发展趋势。

社会需要反映了一种社会心理状态，也是人们各种心理欲望的集合，是人们为了自身的生存和维持社会的发展而对政治、经济、教育、文化、科技等方面产生的追求。

无数的事例证明，只要有社会需要存在，就会驱使人们进行创造，并用创造成果来满足这种需要。"产生需要-创造-满足需要"的循环，不仅是社会需要与创造之间最基本的联系，也是社会需要推导创造的动力学基本模式。

2. 缺点列举法

缺点列举法是指揭露事物的不足之处，向创造者提出应解决的问题，明确创新的方向。人们直接从研究对象的功能性、经济性、审美性、宜人性等目标出发，研究现有事物存在的缺点，并提出相应的改进方案，以推动事物的不断发展。以下从缺点列举法的用途、基本步骤、注意事项等几个方面展开讨论。

1）用途

缺点列举法主要用于以下两个方面。

(1) 针对原有产品存在的缺点、问题、不足进行改进。

(2) 对新设想、新产品进行完善。

2）基本步骤

(1) 通过采用调查法、集体讨论法、对比分析法等，由一人或多人对现有事物提出改进意见，尽可能全面地列举各种缺点。

(2) 对列举出的缺点进行详细的汇总、整理、记录。

(3) 针对所列的缺点进行逐一分析，挑选出主要缺点，并据此制定切实可行的改进方案。同时，考虑是否能够将某些缺点逆用，化弊为利。

3）注意事项

(1) 在列举事物缺点之前，对事物进行仔细观察，以确保对事物有一个全面而清晰的认识和了解。

(2) 在列举缺点时，应尽量确保所列举的缺点既正确又充分，避免遗漏或误判。

(3) 当采用集体讨论法列举缺点时，建议同时运用头脑风暴法，以激发参与者的积极性，从而积累更多缺点和创意设想。

》》 2.2.6 群体集智法

群体集智法就是集合大家的智慧来解决问题。常见的群体集智法有以下几种。

1. 智力激励法

1）智力激励法的四项原则

美国创造学家奥斯本提出的智力激励法是一种典型的群体集智法。它是通过召开智力激励会来实施的。在智力激励会上，人们应贯彻如下四条原则。

(1) 自由思考原则。这一原则要求与会者尽可能地解放思想，无拘无束地思考问题，不必顾虑自己的想法是否"离经叛道"或"荒唐可笑"。

(2) 延迟评判原则。这一原则强调在讨论问题时避免过早地进行评判。

(3) 以量求质原则。奥斯本认为，在设想问题时，越增加设想的数量，就越有可能获得有价值的创意。通常，最初的设想未必最佳。因此，需要通过产生大量的设想来筛选出质量较高的设想。

(4) 综合改善原则。这一原则旨在鼓励与会者积极参与知识互补、智力互激和信息共享等活动。正所谓"三个臭皮匠，顶个诸葛亮"，几个人在一起商量或综合大家的想法，可以增强个人的思维能力并提高思考的水平。

2）智力激励法的步骤

(1) 智力激励会的准备：议定会议主题，确定会议时间，筛选并通知与会专家，准备会议场所，安排会议服务事项。

(2) 热身活动：会前安排酒会、舞会等娱乐活动，会中主持人应通过讲笑话、做游戏等活跃气氛，使与会者互相认识，并彻底放松身心，以便于活跃思维。

(3) 明确问题：主持人再次明确主题，详细阐述需要解决的问题。

(4) 自由畅谈：在四大原则的指导下，与会者自由畅谈。同时，务必安排工作人员做好会议记录。

(5) 加工整理：会议集智结束后，工作人员要按照"不同内容罗列、相同内容合并、类似内容相互补充"的原则，整理好会议上所提出问题的解决方法，并在后续会议上讨论决策，选择最佳解决方法。

2. 书面集智法

为了弥补智力激励法缺乏安静的思考环境以及难于及时对众多设想进行评价和集中的不足，人们引入了以笔代口的默写式智力激励法，即书面集智法，也叫作"635 法"。采用该方法时，每次会议请 6 人参加，每人在卡片上默写 3 个新设想，每轮持续 5 分钟。因此，在 30 分钟内，总共可产生 108 种想法。

书面集智法的前三个步骤和智力激励法的一样，而这两种方法在第四个步骤上有明显的不同。书面集智法以笔代口，强调在此过程中不能讨论，而要求与会者通过默写来集智。

书面集智法示意图如图 2-8 所示，6 人围成一圈就座。图 2-9 为书面集智书写格式示意图，每人一页纸，需按要求默写集智，每页纸上写 3 条建议。

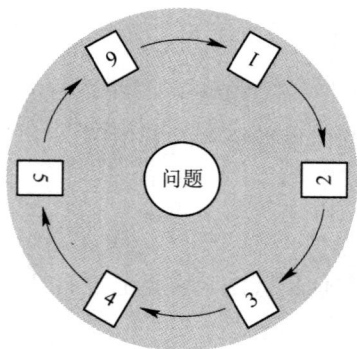

图 2-8　书面集智法示意图　　　　图 2-9　书面集智书写格式示意图

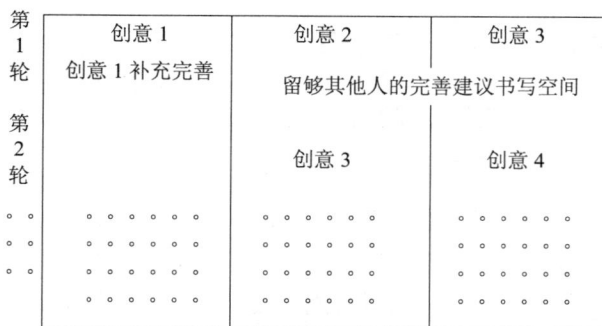

根据问题的难易程度和规模大小，每轮书面集智持续 5～30 分钟后，按照图 2-8 的顺序进行轮换。经过 6 次交换后，每位参与者的纸张回到自己的手中，此时就可得到 108 条创意或建议。

3. 函询集智法

函询集智法又称为德尔菲法，其基本做法是，针对某一课题选择若干专家作为函询调查对象，以调查表的形式将问题及要求邮寄给这些专家，并设定回复期限以获取他们的书面答复。收到全部专家的复函后，将所得到的设想或建议进行归纳和整理，形成一份综合表。然后，将此表连同新一轮的设想函询表再次邮寄给各位专家，使其在别人设想的启发下提出新的设想或对已有设想进行补充或修改。视情况需要，经过数轮函询后，就可以得到许多有价值的新设想。函询集智法耗费的时间较长，因此，不适用于解决紧急问题。

4. 卡片风暴法

卡片风暴法是由日本创造开发研究所所长高桥诚根据奥斯本的智力激励法改良而成的一种创造技法。具体做法是：会前明确会议主题，每次会议由 3～8 人参加，每人持 50 张名片大小的卡片，桌上另放 200 张卡片备用。会议时间约为 1 个小时。最初的 10 分钟为"独奏"阶段，与会者各自在卡片上填写设想，每张卡片上只写 1 条设想。在接下来的 30 分钟内，与会者按照座位次序轮流发表自己的设想，每次每人只宣读一张卡片。宣读后，其他与会者可以提出质询，也可以将受启发得出的新设想填入备用的卡片中。在余下的 20 分钟内，与会者相互交流和探讨，各自提出新的设想，以期从中激励出新的设想。

》》 2.2.7　设问探求法

创新、创造、发明的关键是能够发现问题并提出问题。爱因斯坦曾说："假如我每天都提了十个问题，即使九个半都是错的，但只要有半个有价值就了不得了。"设问探求法就是一种通过提问的方式来大量发掘创新点、提出创造性设想的创新技法。常见的设问探求法有以下几种。

1. 奥斯本检核表法

美国创造学家奥斯本在他的著作《发挥创造力》一书中介绍了众多创意技巧。后来，美国创造工程研究所从这本书中选择了 9 个项目，编制出《新创意检核用表》，以此作为激发人们进行创造性设想的工具。借鉴这种工具，设问探求法也从以下 9 个方面进行分项检核，以促使设计者探求创意。

(1) 有无其他用途：现有事物是否还有新的用途？或者通过稍作改进能否扩大其用途？

(2) 能否借鉴：能否借鉴其他经验？是否有与过去相似的情况？能否从中模仿些什么？

(3) 能否改变：能否对意义、颜色、活动、音响、气味、式样、形状等进行其他改变？

(4) 能否扩大：能否增加某些元素？比如，时间、频度、强度、高度、长度、厚度、附加价值、材料能否增加？能否进行扩大？

(5) 能否缩小：能否减少某些元素？能否进一步缩小？能否实现浓缩或微型化？能否降低、缩短或减轻？能否进行分割或内装？

(6) 能否代用：是否有其他材料、制造工艺、动力、场所或方法可以取而代之？

(7) 能否重新调整：是否可以改变条件？是否可以更换型号、设计方案或顺序？能否调整速度或程序？

(8) 能否颠倒过来：是否可以变换正负关系？颠倒方位会有什么效果？反向操作会如何？

(9) 能否组合：混合品、成套物品是否协调统一？不同单位或部分能否组合？目的、主张或创造设想能否综合？

2. 5W1H 法

对于选定的项目、工序或操作，都要从原因(何因 Why)、对象(何事 What)、地点(何地 Where)、时间(何时 When)、人员(何人 Who)、方法(何法 How)等六个方面提出问题并进行思考。

(1) Why：为什么需要创新？

(2) What：创新的对象是什么？

(3) Where：从哪个环节着手创新？

(4) Who：谁来承担创新任务？

(5) When：什么时候完成创新？

(6) How：怎样实施？

3. 和田十二法

和田十二法又叫"和田创新法则"，也称为和田创新十二法，即指人们在观察、认识一个事物时，可以考虑是否可以从不同的角度进行创新思考。和田十二法是我国学者许立言、张福奎在奥斯本检核问题表法的基础上，借用其基本原理，加以创造而提出的一种思维技法。它既是对奥斯本检核表法的一种继承，又是一种大胆的创新。同时，这些技法更通俗易懂，简便易行，便于推广。"和田十二法"包括十二个"一"，即加一加、减一减、扩一扩、缩一缩、变一变、改一改、联一联、仿一仿、代一代、搬一搬、反一反、定一定。和田十二法的基本步骤和注意事项如下。

1）基本步骤

和田十二法的基本步骤是：首先对现有事物按照十二个"一"的顺序进行核对和思考，然后把创意设想记录下来，最后补充每个设想产生的新效果或新功能。

2）注意事项

采用和田十二法时要注意以下事项：要注意抓住一个或几个具有启示的要点，进行深入研究，以寻找创新点；对每一个有创意的设想都应进行详细的记录；在发现创新点后，应综合运用十二种方法，并结合其他创新技法，从多角度对创新点进行思考和挖掘。

》》 2.2.8 仿生法

从自然界获得灵感，并将这些灵感应用于人造产品中的方法称为仿生法。自然界中有形形色色的生物，它们经过漫长的进化，拥有了复杂的结构和奇妙的功能。人类不断地从自然界中得到启示，并将这些原理应用于日常生活中。

仿生法具有启发、诱导、拓宽创造思路的功效。运用仿生法从自然界汲取灵感，不仅令人兴趣盎然，而且所涉及的内容相当广泛。从鸟类飞翔的姿态中联想到飞机的设计，从蝙蝠的超声波定位机制中启发出雷达的创造，从锯齿状草叶的形态中受到启发设计出锯子，这些千奇百态的生物和它们精妙绝伦的构造，赐予人类无穷无尽的创造思路和发明设想，永远吸引着人们去研究、模仿，并在此基础上进行新的创造。自然界不愧为发明家的老师，探索者的课堂。仿生法不是自然现象的简单再现，而是将模仿与现代科技手段相结合，设计出具有新功能的仿生系统。这种仿生存在于创造思维的全过程中，它是对自然的一种超越。仿生法包括原理仿生法、结构仿生法、外形仿生法、信息仿生法、拟人仿生法等，以下分别展开讨论。

1. 原理仿生法

模仿生物的生理原理而创造新事物的方法称为原理仿生法。例如，各式飞行器就是模仿鸟类飞翔原理的杰出成果，军用越野车则是根据蜘蛛爬行的原理设计而成的。蝙蝠利用超声波辨别物体位置的原理，为人类带来了全新的启示。经过深入研究人们发现，蝙蝠的喉内能够发出高达十几万赫兹的超声波脉冲。这种声波在发出后，一旦遇到物体就会反射回来，形成报警回波。蝙蝠根据回波的时间确定其与障碍物之间的距离，并通过回波到达左右耳的微小时间差来确定障碍物的方位。人们利用这种超声波的探测能力，成功将超声波应用于测量海底地貌、探测鱼群、寻找潜艇、探测物体内部缺陷、为盲人提供导航服务等。

2. 结构仿生法

模仿生物结构取得创新成果的方法称为结构仿生法。比如，从锯齿状草叶受到启发，人们发明了锯子。18 世纪初，蜂房独特、精确的结构形状引起了人们的注意。每间蜂房的体积几乎都是 $0.25\ cm^3$，壁厚都精确保持在 0.073 mm ± 0.002 mm。如图 2-10 所示，蜂房正面均为正六边形，背面的尖顶处由三个完全相同的菱形拼接而成。经过数学计算证明，蜂房的这种特殊结构具有同样容积下最省料的特点。经研究，人们还发现蜂房这种单薄的结构还具有很高的强度。比如，用几张一定厚度的纸按蜂窝结构做成拱形板，该拱形板竟能承受一个成人的体重。据此，人们发明了各种重量轻、强度高、隔音和隔热等性能良好的蜂窝结构材料，这些材料被广泛用于飞机、火箭及建筑等。

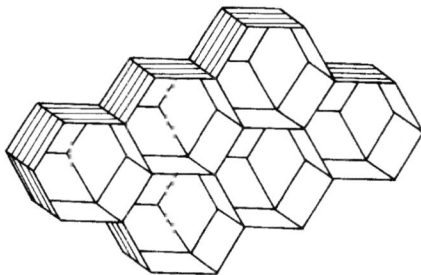

图 2-10　蜂房的结构示意图

3. 外形仿生法

研究模仿生物外部形状的创造方法称外形仿生法。比如，从猫、虎的爪子受到启发，人们设计出能够在奔跑中急停的钉子鞋。又例如，受到鲍鱼外壳形状的启发，人们创造出了吸盘等工具。

4. 信息仿生法

通过研究、模拟生物的感觉(包括视觉、嗅觉、听觉、触觉等)以及语言、智能等信息处理及其存储、提取、传输等方面的机理，构思和研制出新的信息系统的仿生方法称信息仿生法。

响尾蛇的鼻和眼部的凹面对温度极其敏感，能够对千分之一度的温度变化作出反应，因此，响尾蛇能轻易觉察到身边其他事物的存在。据此原理，美国研制出了对热辐射非常敏感的视觉系统，并将其应用于"响尾蛇"导弹的引导系统中。

5. 拟人仿生法

通过模仿人体结构功能等进行创造的方法称为拟人仿生法。人体本身就是一台精密至极、功能全面的超级机器。人类对自身的研究既深入又精细，对人体各部位、各器官、各组织的结构、机理、机能等都有较深刻的研究和了解。可以说，人类最了解的莫过于自身。因此，拟人仿生法具有素材丰富、潜力巨大、应用前景广泛等特点。

》》 2.2.9 转向创新法

在实践过程中，人们会发现某些计划、方法在实际操作中并不可行，这时，应根据实践过程中反馈的信息，及时修正计划、修改方法，以便继续有效地进行探索。常见的转向创新法有换元法和增元法。

1. 换元法

在问题求解的过程中，通过变换求解因素，常可获得意外的结果，这种方法称为换元法。

普通水闸通常沿垂直方向进行开启和关闭操作，而英国泰晤士河防潮闸则设计为如图2-11所示的结构，闸门的开启和关闭操作是通过旋转运动来实现的。在这种设计中，水对闸的作用力通过旋转轴心，因此，在高潮位时，下游的海水对水闸的作用不会影响水闸的阻水功能。

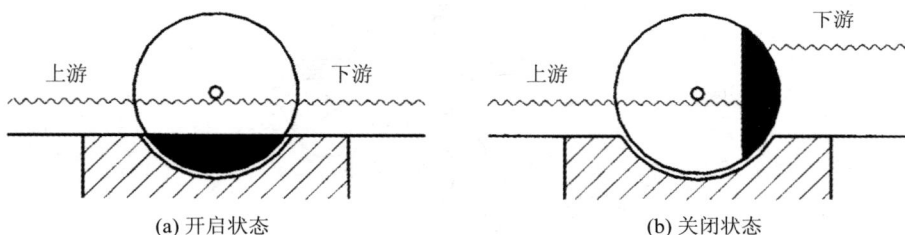

(a) 开启状态   (b) 关闭状态

图 2-11 英国泰晤士河防潮闸创新设计示意图

压路机通常依靠自身重量实现对路面的压实。而图 2-12 所示的振荡式压路机，除利用自身重量外，还通过机身的振荡来增强碾压效果。在图 2-12(a)所示的方案中，机身沿垂直方向振荡，这会对驾驶员产生较大的影响。在图 2-12(b)所示的方案中，机身的振荡方向被改为水平方向，既减小了振荡对驾驶员的影响，又增强了碾压效果。实际应用证明，这种改进的效果良好。

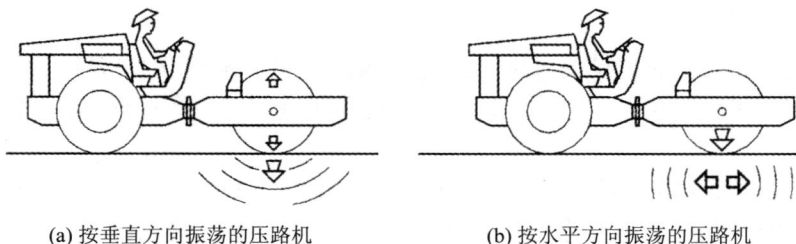

(a) 按垂直方向振荡的压路机   (b) 按水平方向振荡的压路机

图 2-12 振荡式压路机原理创新示意图

2. 增元法

在问题求解的过程中，通过增加求解因素或运动元，使设计拥有更多变化形态的创新方法称为增元法。

人们想要擦干净外窗玻璃时，通常面临很大的安全风险。目前，市场上出售的各种类型的擦外窗玻璃的工具往往难以将外窗玻璃彻底擦拭干净。图 2-13 是学生的创新设计作品——双元化玻璃窗。该设计增加了一个运动元，使得双元化玻璃窗的使用更加灵活多变。在平常使用时，可以像普通窗户一样将双元化玻璃窗推拉开(如图 2-13(a)所示)，占用空间少，且不会伤人。而在需要清洁外窗玻璃时，则可以转动开启(如图 2-13(b)所示)，使得外窗玻璃的清洁变得更加便捷且彻底。

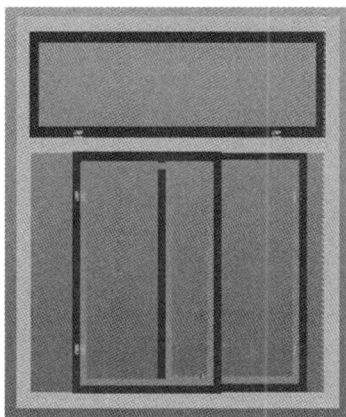 

(a) 推拉状态　　　　　　　　　　(b) 旋转状态

图 2-13　双元化玻璃窗

第3章

机械系统运动方案的创新设计

3.1 机械系统

3.1.1 机械系统概述

由若干机械装置组成的一个特定系统称为机械系统。机械系统可能是一台机器，如机床、塑料挤出机、纺织机等，系统中主要包含能量的转化、运动形式的转换等；也可能是一台设备，如化工容器、反应塔、变压器等，系统中主要包含能量、物料形态与性质的转变等；还可能是一台仪器，如应变仪、流量计、振动试验台等，系统中主要包含信息与信号的变换。可以看出，不管机械系统以什么形式出现，它都不是一个空泛的概念，而是实体，是有形的产品。

3.1.2 机械系统的组成

现代机械系统种类繁多，结构日益复杂，但从实现系统功能的角度看，它主要包括下列子系统：动力系统、传动系统、执行系统、操纵和控制系统等，如图 3-1 所示。以下对各个系统展开讨论。

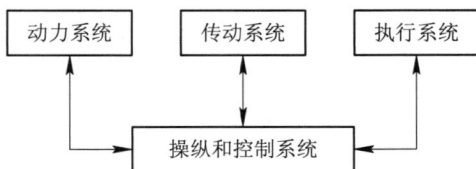

图 3-1 机械系统组成

1. 动力系统

动力系统包括动力机及其配套装置，是机械系统工作的动力源。例如，内燃机、汽轮机、水轮机等动力机，以及把二次能源(如电能、液能、气能)转变为机械能的机械，都属于动力系统的范畴。

2. 传动系统

传动系统是把动力机的动力和运动传递给执行系统的中间装置。

3. 执行系统

执行系统包括机械的执行机构和执行构件,它是利用机械能来改变作业对象的性质、状态、形状和位置,或对作业对象进行检测、度量等操作,以进行生产或达到其他预定要求的装置。

4. 操纵和控制系统

操作和控制系统是为了使动力系统、传动系统、执行系统能够协调运行,并准确、可靠地完成整机功能的装置。

现代机械系统向着智能化、模块化和微型化的方向发展。

(1) 智能化是 21 世纪机电一体化技术发展的一个重要方向。人工智能在机械设计与制造领域的应用日益得到重视,机器人与数控机床的智能化就是人工智能的重要应用。这里所说的"智能化"是对机器行为的描述,即在控制理论的基础上,通过吸收人工智能、运筹学、计算机科学、模糊数学、心理学、生理学和混沌动力学等的新思想、新方法,模拟人类智能,使机械系统具有判断推理、逻辑思维、自主决策等能力,从而实现更高的控制目标。

(2) 模块化是指研制和开发具有标准机械接口、电气接口、动力接口、环境接口的机电一体化产品单元。例如,研制集减速、智能调速、电机于一体的动力单元,具有视觉、图像处理、识别和测距等功能的控制单元,以及各种能完成典型操作的机械装置等。由于机电一体化产品种类和生产厂家繁多,因此实现模块化是一项重要且艰巨的工程。

(3) 微型化指的是机电一体化技术向微型机器和微观领域发展的趋势。在国外,微电子机械系统(Micro-Electro-Mechanical System,MEMS)泛指几何尺寸不超过 $1\ cm^3$ 的机电一体化产品,并且这些产品正在向微米、纳米级尺度发展。微机电一体化产品具有体积低、耗能低、运动灵活等特点,因此在军事、信息等领域具有不可比拟的优势。

3.2　机械系统的运动协调设计

在机械工程中,很多机械是由几个简单的基本机构组成的。这些基本机构虽然独立存在,未形成直接的物理连接,但它们的运动却需要互相配合、协调动作。此类设计问题被称为机械系统的运动协调设计。在现代机械中,实现运动协调设计有两种方法。一种是通过控制电动机的时序来实现机械系统的运动协调设计。这类方法简单、实用,但可靠性稍差。另一种是通过机械手段来实现机械系统的运动协调设计。这类方法同样简单、实用,而且可靠性好。

1. 机械系统的运动协调

有些机械的动作单一,如钻床、电风扇、洗衣机、卷扬机、打夯机等,它们主要完成较简单的工作,因此,无须进行运动协调设计。但也有很多机械的动作较为复杂,需要执行多个动作,并且各动作之间必须协调运动,以完成特定的工作。例如,在压力机的设计中，为了确保操作人员的人身安全，冲压动作与送料动作必须协调，否则会发生机器伤人事故。

在图3-2所示的压力机机构系统中，机构 *ABC* 为冲压机构，机构 *FGH* 为送料机构。这两个机构的动作必须精确协调，以确保冲压过程的顺利进行和操作人员的安全。具体来说，冲压机构 *ABC* 在完成一次冲压动作后，冲压头开始回升。在这个过程中，送料机构 *FGH* 需要开始送料。随后，在冲压头下降过程中的某个特定时刻，送料机构 *FGH* 需要完成送料动作并返回原位，以便为下一次冲压做好准备。冲压机构 *ABC* 的设计主要依据冲压的具体要求来进行。而送料机构 *FGH* 的设计不仅要满足送料的位移需求，而且其尺寸和位置也必须满足运动协调的条件。为了实现这种协调，设计时可以通过连杆 *DE* 将两个机构连接起来。

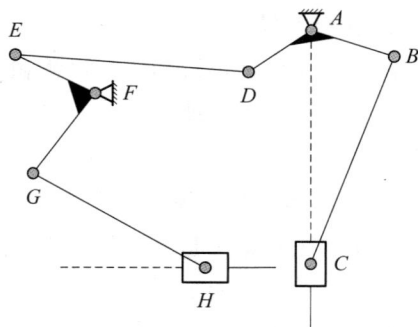

图 3-2 压力机机构系统

2. 机械运动循环图设计

设计具有周期性运动循环的机械时，为了使各执行机构能按照工艺动作有序地互相配合，提高生产效率，必须进行运动循环设计。表示机械在一个工作循环中各执行机构的运动配合关系的图形称为机械的运动循环图。执行机构的运动循环图大都用直角坐标表示，但也有直线式运动循环图和圆周式运动循环图。这里仅介绍直角坐标式运动循环图。图3-3所示为一个简易压力机的运动循环图。其中横坐标表示执行机构的运动周期，纵坐标表示执行机构的运动状态。每一个执行机构的运动状态均可在循环图上表示，通过合理设计可以实现它们之间的协调配合。在图3-3中，上图为冲压机构的运动循环图，其中 *AB* 段为工作行程，*BC* 段为回程，*GF* 段为冲压过程；下图为送料机构的运动循环图，其中 *EC* 段为开始送料阶段，*AD* 段为退出送料阶段。在冲压阶段，送料机构必须在 *DE* 阶段保持静止，即不与冲压运动发生干涉。运动循环图的设计结果不是唯一的，设计过程中，要使机构之间的运动协调实现最佳配合。

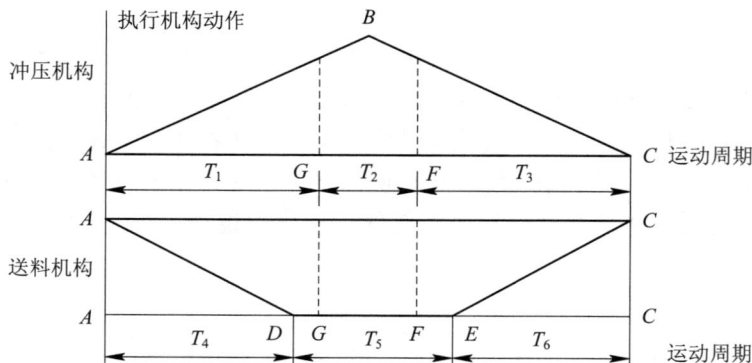

图 3-3 压力机的运动循环图

3.3　机械系统运动方案设计与评价

3.3.1　产品规划的创新问题

现代社会中产品的种类多，更新换代迅速，如何使自己的产品具有竞争优势，长期占据市场，这就需要我们了解一些关于产品规划阶段的创新技术与模式。

对于现代社会的许多机械产品，其功能是历史发展的结果，是在老产品的基础上开发出来的，例如汽车的载人载物功能、机床的加工功能等。因此，如何在老产品的基础上进行创新，开发出新产品，是我们需要讨论的主要内容。此外，我们还要探讨全新功能产品规划的创新问题。以下我们将从产品的系列化、产品性能的完善、开发新产品三个方面展开讨论。

1. 产品的系列化

产品的系列化是指在已有产品的基础上，利用现有的技术平台，为满足不同层次的需要，开发、衍生出一系列相关产品。例如，华为公司每年都要发布 MATE 系列、P 系列、NOVA 系列等多款手机，这些手机适合不同的消费人群，拓宽了产品消费面。可以看出，这种规划创新的特点是，这些系列产品均属于同一代产品，只是增加或改进了产品的辅助功能，或改进了产品的外形结构，进而衍生出不同形式的系列化产品，实现了产品的创新。

2. 产品性能的完善

产品性能的完善是指，在现有产品的基础上，运用现代的科学与技术、新型的材料以及先进的设计理念等，再经过深入的考察与分析，改进现有产品，使其性能更趋于完善，更具有竞争力。

3. 开发新产品

开发新产品是指在完全没有老产品的情况下，开发出全新的产品，即构思一个全新的概念。它需要从两个方面考虑：一个是考虑先进的科学知识与技术的发展情况，另一个是考虑现代社会的需求信息。这也就是所谓的技术的推动与需求的拉动是创新产品的源泉。

3.3.2　机械系统运动方案设计

机械系统设计的第一个环节是总体设计，就是在具体设计之前，对所要设计的机械系统的各方面，遵循简单、实用、经济、安全、美观等基本原则所进行的综合性设计。总体设计是从整体目标出发，实现系统整体优化设计的一个关键阶段。

总体设计的第一步就是充分理解设计任务书所规定的设计要求，并将其抽象化，即对系统所需实现的功能以及相应的约束条件进行描述。

1. 系统的功能描述

功能是对某一产品的特定工作能力的抽象化描述。描述功能时，要准确、简洁，并合理抽象，以抓住其本质特征，避免使用带有倾向性的表述。如图 3-4 所示为切削机床的功能构成描述。

(1) 主功能——实现系统目的的功能。

(2) 动力功能——为系统运行提供必要的能量。

(3) 控制功能——负责信息的检测、处理及系统的控制。

(4) 结构功能——将各组成部分组合成一个统一的整体。

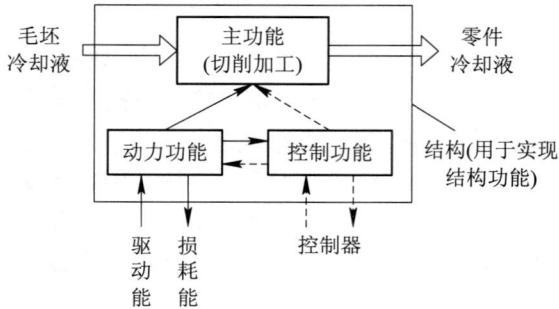

图 3-4　切削机床的功能构成图

2. 功能分解与功能树

机械系统可按系统工程的分解性原理进行功能分解，建立功能结构图，即功能树。这样既可显示各功能元、分功能与总功能之间的关系，又可通过各功能元解的有机结合得出整个系统方案。

功能树起于总功能，按分功能、二级分功能等逐级进行分解，其末端为功能元，如图 3-5 所示。前级功能是后级功能的目的功能，后级功能是前级功能的手段功能。另外，同一级的功能元或分功能组合起来，应能满足上一级功能的要求，最后合成的整体功能应能满足系统的要求。

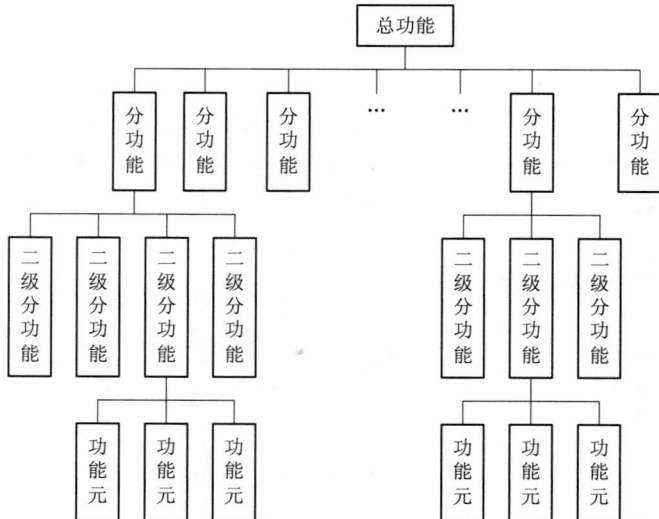

图 3-5　功能树

3. 功能求解

功能求解是原理方案设计中重要的阶段。在这一阶段，可以应用科学原理进行技术原理的构思，从而进行功能求解；再按技术原理来组织功能结构，在一定条件下作用于加工对象，形成技术分系统，实现分功能。

值得注意的是，同一种技术原理可以用于实现多种功能，同时，同一种功能也可以用不同的技术原理来实现。此外，再辅以工程技术人员长期积累的经验，就能很好地找出各功能的实现方案。

4. 机械系统方案设计

机械系统方案设计的过程是对各分功能方案进行方案综合的过程。因为一个实际的机械系统包含很多分功能系统或功能元，而每个分功能或功能元都有多个解决方案，这些方案组合起来可以形成多个总体方案。各总体方案之间的优劣有很大差异，故方案综合是一项复杂的工作，一般可采用形态学矩阵法来解决总体方案中功能匹配的问题。

1) 形态学矩阵

形态学矩阵法是一种系统搜索和程式化求解的创新技法。在形态学矩阵法中，将各子系统的目标(功能)及其可能实现的办法(可以是物理效应、作用原理或功能载体)列入一个矩阵形式的表中，这个表就称为形态学矩阵。一个典型的系统解的形态学矩阵如表 3-1 所示。若功能元为 A、B、C、D，对应的功能元解分别有 3、5、4、5 个，则理论上可通过组合得出 $3 \times 5 \times 4 \times 5 = 300$ 个方案。例如，A1-B2-C3-D4 为一组可能的方案。在全体方案中，既包含有意义的方案，也可能包含无意义的虚假方案。

表 3-1　系统解的形态学矩阵

功能元	功　能　元　解				
A	A1	A2	A3		
B	B1	B2	B3	B4	B5
C	C1	C2	C3	C4	
D	D1	D2	D3	D4	D5

2) 总体方案求解

对于大型复杂的问题，由于所得方案数量巨大，逐一检验是不现实的。实践证明，没有必要对系统解进行逐一检验，关键是处理好以下两个问题：

(1) 对各功能元的原理方案之间的物理相容性进行鉴别，同时对功能元的原理方案右几何学和运动学上是否有矛盾进行直观判断，从而剔除那些不相容的方案。

(2) 从技术可行性和经济效益的角度出发，初步挑选出几个具有潜力的方案并进行进一步的比较。

以下以单缸洗衣机的总体方案设计为列，讨论机械系统运动方案设计的过程。

(1) 功能分解。从洗衣机的总功能出发，分析实现"洗涤衣物"功能的手段，可得到"盛装衣物""分离脏物"和"控制洗涤"等几个基本分功能，并将这些分功能作为形态分析的三个因素。

(2) 功能求解。在上述三个分功能中，"分离脏物"是最关键的功能因素。在列举"分离脏物"的技术形态或功能载体时,要针对"分离"二字广思、深思和精思,并从多个技术领域(如机械、电气、热工、声学等)寻找解决方案。

(3) 列形态学矩阵并进行方案综合。经过一系列分析和思考,在条件成熟时即可构建出表 3-2 所示的洗衣机的形态学矩阵。理论上,我们可组合出 $4 \times 4 \times 3 = 48$ 种方案。

某些方案是明显不太合理的,如 A1-B4-C1,这些方案可以直接去掉,下面简要分析五种具有代表性的方案。

表 3-2　洗衣机的形态学矩阵

分功能		功　能　解			
A	盛装衣物	铝桶	塑料桶	玻璃钢桶	陶瓷桶
B	分离脏物	机械摩擦	电磁振荡	热胀	超声波
C	控制洗剂	人工控制	机械控制	电脑自控	

方案 1:A1-B1-C1 是一种最原始的洗衣机设计方案。

方案 2:A1-B1-C2 是最简单的普及型洗衣机设计方案。这种洗衣机通过电动机和 V 带传动使洗衣桶底部的波轮旋转,产生的涡流与衣物相互摩擦,再借助洗衣粉的化学作用,达到洗净衣物的目的。

方案 3:A2-B3-C1 是一种结构简单的热胀增压式洗衣机设计方案。该方案是指在桶中装热水并加入洗衣粉,通过手动摇动使桶旋转增压,以实现洗净衣物的目的。

方案 4:A1-B2-C2 是一种利用电磁振荡原理进行脏物分离的洗衣机设计方案。这种洗衣机可以不用洗涤波轮,而且水排干后,还可利用电磁振荡使衣物脱水。

方案 5:A1-B4-C2 是超声波洗衣机的设想方案。该方案考虑利用超声波产生很强的水压,使衣物纤维振动,同时借助气泡上升的力量使衣物运动并产生摩擦,从而达到洗涤去污的目的。

其他方案的分析由于篇幅原因不再一一列举。

3) 功能集成

接下来的工作就是进行功能集成,即如何将求解所得的功能载体进行集成,其中最主要的工作就是接口设计。

功能集成需要考虑各功能载体在机械结构上的关联与控制信息上的关系两个方面。这是一个需要充分考虑如何确定合理的整体布局形式,采用恰当的传动和支承结构,设计适用的检测控制硬件、信息处理方法等的过程。

例如,传统的双桶洗衣机的脱水及洗涤功能分别由两套机构来实现。在全自动微电脑控制单桶洗衣机的设计中,考虑到脱水与洗涤不是同时进行的,故只采用一个电动机。这样,这两种运动就产生了关联。通过巧妙布置机械结构(主要是传动结构),再从程序上控制两种运动不同时发生,就能实现节约空间的套缸结构。

》》》 3.3.3　机械系统运动方案评价

创新设计可获得众多方案,但具体实施的方案却只有一个。为了获得技术上可行、性能上先进、经济上合理且能可靠地满足用户要求的新方案、新产品,必须对创造出来的各种方案进行评价。评价过程不仅是对方案进行科学的分析和总结，也是对方案进行改进和完善的过程。从广义上讲，评价是产品开发过程中必要的优化步骤。以下从评价目标、评价方法两个方面进行讨论。

1. 评价目标

1) 评价目标的内容

评价目标即评价准则。产品和技术方案的评价目标包含以下三方面的内容。

(1) 技术评价目标：包括产品的工作性能指标、加工装配的工艺性、使用维护的便捷性、技术的先进性等内容。

(2) 经济评价目标：包括成本、利润、投资回收期等内容。

(3) 社会评价目标：包括方案实施对社会的影响、市场效应、节能效果、环保性、可持续发展等内容。

虽然方案评价内容较多，但在具体设定评价目标时，一般不宜超过 6~8 项，否则会影响主要功能目标的实现。

另外，还可以根据各项评价目标的重要程度设置加权系数。加权系数是反映评价目标重要程度的量化系数，加权系数越大，意味着目标的重要程度越高。加权系数值一般由经验确定或采用强制判定法(Forced Decision，FD)计算。若用 $g_i(i = 1，2，\cdots，n)$ 表示每一项评价目标的加权系数，则一般情况下 $g_i < 1$，且所有加权系数之和为 1，即 $\sum\limits_{i=1}^{n} g_i = 1$。

例如，对某洗衣机进行评价，共选出 6 个评价目标。这 6 个评价目标分别是价格、洗净度、寿命、维修性、耗水量和外观。将上述评价目标列于判别表的纵、横两栏中，然后根据其重要程度一一对应地进行比较。如果两个评价目标同等重要，则在判别表中为这两个评价目标各记 2 分；如果某一个评价目标比另一个评价目标重要得多，则给重要得多的评价目标记 4 分，给另一个评价目标记 0 分。接着，求出每个评价目标的总得分 k_i，并用公式 $g_i = k_i \Big/ \sum\limits_{i=1}^{n} k_i$ 计算每个评价目标的加权系数。记分和加权系数的计算结果见表 3-3。

表 3-3　洗衣机评价目标加权系数表

评价目标	比较目标						得分 k_i	加权系数 $g_i = k_i \Big/ \sum\limits_{i=1}^{n} k_i$
	价格	洗净度	维修性	寿命	外观	耗水量		
价格	×	3	4	4	4	4	19	0.31
洗净度	1	×	3	3	4	4	15	0.25
维修性	0	1	×	2	3	4	10	0.17
寿命	0	1	2	×	3	4	10	0.17
外观	0	0	1	1	×	3	5	0.08
耗水量	0	0	0	0	1	×	1	0.02
							$\sum k_i = 60$	$\sum g_i = 1$

2) 评价目标树

评价目标树是一种有效的分析评价目标的手段。为了对各评价目标的重要程度有比较清晰的认识，可以把评价目标看成一个系统，并依据系统可以分解的原则，把产品的总目标分解为一级子目标、二级子目标，形成目标分析的倒置树状结构，即评价目标树。

洗衣机的评价目标树如图 3-6 所示。在图中，性能、经济性、社会性为一级子目标，洗净度、寿命、维修性、价格、耗水量、外观为二级子目标。因为这些目标为目标树的最后分枝，所以也称为目标元。每个目标旁边或下面的数字为各子目标的加权系数，各子目标加权系数之和必等于其上级子目标的加权系数。同一级子目标的全部加权系数之和必为1。通过对目标树进行分析，总目标、各子目标的重要程度变得一目了然，使用起来也非常方便。

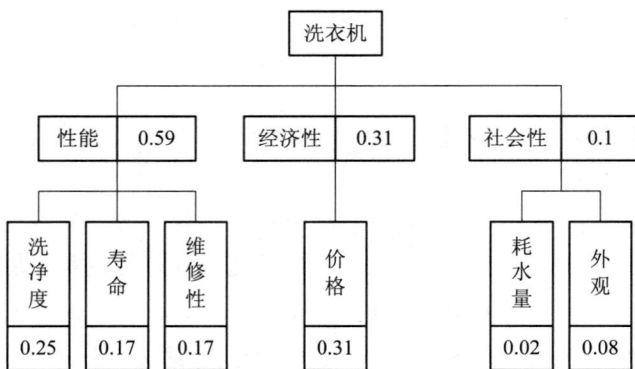

图 3-6 洗衣机的评价目标树

2. 评价方法

工程中方案的评价方法很多，如评分法、模糊评价法、矩阵法、技术经济法等。本节只介绍两种方法，即评分法与模糊评价法。

1) 评分法

评分法是一种根据分值大小来评价方案优劣的定量评价方法。对于一个包含多个评价目标的系统，应先对各目标进行单独评分，然后通过加权计算求得总分，最后基于总分进行综合评价。

理想评分值可设为 10 分(或 5 分)，评分标准可参考表 3-4。对于介于两个评分标准之间的中间值，可用线性插入法求得。

表 3-4   评分标准(10 分制)

0	1	2	3	4	5	6	7	8	9	10
不能用	差	较差	勉强可用	可用	中	良	较好	好	优	理想

2) 模糊评价法

模糊评价法是一种基于模糊数学的综合评价方法。该综合评价法根据模糊数学的隶属度理论，把定性评价转化为定量评价，即运用模糊数学对受到多种因素制约的事物或对象进行总体的评价。该方法具有结果清晰、系统性强等特点，能较好地解决模糊的、难以量化的问题，因此适用于解决各种非确定性问题。

第4章

机构创新设计

4.1 机构创新设计的基础

进行机构创新设计时，除需要具备创新思维、扎实的数学基础、计算机技能之外，还必须熟悉机构的基础知识。机械传动机构包括齿轮机构、连杆机构、凸轮机构、螺旋传动机构、间歇运动机构、带传动机构、链传动机构、绳索传动机构，以及利用以上一些常用机构进行组合而产生的组合机构。因此，研究这些实现各种运动形态的机构，为创新设计新机构提供了技术基础。

4.1.1 常见的机械传动机构

常见的机械传动机构有如下几种。

1. 齿轮机构

齿轮机构的种类很多。外啮合圆柱齿轮机构传递反向运动，内啮合圆柱齿轮机构传递同向运动，锥齿轮机构传递相交轴之间的运动，蜗杆机构传递垂直交错轴之间的运动。

2. 连杆机构

连杆机构能实现转动到转动、摆动、移动的运动变换，其基本类型为四杆机构。曲柄摇杆机构、曲柄滑块机构、摆动导杆机构都具有运动急回特征，这使得它们在需要周期性快、慢动作，且要求生产效率高的机械系统中得到广泛的应用。

3. 凸轮机构

凸轮机构通过改变轮廓线的形状可实现从动件的各种形式的运动规律。它具有结构简单、设计灵活的特点，可以实现转动和移动之间的相互转换，以及转动向摆动的转化。

4. 螺旋传动机构

螺旋传动机构可以实现连续转动到往复直线移动的运动变换，其基本类型是三角形螺纹的螺旋传动机构，它可演化为梯形螺纹的螺旋传动机构、矩形螺纹的螺旋传动机构、滚珠丝杠传动机构。

5. 间歇运动机构

间歇运动机构是指主动件连续转动、从动件间歇转动或间歇移动的机构，其基本类型有棘轮机构、槽轮机构、不完全齿轮机构、分度凸轮机构等。每种机构都有不同的形式，可根据具体的应用需求进行设计。其中，棘轮机构可通过调整摇杆的摆角实现不同的工作范围。

6. 带传动机构

带传动机构是一种能够通过减速或增速将主动轮的转动传递给从动轮的机构。最基本的带传动机构是平带传动机构，它可演化为V带传动机构、圆带传动机构、同步带传动机构。其中，平带传动机构和圆带传动机构可交叉安装，实现反向传动。带传动机构适用于较大中心距的传动场合，当出现过载时，带传动机构会发生打滑，从而起到一定的保护作用。同步带传动机构具有准确的传动比，即使在低速情况下也能保持良好的运转效果。

7. 链传动机构

链传动机构是一种能够通过减速或增速把主动轮的转动转换为从动轮的转动的机构。套筒滚子链是最基础的链传动机构，它可演化为多排套筒滚子链传动机构、齿形链传动机构。链传动机构也是一种适合较大中心距的传动机构，能够输出同向的减速或增速连续转动，其传动比为两链轮齿数的反比。

8. 绳索传动机构

绳索传动机构也是把主动轮的转动变换到从动轮的转动的机构，除具有带传动机构的功能外，绳索传动机构还具有独特的作用。由于一轮缠绕，另一轮退绕，因此二轮中间可有多个中间轮。绳索传动机构不能传递较大的载荷。

单一的机构经常不能满足不同的工作需要。把一些基本机构通过适当的方式连接起来，从而组成一个机构系统，称之为机构的组合。在机械运动系统中，机构的组合系统应用很多。机、液机构组合主要是液压缸系统与连杆机构系统的组合，可满足执行机构的位置、行程、摆角、速度及复杂运动规律等多方面的工作要求。在机、液机构组合中，液压缸一般是主动件，驱动各种连杆机构完成预定的动作要求。

》 4.1.2 机构的主要功能

机构的主要功能是传递运动和力，并实现运动速度和形式的转换。机构的主要作用是实现速度或力的变化，满足特定运动规律的要求，创造特定的运动轨迹，或者实现某种特定信息的传递需求。在工程中，各类原动机几乎都会输出一定的转速和力矩，因此大多数情况下需要对原动机的转动进行变换。

实现运动形式变化的常用机构如表4-1所示。

表 4-1　实现运动形式变化的常用机构

运动形式变换				基本机构	其他机构
主动运动	从动运动				
连续回转	连续回转	变向	平行轴 同向	内啮合圆柱齿轮机构、带传动机构、链传动机构	双曲柄机构、转动导杆机构
			平行轴 反向	外啮合圆柱齿轮机构	圆柱摩擦轮机构、交叉带传动机构、反平行四边形机构
			相交轴	锥齿轮机构	圆锥摩擦轮机构
			交错轴	蜗杆机构、交错轴斜齿轮机构	双圆柱面摩擦轮机构、半交叉带传动机构
		变速	减速或增速	齿轮机构、蜗杆机构、带传动机构、链传动机构	摩擦轮机构、绳轮传动机构
			变速	齿轮机构、无级变速机构	塔轮带传动机构、塔轮链传动机构
	间歇回转			槽轮机构、棘轮机构	不完全齿轮机构
	摆动	无急回性质		摆动从动件凸轮机构	曲柄摇杆机构(行程速度变化系数 $K=1$)
		有急回性质		曲柄摇杆机构、摆动导杆机构	摆动从动件凸轮机构
	移动	往复移动	无急回	对心曲柄滑块机构、移动从动件凸轮机构	正弦机构、不完全齿轮齿条机构
			有急回	偏置曲柄滑块机构、移动从动件凸轮机构	—
		间歇移动		不完全齿轮齿条机构	移动从动件凸轮机构
	平面复杂运动的特定运动轨迹			连杆机构,连杆上特定点的运动轨迹	—
摆动	摆动			双摇杆机构	摩擦轮机构、齿轮机构
	移动			摆杆滑块机构、摇块机构	齿轮齿条机构
	间歇回转			棘轮机构	—

在实际工作中,各类原动机输出的几乎都是恒定的转速和转矩,因此以转动为原动件进行功能变换的需求最多。

1. 转动到转动的功能变换

一般情况下,主动件做等速转动,从动件也要求做等速转动,但需要有特定的转动返度。最理想的机构是各类齿轮机构,其从动轮的转速可按选定的传动比计算。从动轮转返的变化会引起输出力矩的相应变化。当传递的力矩很小时，采用摩擦轮机构是实现转动到转动功能变换的简单方式；当中心距较大时，一般采用各类带传动机构或链传动机构更为合适。

2. 转动到移动的功能变换

工程中的移动大都是往复直线移动。齿轮齿条机构、曲柄滑块机构、正弦机构、直动从动件凸轮机构、螺旋传动机构都能实现转动到移动的变换，这也是一种常见的运动形式变换方式。其中大部分机构的运动是可逆的，即它们也可以实现移动到转动的功能变换。应该注意的是，具有自锁特性的螺旋传动机构不能实现移动到转动的功能变换。例如，在曲柄滑块机构中，当曲柄作为主动件时，利用滑块的往复直线移动，可设计成空气压缩机；而当滑块为主动件时，可设计成各类内燃机。许多机床工作台的往复移动也是靠螺旋传动机构实现的。

3. 转动到摆动的功能变换

曲柄摇杆机构、摆动导杆机构、摆动从动件凸轮机构是最常用的实现转动到摆动的功能变换机构。这类机构也具有运动的可逆性，即能实现摆动到转动的功能变换。但应注意曲柄摇杆和摆动导杆机构在极限位置时可能存在的死点问题，同时也要注意摆动从动件凸轮机构的压力角问题。

4. 摆动到移动的功能变换

正切机构、摆动液压缸机构和无曲柄的滑块机构是实现摆动到移动的功能变换的常用机构。

5. 间歇运动的变换

间歇性的转动或移动是自动化生产领域中的常见运动形式，棘轮机构、槽轮机构、不完全齿轮机构和分度凸轮机构均能实现该类运动变换。

6. 实现特殊功能

位移缩放机构、微位移机构、自锁机构、力放大机构等都是具有特殊功能的机械装置。一般情况下，可采用平行四边形机构作为位移缩放机构。可采用微位移机构作为差动螺旋机构。利用反力作用在摩擦锥或摩擦圆内，可设计出各类自锁机构；也可利用螺旋机构和蜗杆机构设计出自锁机构。

7. 实现特定的运动轨迹

在生产实际中，往往需要机构实现某种特定的运动轨迹，如直线、圆弧等。当运动轨迹要求比较复杂时，一般通过连杆机构或组合机构来完成。

4.2　机构的创新设计

将基本机构进行组合是机构设计的重要方法。根据工作要求的不同和各种基本机构的特点，常常必须把几种机构组合起来才能满足工作要求。

4.2.1　机构的演化、变异与创新设计

机构由构件和运动副组成，构件和运动副的结构形式决定了机构的性质与用途。机构的演化与变异设计旨在通过对构件和运动副的创新改造，创造出具有新特点和新功能的"新"机构。这种设计过程以现有机构为基础，通过对构成机构的结构元素进行演化或改造，使机构获得新的运动特性和使用功能。

机构的演化是以某一基本机构为原始机构，通过对其机架、运动副和构件尺寸等进行变换，从而设计出具有不同功能的新机构的过程。机构演化的方法主要有机构的倒置，即变换机构的机架；运动副的等效替换，包括空间运动副与平面运动副的等效替换、高副与低副的等效替换、滑动摩擦副与滚动副的等效替换。

机构的变异则是基于某一基本机构，主要对其运动副的类型、形状或尺寸进行变换，目的是在不改变机构类型的前提下，改善或提高机构的传力性能，实现机构设计的优化。机构变异的方法主要有改变机构中运动副的尺寸和改变机构中运动副的形状。

机构演化与变异的相同点是两者都首先选定某一基本机构作为原始机构。它们的不相同点是：机构演化后通过变换可以得到具有不同性质的新机构，而机构变异则是在不改变机构类型的前提下，通过改变机构中运动副的某些属性(如尺寸、形状)来改善或提升机构的性能。

对于图 4-1(a)所示的曲柄滑块机构 1，如果将曲柄滑块机构中的曲柄变换为机架，那么曲柄滑块机构就会演化为转动导杆机构，如图 4-1(b)所示。另外，如果将图 4-1(c)所示的曲柄滑块机构 2 中与曲柄和连杆连接的转动副 B 的尺寸改变，那么曲柄滑块机构中的曲柄将变异为偏心轮，但此时机构的类型依然是曲柄滑块机构，只是其形态和功能有所调整，如图 4-1(d)所示。这里要注意的是，机构变异后虽然仍被称为曲柄滑块机构，但其内部结构和运动特性已经发生了改变。

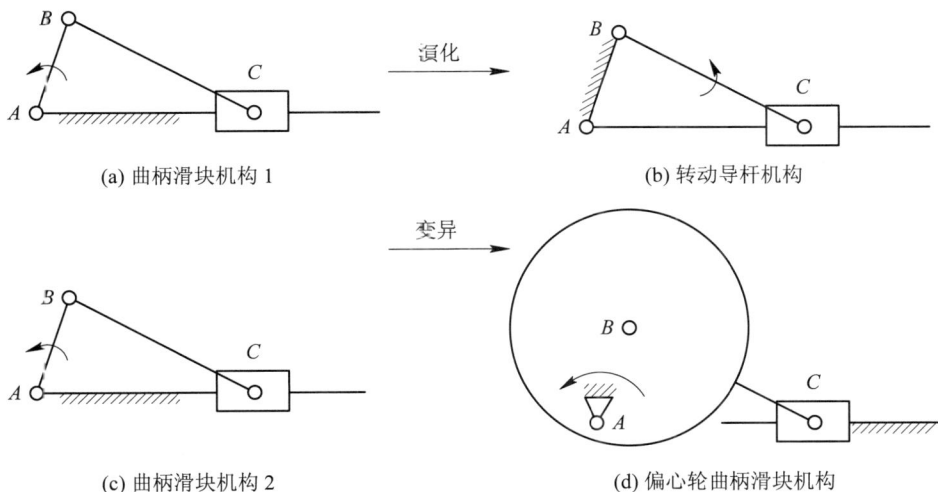

(a) 曲柄滑块机构 1　　(b) 转动导杆机构

(c) 曲柄滑块机构 2　　(d) 偏心轮曲柄滑块机构

图 4-1　曲柄滑块机构的演化和变异

1．机构的演化

1）机构的倒置(变换机构的机架)

机构的倒置包括机架的变换与主动构件的变换。按照相对运动原理，倒置后的机构各构件之间的相对运动关系并不改变。但通过这种变换，可以改变输出构件的运动规律，以满足不同的功能要求。此外，机构的倒置还可以简化机构运动与动力分析的方法，使机构设计与分析变得简单。

机械原理课程中介绍过，铰链四杆机构的机架经过变换后可以生成曲柄摇杆机构、双曲柄机构与双摇杆机构；含有一个移动副的四杆机构的机架经过变换后可以生成曲柄滑块机构、转(摆)动导杆机构、曲柄摇块机构、定块机构；含有两个移动副的四杆机构的机架经过变换后可以生成双滑块机构、双转块机构、正弦机构、正切机构。下面主要介绍连杆机构、凸轮机构、齿轮机构和挠性机构。

(1) 连杆机构。

在铰链四杆机构中，如果满足杆长条件，则通过机构的倒置，选择不同的杆作为机架，可以得到三种不同的机构形式：选择最短杆的邻杆做机架时，得到的是曲柄摇杆机构，如图 4-2(a)和图 4-2(c)所示；选择最短杆本身做机架时，得到的是双曲柄机构，如图 4-2(b)所示；选择与最短杆相对的杆做机架时，得到的是双摇杆机构，如图 4-2(d)所示。

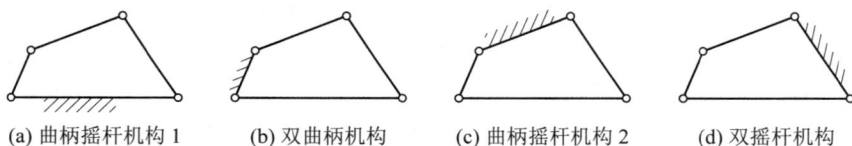

(a) 曲柄摇杆机构 1　　(b) 双曲柄机构　　(c) 曲柄摇杆机构 2　　(d) 双摇杆机构

图 4-2　全转动副四杆机构

含有一个移动副的四杆机构是一种使用广泛的结构形式。图 4-3(a)所示为曲柄滑块机构。当曲柄作为主动件时，曲柄滑块机构(如活塞式水泵、压缩机)可以把回转运动变成直线往复运动；当滑块为主动件时，曲柄滑块机构(如内燃机)可以把直线往复运动变成回转

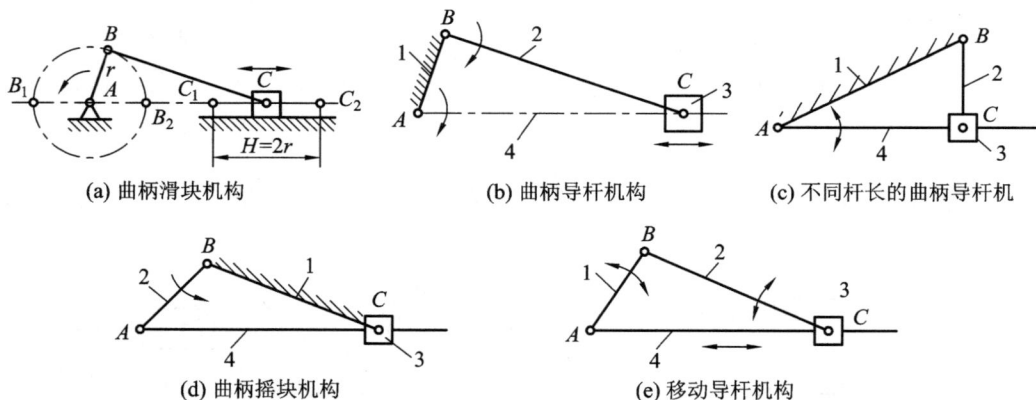

(a) 曲柄滑块机构　　(b) 曲柄导杆机构　　(c) 不同杆长的曲柄导杆机

(d) 曲柄摇块机构　　(e) 移动导杆机构

1—机架；2—主动件；3—滑块；4—导杆。

图 4-3　含有一个移动副的四杆机构

运动。图 4-3(b)、(c)所示都是曲柄导杆机构,其中,杆 1 是机架,杆 2 是主动件,杆 4 是导杆。这些机构通过采用不同的杆作为机架,实现了不同的运动转换功能。在图 4-3(b)中,杆 2 和杆 4 都可以旋转 360°,因此这种机构常用于旋转液压泵。在图 4-3(c)中,杆 2 作为主动件,杆 4 为导杆。由于杆长的限制,该机构中的导杆(杆 4)只能做摆动。这种机构具有急回运动特性,因此常用于牛头刨床或插床的主体运动机构中。如图 4-3(d)所示是曲柄摇块机构,其一般以杆 2 为主动件做转动或摆动,导杆 4 相对于滑块 3 做移动并与滑块一起绕点 C 摆动。此时,点 C 所连的气缸就成为摇块。在图 4-3(e)中,滑块作为机架,构成了移动导杆机构。在这种机构中,一般以杆 1 作为主动件,驱动机构进行工作,这种机构常用于抽水机和液压泵等。

图 4-4 所示是两种汽车的自动卸料机构。其中,图 4-4(a)中的方案采用了双摇杆机构,杆 AD 为车架,AB 和 CD 是摇杆。当活塞从液压缸向右伸出时,推动摇杆摆动,使车斗左边抬起,从而实现车斗内物品的自动卸下;当活塞向左缩回时,摇杆反向摆动,车斗复原。图 4-4(b)中的方案采用了曲柄摇块机构,车斗 AB 为摇杆,车架 BC 为固定件(或称为机架),活塞杆是原动件,液压缸的缸体部分作为摇块并可以绕点 C 转动。当液压缸推动活塞杆向右上方伸出时,车斗绕点 B 转动,使物品自动卸下;当活塞向左缩回时,车斗反向转动,车斗复原。

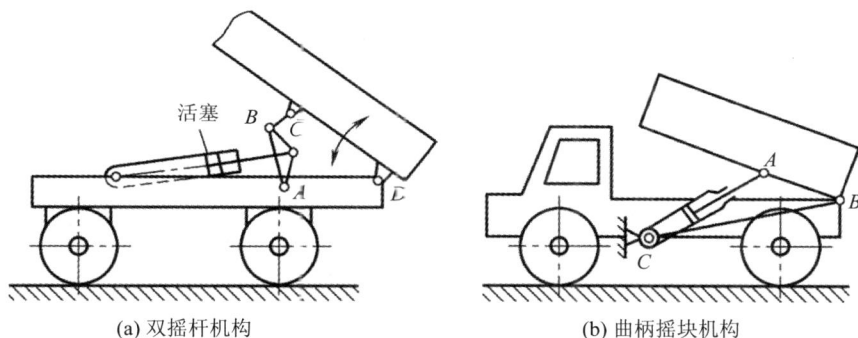

(a) 双摇杆机构   (b) 曲柄摇块机构

图 4-4 两种汽车的自动卸料机构

图 4-5 展示了双滑块机构及其机架变异的结构。其中,图 4-5(a)为双滑块机构,这种机构常用于椭圆画图仪器;图 4-5(b)所示为双转块机构,这种机构常用于十字滑块联轴器;图 4-5(c)所示为正弦机构;图 4-5(d)所示为正切机构。

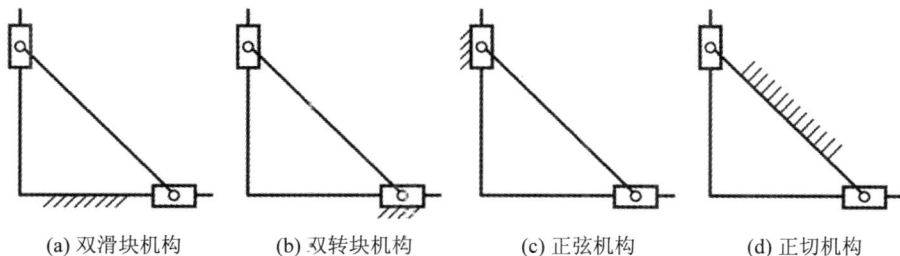

(a) 双滑块机构   (b) 双转块机构   (c) 正弦机构   (d) 正切机构

图 4-5 双滑块机构变异

(2) 凸轮机构。

凸轮机构为三构件高副机构，其三个构件分别是凸轮、推杆(或摆杆)、连接凸轮与推杆的机架。对于直动从动件盘形凸轮机构，一般凸轮 1 为主动件，构件 2 为从动件，构件 3 为机架，如图 4-6(a)所示。如果对机架进行变换，将凸轮 1 固定作为机架，构件 3 作为主动件，构件 2 作为从动件，则生成了固定凸轮机构，如图 4-6(b)所示。如果对主动件进行变换，构件 3 作为主动件，凸轮 1 作为从动件，构件 2 机架，则得到了反凸轮机构，如图 4-6(c)所示。

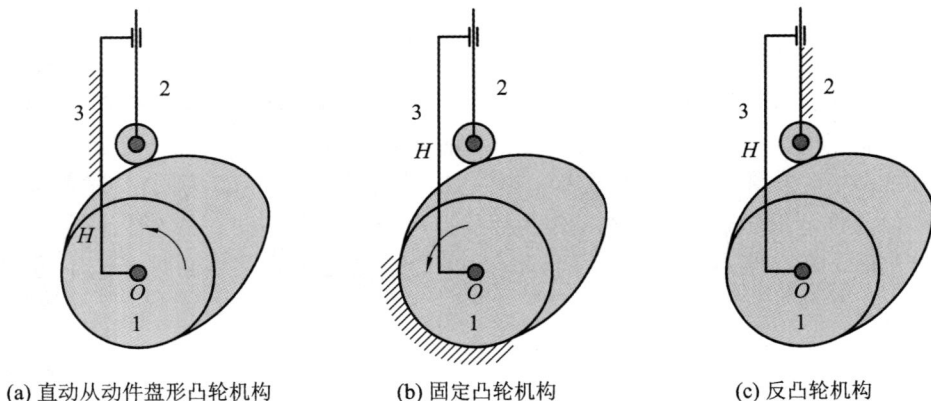

(a) 直动从动件盘形凸轮机构   (b) 固定凸轮机构   (c) 反凸轮机构

图 4-6　凸轮机构倒置

(3) 齿轮机构和挠性机构。

齿轮机构的机架变换后就形成了行星齿轮机构，如图 4-7(a)所示；齿形带或链传动等挠性机构的机架变换后形成各类行星传动机构，如图 4-7(b)所示。

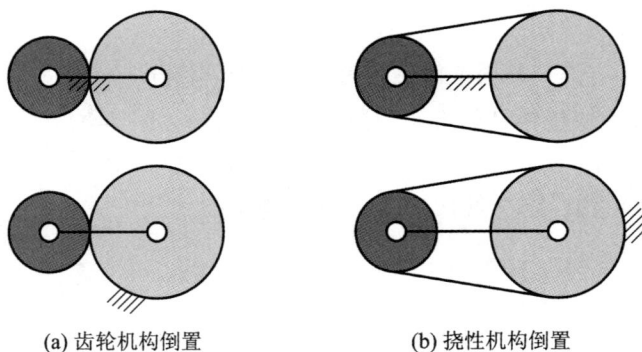

(a) 齿轮机构倒置   (b) 挠性机构倒置

图 4-7　齿轮机构、挠性机构及其倒置

图 4-8 所示的是一个用于清洗汽车玻璃窗的挠性件行星传动清洗机构。其中挠性件 1 连接固定带轮 4 和行星带轮 3，连杆 5 作为原动件带动转臂 2 的运动。当转臂 2 摆动时，与行星带轮 3 固接的杆 a 及其上的刷子做复杂平面运动，以满足清洗工作的要求。

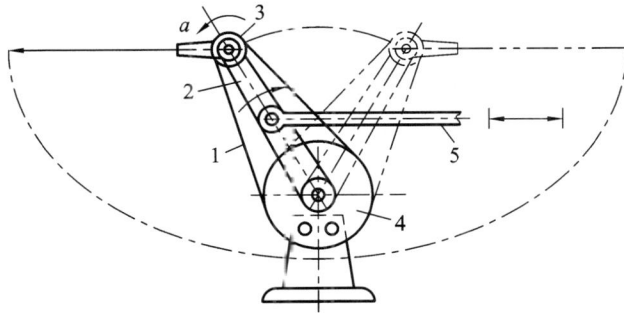

1—挠性件；2—转臂；3—行星带轮；4—固定带轮；5—连杆。

图 4-8　挠性件行星传动清洗机构

2) 运动副的等效替换

(1) 空间运动副与平面运动副的等效替换。

常用的空间机构主要有球面副、球销副和圆柱副。其中，圆柱副通常用于从动件的连接，因此在机构创新设计中，一般不需要进行替换。然而，球面副经常出现在机构主动件的连接处，特别是当主动件与机架之间采用球面副时，会给机构的运动控制带来困难。此时，可以利用三个轴线相交的转动副来代替一个球面副。在如图 4-9(a)所示的 SSRR 空间四杆机构中，若 SS 杆作为主动件，则可能难以控制其运动。这时，可以用图 4-9(b)所示的三个转动副来代替球面副。替换的条件是确保运动副的自由度、转动中心以及运动特性保持不变。在图 4-9(b)中，三个电动机分别驱动三个转动副的转轴，这些转轴的轴线相交于点 O。各转轴的转角 φ_x、φ_y、φ_z 的合成运动即为空间转动，而各转轴的角速度 ω_x、ω_y、ω_z 的合成即为曲柄的角速度。对于两自由度的球销副，也可以按照类似的过程进行替换。

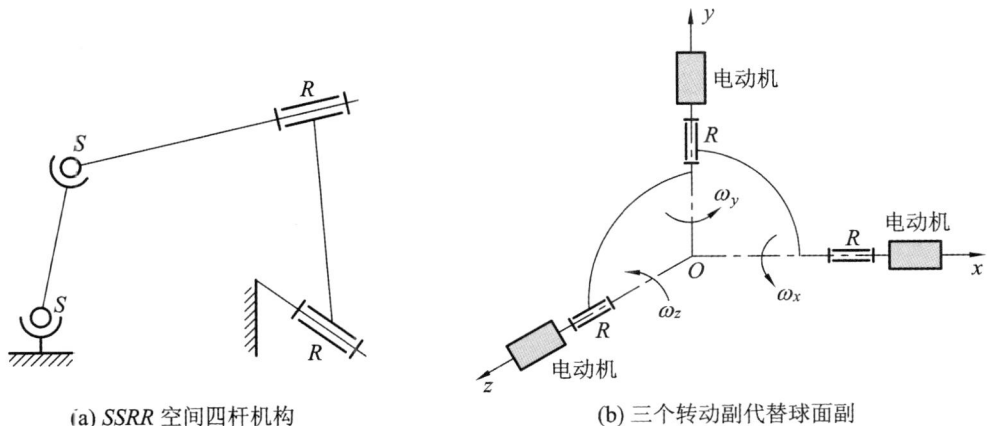

(a) SSRR 空间四杆机构　　(b) 三个转动副代替球面副

图 4-9　球面副与转动副的等效替换

2) 高副与低副的等效替换

高副与低副的等效替换在工程设计中有广泛的应用。例如，使用滚动导轨替代滑动导轨、使用滚珠丝杠替代传统螺旋副都是常见的应用。在平面机构中，高副通常可以用一个构件和两个平面低副进行替代。对于如图 4-10(a)所示的偏心盘凸轮机构 1，在去除局部目由度后，凸轮高副可以被连杆 *BC* 构件、转动副 *B* 和转动副 *C* 所替换。这样，原来的凸轮机构就可以被相应的四杆机构替代，如图 4-10(b)所示。在图 4-10(c)中，凸轮高副被构件 *BC*、转动副 *B* 以及移动副 *C* 所替换，偏心盘凸轮机构 2 被替换为图 4-10(d)所示的曲柄导杆机构。

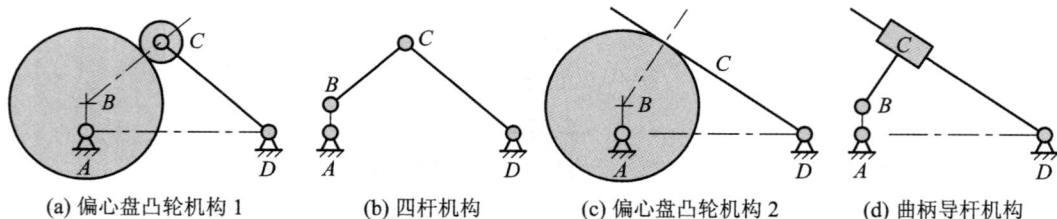

(a) 偏心盘凸轮机构 1　　(b) 四杆机构　　(c) 偏心盘凸轮机构 2　　(d) 曲柄导杆机构

图 4-10　偏心盘凸轮机构的等效替换机构

在高副与低副等效替换过程中，应注意以下两点。

① 共轭曲线高副机构属于啮合高副机构，这类高副机构在特定条件下可以用低副机构进行等效替换。

② 瞬心线高副机构是摩擦高副机构，其连心线与过两曲线接触点的公法线共线，因此，通常不能用相应的低副机构直接代替，因为无法完全复制其运动学和动力学行为。

(3) 滑动摩擦副与滚动副的等效替换。

按相对运动方式的不同，低副可分为转动副和移动副。接触面之间的相对运动会产生滑动摩擦，而较大的摩擦力将导致磨损。在选择运动副的摩擦方式时，应依据相对运动速度和承受载荷的大小来决定使用滑动摩擦或滚动摩擦。对于转动副，当需要减小摩擦和磨损时，常使用滚动轴承；但对于承受重载或需要较高稳定性的转动副，滑动轴承则更为适合。对于移动副，考虑到滑动构件的定位与约束的便利性，在需要高精度和稳定性的场合，经常使用滑动导轨；然而，在要求运动灵活且承受的载荷较小的机构中，使用滚动导轨则更为便捷，因为滚动摩擦可以显著减小摩擦力。同理，低速、重载的螺旋副常采用滑动螺旋副，因为它们在重载和低速条件下能提供稳定的传动；而在需要高速、低摩擦的场合，滚珠螺旋副则更为合适，因为滚珠螺旋副的摩擦系数较小，能有效提高传动效率。

运动副的等效代替设计是工程设计中一种有效的创新方法，它与工程设计密切相关，能够帮助工程师优化机构设计，提高机构的综合性能。

2. 机构的变异

1) 改变机构中运动副的尺寸

曲柄滑块机构可以视为曲柄摇杆机构中摇杆长度趋向无穷大时的特例，这种理解不仅揭示了不同机构之间的内在联系，还提供了一种通过调整机构参数来创新设计机构的方法。由于曲柄一般较短，所以其截面尺寸不能设计得很大。为保证机构能满足传递力矩的要求，通常采用加大连杆机构销轴和轴孔的直径，而不改变各构件之间的相对运动关系所形成的结构，即偏心轮机构，这种机构常用于泵、压缩机、冲床等设备中。图 4-11 所示为颚式破碎机的偏心轴机构。带轮带动偏心轴转动，动颚安装在偏心轴上，动颚下面通过杆以铰链与动颚和机座相连。在偏心轴转动时，动颚做复杂的平面运动。在动颚和固定颚上均装有颚板。颚板的硬度很高而且有齿，两个颚板之间间隙的变化使中间的物料受到挤压而破碎，被破碎的物料在重力作用下落下。

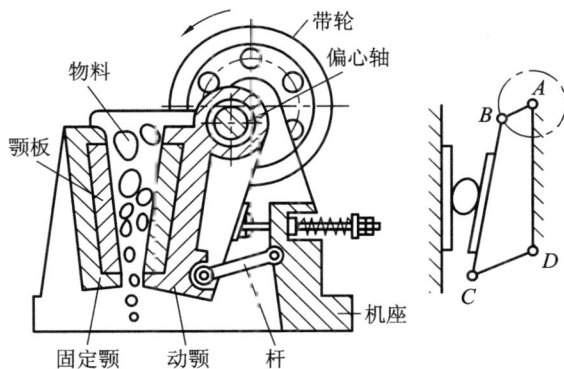

图 4-11　颚式破碎机的偏心轴机构

图 4-12 所示为由正弦机构构成的冲压机构。在该机构中，移动副 C(即滑块导轨)的尺寸设计对滑块的运动特性有重要影响。由于滑块的质量较大，在冲压过程中能够产生较大的冲压力。图 4-13 所示为一个由曲柄滑块机构构成的冲压机构。在这个机构中，曲柄 AB 是转动副，负责驱动连杆进行往复运动，而滑块 C 则通过移动副与连杆相连。通过曲柄的旋转，连杆带动滑块进行上下往复运动，从而实现冲压功能。

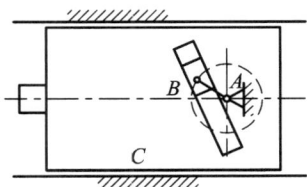

图 4-12　由正弦机构构成的冲压机构　　　图 4-13　由曲柄滑块机构构成的冲压机构

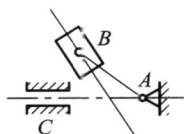

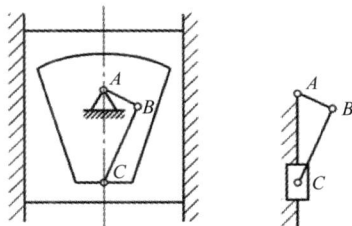

2) 改变机构中运动副的形状

通过将摇杆的半径增加至无限大，相当于使摇杆趋近于一个固定的导向面，这样曲柄摇杆机构中的转动副就转化为曲柄滑块机构中的移动副。这种变化称为运动副展直，如图 4-14 所示。如图 4-15 所示，圆柱凸轮式间歇运动机构是通过将移动从动件与圆柱凸轮机构结合，利用圆柱凸轮的几何形状来实现间歇性运动的。这里，移动从动件的运动是由圆柱

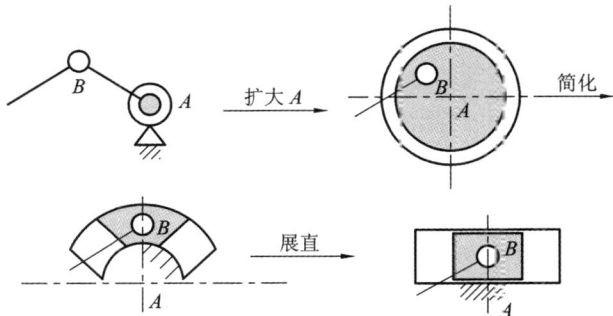

图 4-14　运动副展直　　　　　图 4-15　运动副重复再现

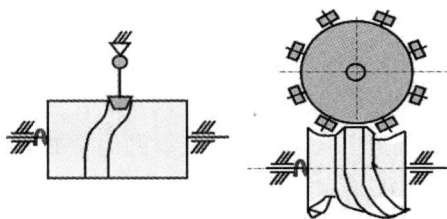

凸轮上特定的凸起或凹槽控制的，从而实现了特定的运动模式和间歇效果。

》 4.2.2　机构的组合与创新设计

任何复杂的机构系统都是由基本机构组合而成的。这些基本机构可以进行串联、并联、叠加连接和封闭连接，组成各种各样的机械系统。此外，也存在由互相之间不连接、单独工作的基本机构组成的机械系统，但机构之间的运动必须满足运动协调条件，以确保整个系统能顺利完成预期的动作。机械设计基础课程中所讲述的机构综合大都指基本机构的综合，因此，研究基本机构以及它们之间的组合方法是机构创新设计的重要内容。

机构的组合是指基本机构以不同的方式联结起来以生成复杂机构的过程。组合的目的是满足基本机构无法实现的运动和动力要求。按技术来分，创新可分为两大类：一类是采用全新的技术，称为突破性创新；另一类是采用已有的技术进行重组，称为组合性创新。将一个基本机构与另一个或几个基本机构或基本杆组按一定方式有目的地进行组合，构建成一个新机构的设计过程称为机构的组合创新，所获得的新机构称为组合机构。

1. 基本机构的应用

1) 基本机构的单独使用

(1) 最简机构。由 2 个构件和 1 个运动副组成的开链机构称为最简单的机构，简称为最简机构，如图 4-16 所示。最简机构的特点是最多由 2 个构件组成且为开链机构。电动机的机构即为最简机构。

(2) 基本机构。由 3 个或 3 个以上构件组成且不能再进行拆分的闭链机构称为基本机构，如图 4-17 所示。基本构件的特点是它们构成闭链且具有不可拆分性。基本机构可以直接应用于机械装置中，但只包含一个基本机构的机械系统较为少见。一些简单机械系统中可能只包含一个基本机构，这些基本机构可以是四杆机构、三构件齿轮机构、凸轮机构、间歇运动机构等。例如，空气压缩机中包含一个曲柄滑块机构。

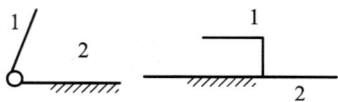

图 4-16　最简机构　　　　　　　　　　　图 4-17　基本机构

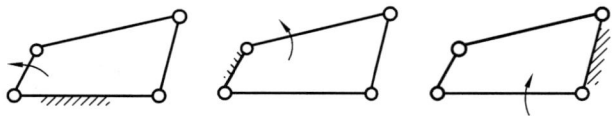

2) 互不连接的基本机构的组合

若干个互不连接、单独工作的基本机构可以组成复杂的机械系统，设计要点是选择能够满足工作要求的基本机构，并确保各基本机构之间的运动协调设计。图 4-18 所示的压片机中包含三个独立工作的基本机构，即送料机构、上加压机构和下加压机构。送料机构与上、下加压机构之间不能发生运动干涉。具体而言，送料机构必须在上加压机构上行到某一位置且下加压机构把药片送出药片模具后，才开始送料。当上、下加压机构开始执行压紧动作时，送料机构应返回原位并静止不动。

3) 各基本机构互相连接的组合

各基本机构通过某种连接方法组合在一起，形成一个较复杂的机械系统，这类机械系统在工程中应用最广泛且最普遍。基本机构的连接组合方式主要有串联组合、并联组合、叠加组合和封闭组合等。其中，串联组合和并联组合是应用最普遍的组合方式。

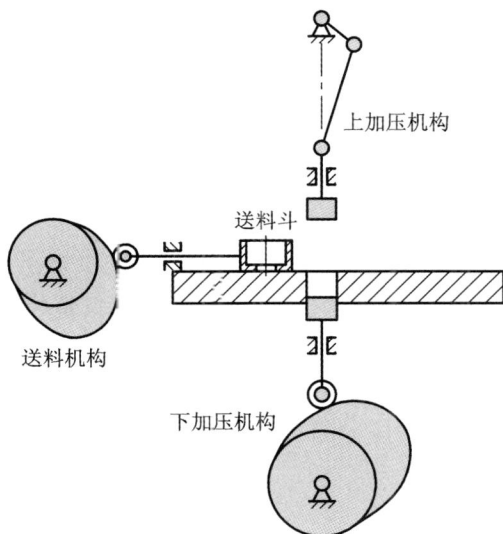

图 4-18　压片机

2．基本杆组的类型

机构具有确定运动的条件是机构的自由度等于机构的原动件数目。因此，将机构的原动件和机架从原机构中拆除后，剩余的杆件系统的自由度必然为零。而自由度为零的杆件系统有时还可以进一步分解为最基本的、不能再进行拆分的自由度为零的基本杆组。基本杆组中的构件与运动副的数量必须满足下式：

$$3n - 2P_L = 0$$

式中，n 为基本杆组中构件的数量，P_L 为基本杆组中运动副(低副)的数量。

最常见的基本杆组有 II 级杆组和 III 级杆组，即分别由 2 个构件、3 个运动副组成的杆组和由 4 个构件、6 个运动副组成的杆组。

利用机构组成原理，通过把基本杆组依次与主动件或机架连接，可以构建出一系列新的机构。

1）　II 级杆组的类型

对于满足公式 $3n - 2P_L = 0$ 的基本杆组，当 $n = 2$，$P_L = 3$ 时，该杆组被称为 II 级杆组。

杆组的内接副是指连接杆组内部构件的运动副，可以是转动副(R)或移动副(P)。杆组的外接副是指与杆组外部构件连接的运动副，同样可以是转动副(R)或移动副(P)。当内接副为转动副时，两个外接副的配置可以有三和情况：两个外接副都是转动副，或者一个外接副为转动副而另一个外接副为移动副，或者两个外接副都是移动副。由于 PRR 与 RRP 具有相同的性质，可将它们视为同一类杆组进行处理。因此，杆组外接副的配置可以用 RRR、RRP、PRP 来表示，其中中间的大写字母 R 表示内接副为转动副。图 4-19 所示的是转动副(R)作为内接副的一个示例。

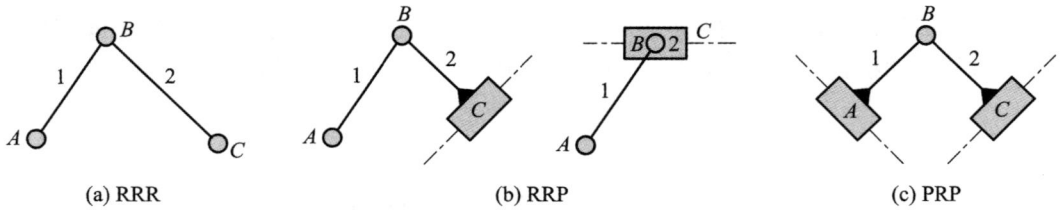

(a) RRR　　　　　　　　(b) RRP　　　　　　　(c) PRP

图 4-19　内接副为转动副(R)

当内接副为移动副时，两个外接副的配置有三种情况：两个外接副都是转动副，一个外接副为转动副而另一个外接副为移动副，或者两个外接副同时为移动副。这时，根据不同的外接副配置，Ⅱ级杆组可以分为三种不同的杆组类型，并分别用 RPR、PPR、PPP 来表示。由于 PPR 型杆组与 RPP 型杆组在性质上是等效的(只是外接副的顺序不同)，我们可以将它们视为同一类杆组进行处理。图 4-20(a)所示杆组为 RPR 型杆组，其中右侧的结构(即内接副(P)靠近原动件或机架)在实际应用中更为常用。图 4-20(b)所示为 PPR 型杆组，其中右侧的结构在实际应用中更为常用。图 4-20(c)所示为 PPP 型杆组，由于其实用性有限，所以较少应用。

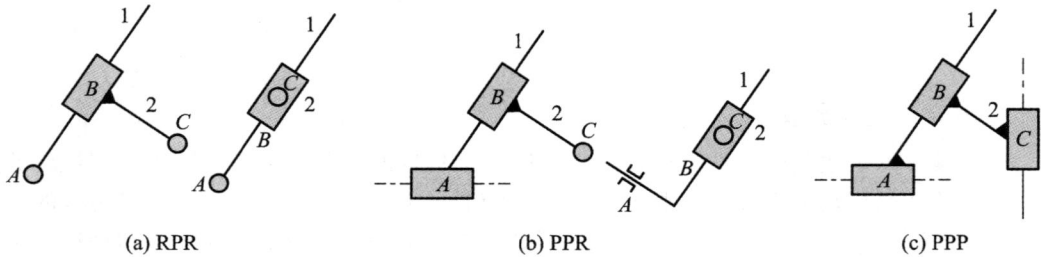

(a) RPR　　　　　　　　(b) PPR　　　　　　　(c) PPP

图 4-20　内接副为移动副(P)

2) Ⅲ 级杆组的类型

对于满足公式 $3n - 2P_L = 0$ 的基本杆组，当 $n = 4$，$P_L = 6$ 时，该杆组被称为Ⅲ级杆组。

Ⅲ 级杆组的类型很多，为方便起见，用六个大写字母表示 Ⅲ 级杆组的类型，前三个大写字母表示三个内接副，后三个大写字母表示外接副，具体分类如下。

(1) 三个内接副均为转动副(即 3R 型 Ⅲ 级杆组)，对应有四种杆组类型，如图 4-21 所示。

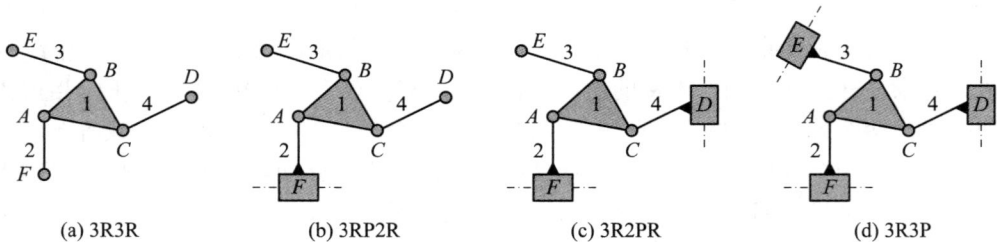

(a) 3R3R　　　　　(b) 3RP2R　　　　　(c) 3R2PR　　　　　(d) 3R3P

图 4-21　3R 型 Ⅲ 级杆组

(2) 三个内接副中有两个转动副和一个移动副(即 2RP 型 Ⅲ 级杆组)，对应有四种杆组类型，如图 4-22 所示。

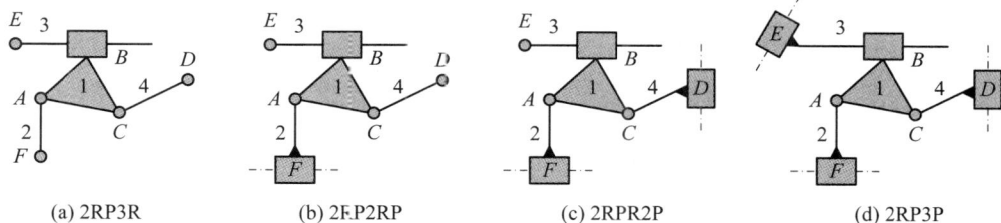

(a) 2RP3R　　　(b) 2RP2RP　　　(c) 2RPR2P　　　(d) 2RP3P

图 4-22　2RP 型 III 级杆组

(3) 三个内接副中有一个转动副和两个移动副(即 R2P 型 III 级杆组)，对应有四种杆组类型，如图 4-23 所示。

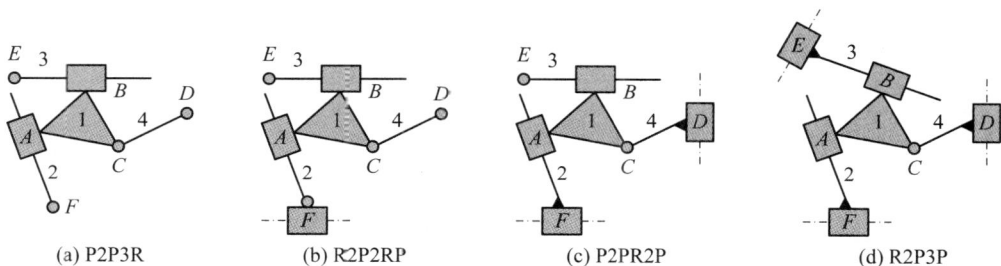

(a) P2P3R　　　(b) R2P2RP　　　(c) P2PR2P　　　(d) R2P3P

图 4-23　R2P 型 III 级杆组

(4) 三个内接副均为移动副(即 3P 型 III 级杆组)，对应有四种杆组类型，如图 4-24 所示。

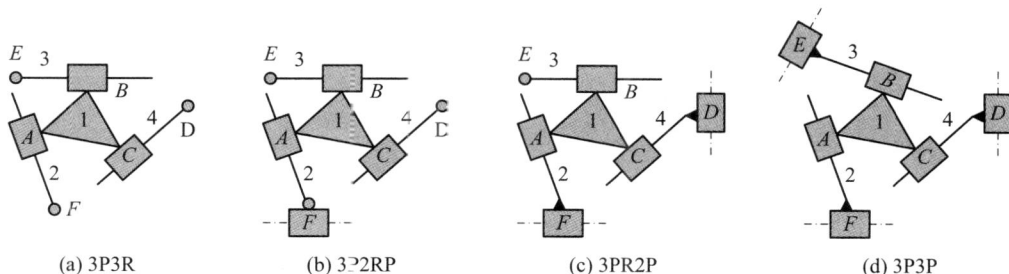

(a) 3P3R　　　(b) 3P2RP　　　(c) 3PR2P　　　(d) 3P3P

图 4-24　3P 型 III 级杆组

其中，图 4-21 中的 3R3R 型杆组、3R2RP 型杆组、3RR2P 型杆组应用较多，而 3R3R 型 III 级杆组在实际应用中最为广泛。

3. 机构组成原理与创新设计

机构组成原理就是将基本杆组以一定的方式连接到原动件或机架上，从而构成新的机构。任何复杂的机构都可以视为由基本杆组通过连接原动件和机架来构建。机构组合原理为设计师们提供了一种明确的指导，帮助他们创新地设计出一系列新的机构。

利用机构组成原理进行机构创新设计时，将各种 II 级杆组和 III 级杆组连接到原动件和机架上，可以组成基本机构；随后，将这些基本杆组进一步连接到基本机构的从动件或机架上，可以构建出复杂的机构系统。通过这种方法，我们可以组成多种多样的、能实现不同功能的新机构。可见，利用机构的组成原理进行机构创新设计，虽然概念清晰、方法简单、易于操作，但要真正满足功能要求，还需进行尺度综合和进一步的优化。因此，这种方法主要属于机构运动方案的创新设计范畴。

下面我们首先介绍把Ⅱ级杆组连接到原动件和机架上的情况。

1) 把 RRR 型杆组连接到原动件和机架上

如图 4-25 所示，按照机构的组成原理，将 RRR 型Ⅱ级杆组的外接副 B 与原动件相连，外接副 D 与机架相连，即可得到铰链四杆机构 ABCD。随后，将另一个Ⅱ级杆组 EFG 中的外接副 E 连接到铰链四杆机构 ABCD 的连架杆 DC 上，同时将外接副 G 连接到机架上，即可得到一个新的六杆机构，如图 4-25(a)所示；或者，将Ⅱ级杆组 EFG 中的外接副 E 连接到铰链四杆机构 ABCD 的连杆 BC 上，并将外接副 G 连接到机架上，同样可以得到另一个新的六杆机构，如图 4-25(b)所示。各运动副的具体位置需通过机构尺度综合来确定，以确保机构能够实现预期的运动和功能。

2) 把 RRP 型杆组连接到原动件和机架上

把 RRP 型杆组连接到原动件和机架上，可以得到曲柄滑块机构，如图 4-26 所示。进一步地，当考虑机构的组合时，可以将Ⅱ级杆组 DE 中的外接副 D(即滑块)连接到曲柄滑块机构的连杆 BC 上，得到一个新的双滑块机构，其中两个滑块分别由 RRP 型杆组和Ⅱ级杆组 DE 提供。运动副的具体位置需要通过机构尺度综合来确定，以确保机构能够按照预期进行运动并实现所需的功能。

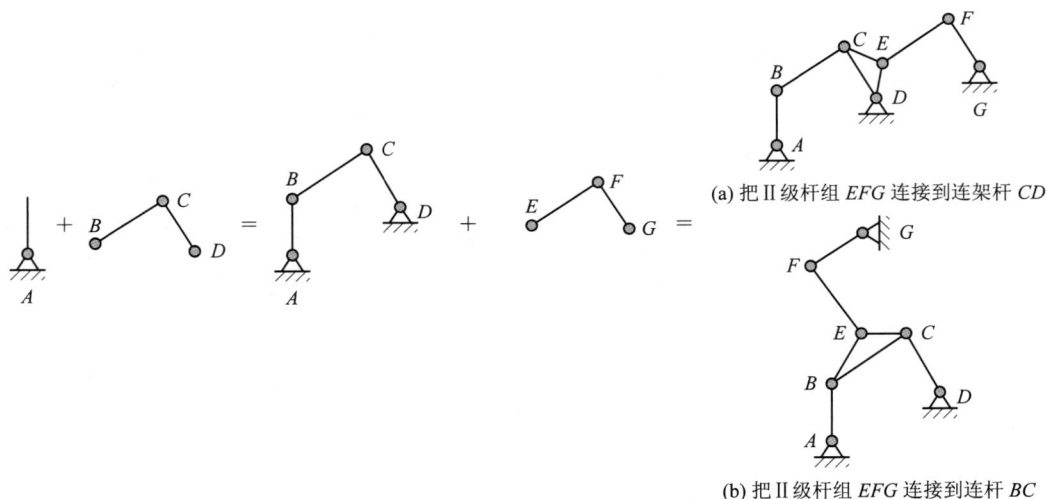

(a) 把Ⅱ级杆组 EFG 连接到连架杆 CD

(b) 把Ⅱ级杆组 EFG 连接到连杆 BC

图 4-25 把 RRR 型杆组连接到原动件和机架上

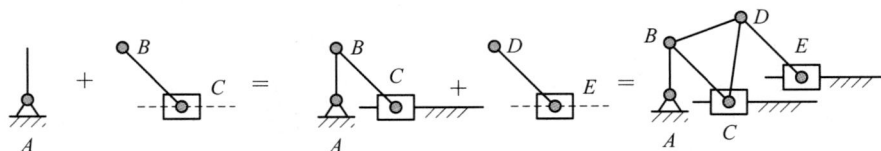

图 4-26 把 RRP 型杆组连接到原动件和机架上

3) 把 RRP 和 RRR 型杆组连接到原动件和机架上

如图 4-27 所示，在铰链四杆机构(由 RRR 型杆组组成)的基础上进一步连接 RRP 型杆组，得到新的组合机构。同样地，在曲柄滑块机构(由 RRP 型杆组组成)的基础上，也可以连接 RRR 型杆组以形成另一种组合机构。这些组合机构的具体构造和运动特性需要通过机构尺度综合来确定。

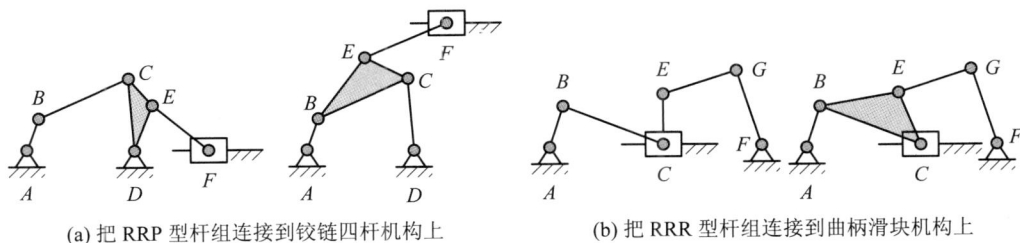

(a) 把 RRP 型杆组连接到铰链四杆机构上　　　　(b) 把 RRR 型杆组连接到曲柄滑块机构上

图 4-27　把 RRP 和 RRR 型杆组连接到原动件和机架上

4) 把 RPR 型杆组连接到原动件和机架上

在如图 4-28(a)所示的 RPR 型 Ⅱ 级杆组中，外接副 B 与原动件相连，而另一个外接副 C 则与机架相连。这种配置可以产生往复摆动的运动方式，从而形成摆动导杆机构，如图 4-28(b)所示。在这个机构中，转动副 C 与机架的相对位置决定了摆杆的摆动角度。

基于这个摆动导杆机构，如果继续连接如图 4-28(c)所示的 RRP 型 Ⅱ 级杆组，就可以得到如图 4-28(d)所示的典型牛头刨床机构。这种机构在工业生产中具有广泛的应用，用于实现各种复杂的切削和加工操作。

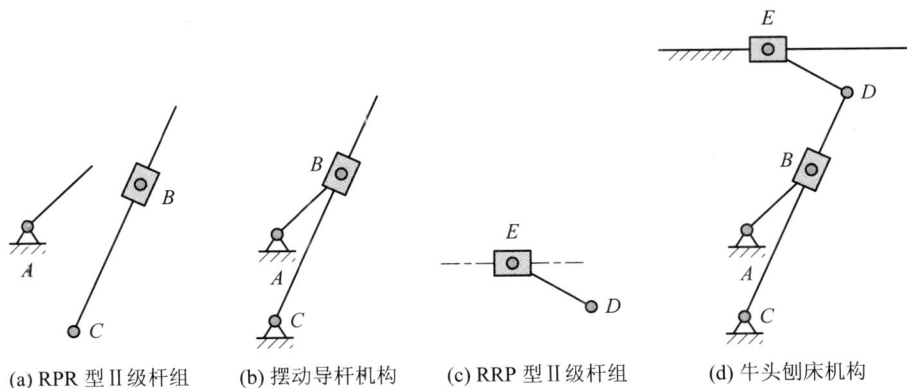

(a) RPR 型 Ⅱ 级杆组　　(b) 摆动导杆机构　　(c) RRP 型 Ⅱ 级杆组　　(d) 牛头刨床机构

图 4-28　把 RPR 型杆组连接到原动件和机架上

5) 把 RPP 型杆组连接到原动件和机架上

把 RPP 型杆组中的外接副 B 与原动件连接，外接副 C 与机架相连，即可得到图 4-29(a)所示的正弦机构。把 RPP 型杆组中的外接副 B 与原动件连接，外接副 C 与机架相连，可得到图 4-29(b)所示的正切机构。在构建机构时，重要的是要确保各运动副的位置和尺寸满足设计要求，这通常需要通过机构尺度综合来确定。

(a) 正弦机构   (b) 正切机构

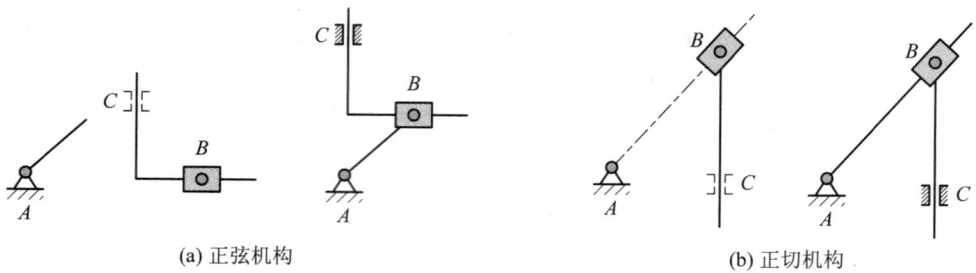

图 4-29 把 RPP 型杆组连接到原动件和机架上

6) 把 Ⅲ 级杆组连接到原动件和机架上

由 Ⅲ 级杆组组成的 Ⅲ 级机构在工程中应用相对较少，但它们在特定领域有其独特的价值。图 4-30 所示为把 Ⅲ 级杆组连接到原动件和机架上组成机构的示意图。当如图 4-30(a) 所示 3R3R 型 Ⅲ 级杆组的一个外接副 E 与原动件连接，其余外接副与机架连接时，可以得到图 4-30(b)所示的 3R3R 型 Ⅲ 级机构。如果如图 4-30(c)所示 3R2RP 型 Ⅲ 级杆组中的一个外接副为移动副，并且这个移动副与机架连接，则可得到另一种具有不同运动特性的 3R2PR 型 Ⅲ 级机构，如图 4-30(d)所示。按照上述基本原理，Ⅲ 级杆组可以与不同的外接副组成各种新机构。例如，当 3R3R 型 Ⅲ 级杆组通过其外接副连接到两个原动件和机架上时(如图 4-30(e)所示)，可以形成如图 4-30(f)所示的二自由度 Ⅲ 级机构。当 3R3R 型 Ⅲ 级杆组直接连接到三个原动件上时(如图 4-30(g)所示)，可以构成如图 4-30(h)所示的三自由度 Ⅲ 级机构。这种机构在机器人领域常被称为并联机构，因其具有多个自由度且结构紧凑，适用于需要高精度定位和复杂运动的场合。

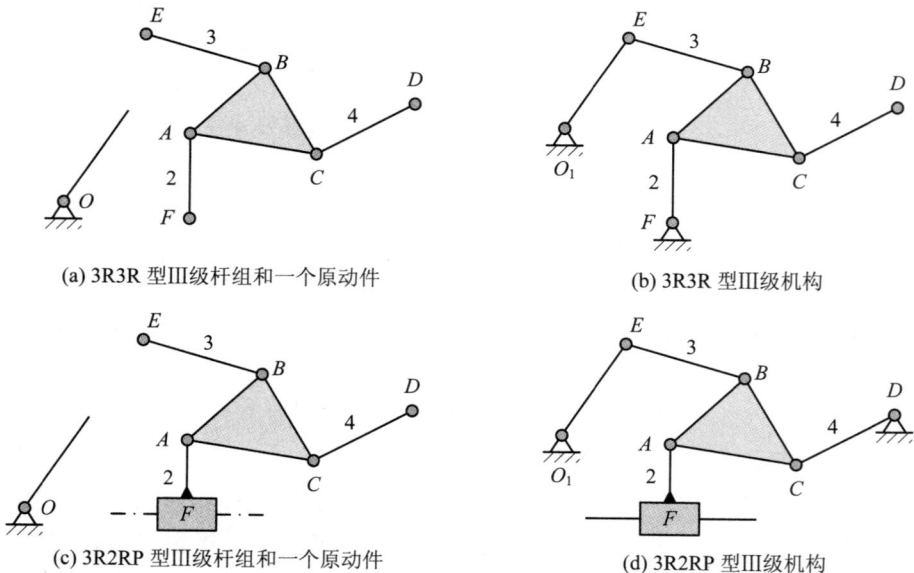

(a) 3R3R 型Ⅲ级杆组和一个原动件   (b) 3R3R 型Ⅲ级机构

(c) 3R2RP 型Ⅲ级杆组和一个原动件   (d) 3R2RP 型Ⅲ级机构

(e) 3R3R 型Ⅲ级杆组和两个原动件

(f) 二自由度Ⅲ级机构

(g) 3R3R 型Ⅲ级杆组和三个原动件

(h) 三自由度Ⅲ级机构

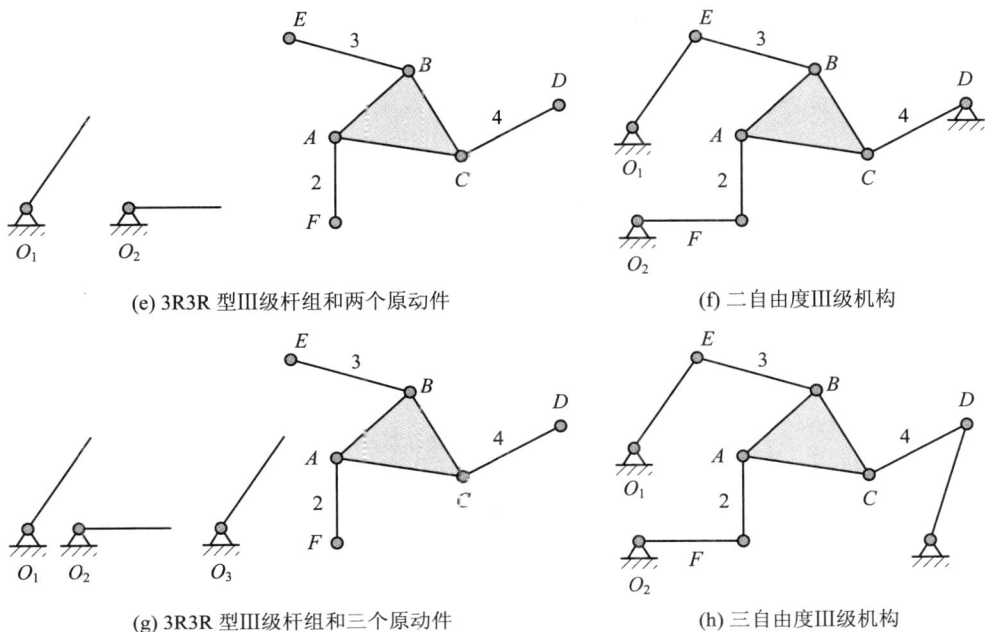

图 4-30　连接 Ⅲ 级杆组

4. 利用机构组成原理进行创新设计的基本思路

在利用机构组合方法进行机构运动方案的创新设计时，可遵循以下基本原则。

(1) 优先考虑使用Ⅱ级杆组进行机构的组合设计。Ⅱ级杆组的结构简单，组合方便，通常能满足基本的运动要求。

(2) 熟悉并掌握Ⅱ级杆组的 6 种基本形式，学会对 Ⅱ 级杆组进行变异设计，以适应不同的运动需求。

(3) 在连接Ⅱ级杆组时，一个外接副连接活动构件，另一个外接副连接机架；或者两个外接副分别直接连接到两个原动件上，以形成并联机构。

(4) 根据机构输出运动的方式选择合适的杆组类型。若输出运动为转动或摆动，则可优先考虑使用带有两个以上转动副的杆组，如 RRR、RPR、PRR 等杆组；若输出运动为移动，则可优先考虑使用带有移动副的杆组，如 RRP、PRP、RPP 等杆组。

(5) 连接杆组法主要用于实现机构运动方案的创新设计，但要实现具体的机构功能要求，还需进一步进行机构的尺度综合。尺度综合的过程与杆组的连接位置的确定有时需要反复迭代和优化，才能得到满意的设计结果。

5. 机构的串联组合与创新设计

机构的串联组合是指将多个基本机构顺序连接，把前一个机构的输出构件与后一个机构的输入构件刚性连接在一起。前一个机构称为前置机构，后一个机构称为后置机构。这种组合方式的特征是前置机构和后置机构都是单自由度机构。机构的串联组合通常为了实现以下两个目的：改善原有机构的运动特性，使组合机构具有各基本机构的特性。

槽轮机构用于转位或分度机构中，但是由于它的角速度变化较大，因此其角加速度可能达到较大的数值。图 4-31(a)所示为在普通槽轮机构的主动拨盘前面加装一个双曲柄机构 *ABCD* 的设计。若主动曲柄 *AB* 以恒速转动，则通过设计双曲柄机构 *ABCD* 可使其从动件 *CD*(即主动拨盘 *DE*)以变速转动。这一设计旨在降低槽轮转速的不均匀性。图 4-31(b)所示为增加连杆机构后，对槽轮动力学性能改善的实际效果。

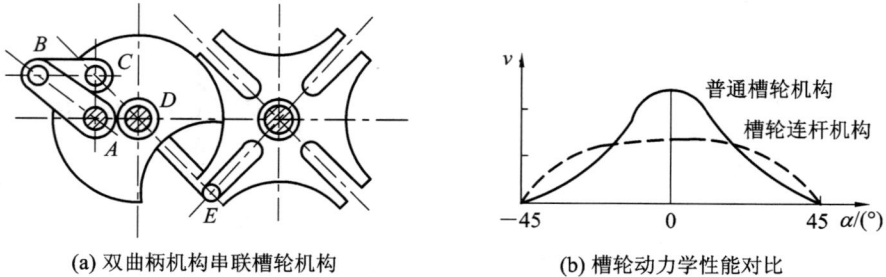

(a) 双曲柄机构串联槽轮机构   (b) 槽轮动力学性能对比

图 4-31　增加连杆机构改善槽轮的动力学性能

图 4-32 所示为一个六杆机构。其中，*BCDE* 组成了一个四杆机构，*BC* 是主动曲柄。在连杆 *CDA* 的杆端 *A* 连接着杆 *AF*，铰链 *F* 与滑块相连。当主动曲柄转动一周时，连杆 *CDA* 的杆端 *A* 的轨迹如图 4-32 中虚线所示，为 8 字形的曲线。当主动曲柄旋转一周时，滑块往复运动两次。

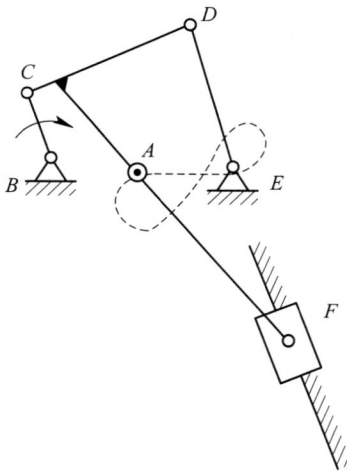

图 4-32　六杆机构

机构串联组合包含两种形式：Ⅰ型串联和Ⅱ型串联。其中，Ⅰ型串联(如图 4-33(a)所示)是指前置机构中做简单运动的构件与后置机构的原动件连接。Ⅱ型串联(如图 4-33(b)所示)是指前置机构中做复杂运动的构件与后置机构的原动件连接。

图 4-34 所示为锉刀剁齿机构。通过分析不难看出：这是一个由摇杆滑块机构和凸轮机构串联组成的组合机构。该组合机构的设计有两大特点：一是巧妙地利用了凸轮机构设计的灵活性，使得弹簧在逐渐压缩过程中储存能量，随后弹力势能得以快速释放；二是后置的摇杆滑块机构的传动角大、机械增益高，这使得在弹力的迅速作用下，对锉刀坯产生的冲击力大。这种冲击效果是单一基本机构难以实现的。

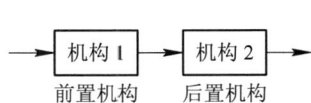

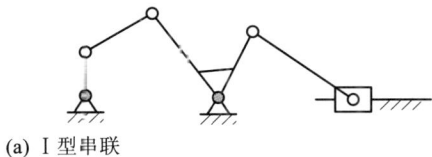

(a) Ⅰ型串联

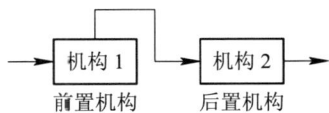

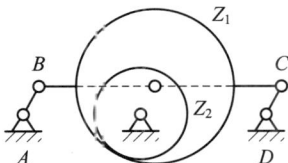

(b) Ⅱ型串联

图 4-33 机构的串联组合

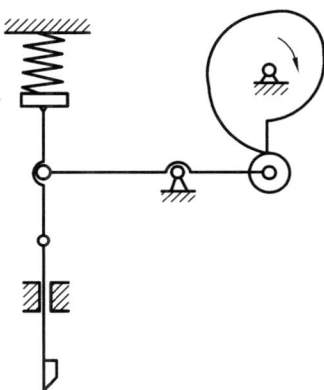

图 4-34 锉刀剁齿机构

常见的几种串联机构应用如下。

1) 连杆机构为前置机构

连杆机构前置后可以带来多种效果,比如改变运动形式、增强急回特性、实现增力等。其中,当连杆机构前置用于实现增力的目的时,这样的连杆机构称为肘杆机构,如图 4-35(a) 所示。此外,连杆机构前置还具有增大运动幅度的效果。具体来说,如图 4-35(b) 所示,当连杆机构前置时,它可以增大后置机构原动件的摆动角度,进而增大整个机构的摆角。在如图 4-35(c) 所示机构中,连杆机构作为前置机构,其后串联了一个平面凸轮机构,这样的组合设计可以实现凸轮从动件特定的运动规律。

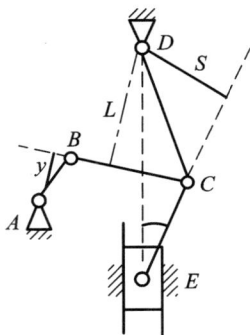

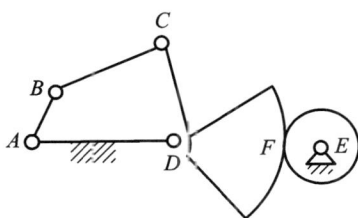

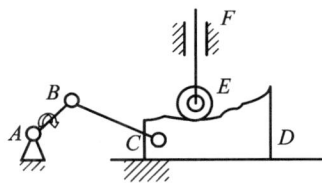

(a) 肘杆机构

(b) 增大机构的摆角

(c) 实现凸轮从动件特定的运动规律

图 4-35 连杆机构为前置机构

2) 凸轮机构为前置机构

当凸轮机构为前置机构时,可利用凸轮从动件的运动规律来驱动后置机构实现复杂的运动。如图 4-36 所示,这一机构即为一种机床分度补偿机构,通过凸轮机构前置的设计,实现了分度补偿过程中所需的精确且复杂的运动。

3) 齿轮齿条机构为前置机构

当齿轮齿条机构为前置机构时,可实现旋转

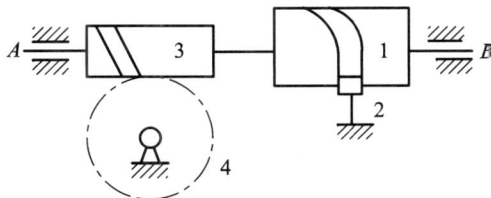

1—圆柱形凸轮;2—机架;3—蜗杆;4—涡轮。

图 4-36 机床分度补偿机构

运动到往复直线运动的转换，从而实现如图 4-37 所示的大行程输出。

4）利用前置机构浮动杆上某点轨迹特征

如图 4-38 所示，通过串联一个杆组形成组合机构，利用连杆上 E 点的一段轨迹为直线，可以实现从动动件的运动停歇。

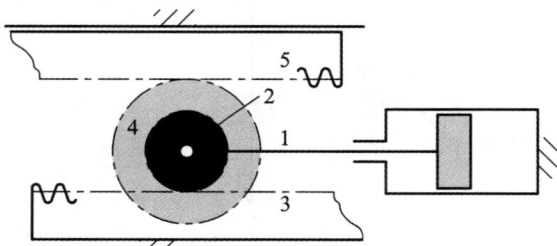

1—气缸；2—活塞杆；3—下齿条；4—齿轮；5—上齿条。

图 4-37 齿轮齿条机构为前置机构   图 4-38 利用连杆上 E 点的一段轨迹为直线

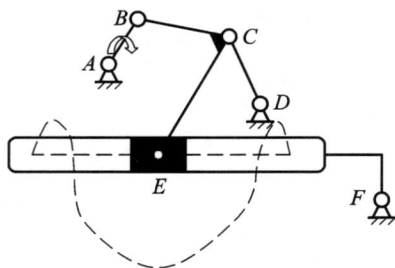

6. 机构的并联组合与创新设计

机构的并联组合是指两个或多个基本机构并列布置，使其具有共同的输入或输出，或两者兼有之。这种组合方式主要用于实现运动的合成或分解，其可分为三种，即 I 型并联、II 型并联和 III 型并联，如图 4-39 所示。

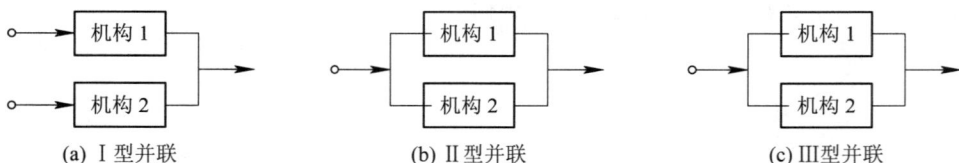

(a) I 型并联   (b) II 型并联   (c) III型并联

图 4-39 并联组合方式

1）I 型并联

I 型并联是指当一个原动机的功率不足时，采用多个传动系统并列运动，以提供足够的动力。例如，中华世纪坛的转动部分重 3000 余吨，装有 192 个车轮。如果只以其中一个车轮作为主动轮，则地面的摩擦力有限，不足以产生足够的驱动力。设计者经过反复试验，选用了 16 个车轮作为主动轮，每个车轮各有一套传动系统，成功地解决了转动问题，如图 4-40 所示。设计 I 型并联机构时必须注意各机构之间的协调配合。有些飞机采用 2 个或 4 个发动机，不但能够满足所需的推动力要求，而且在飞行过程中，即使其中一个发动机因发生故障而不能工作，飞机仍可以依靠其余发动机维持飞行，从而避免发生严重事故。

图 4-41 所示为某型飞机上采用的襟翼操纵机构。该机构由两个尺寸相同的齿轮齿条机构并联组合而成，这两个可移动的齿条分别由两台直移电动机驱动。这种设计的创意特点是：两台电动机共同控制襟翼，襟翼的运动反应速度快；当其中一台电动机发生故障时，另一台电动机仍能单独驱动襟翼，增大了操纵系统的可靠性与安全系数。

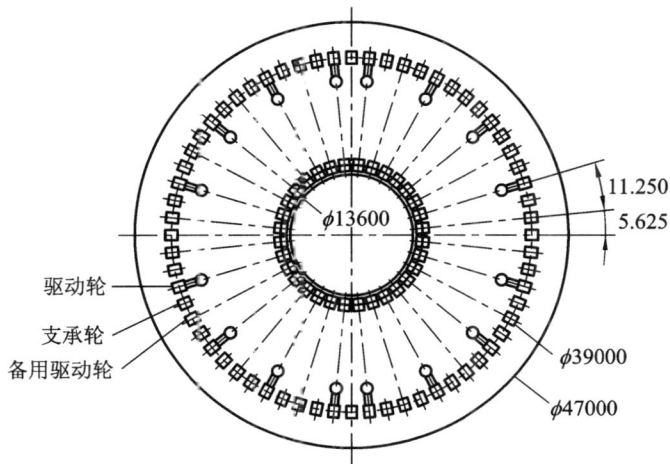

图 4-40 中华世纪坛旋转圆坛多轮支承与并联驱动系统布置图

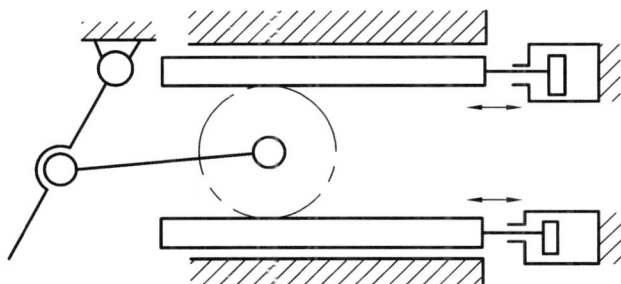

图 4-41 襟翼操纵机构

并联组合机构的创意出发点是巧妙地利用机构的对称并列布置来达到改善机构受力的目的。例如，在图 4-42(a)中，通过采用两个中心对称并联布置的曲柄滑块机构，成功实现了机构惯性力的完全平衡。在图 4-42(b)所示的多缸发动机中，采用四个对称并联的曲柄滑块机构，这不仅有效平衡了活塞运动产生的一阶惯性力，还完全平衡了机构运动平面内的惯性力矩，从而显著减轻了机器的振动和噪声，大幅降低了气缸壁的动压力，减少了气缸壁与活塞环之间的磨损，进而延长了机器的使用寿命。

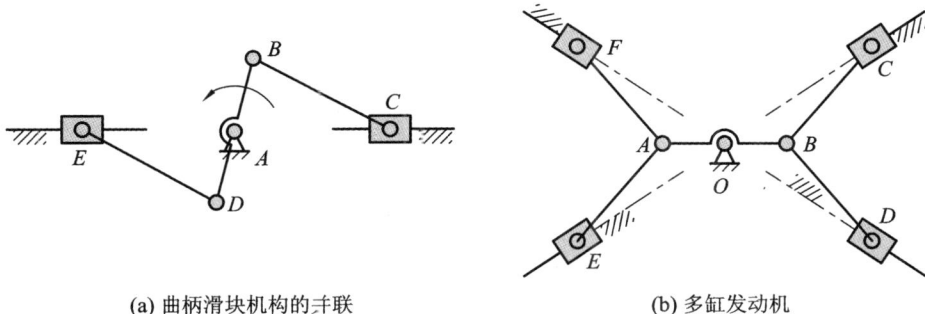

(a) 曲柄滑块机构的并联

(b) 多缸发动机

图 4-42 Ⅰ型并联组合机构

2) Ⅱ型并联

Ⅱ型并联是指先将主动件或原动机的运动分为两个(或更多)运动，然后再将这两个(或更多)运动合成一个运动。Ⅱ型并联机构形式可以改善输出构件的运动状态和受力情况，使机构的受力自动平衡。在设计Ⅱ型并联机构时，主要问题是确保各个并联机构能够协调配合。

图 4-43 所示的压力机的分散并联机构由左右两套机构组合而成。主动件为压力缸 1，它通过连杆 2 和 2′同时驱动两套完全相同的摇杆滑块机构(分别由 3、4、5 和 3′、4′、5 组成)。当曲柄 3、连杆 4(曲柄 3′、连杆 4′)接近死点位置(即它们近似成一直线)时，滑块 5(滑块 5′)能够以最大压力对工件进行加工。此机构的优点是，可以利用较小的气缸推力产生很大的工作压力，同时使横向力自动平衡。应该注意的是，两套机构必须严格同步运动。

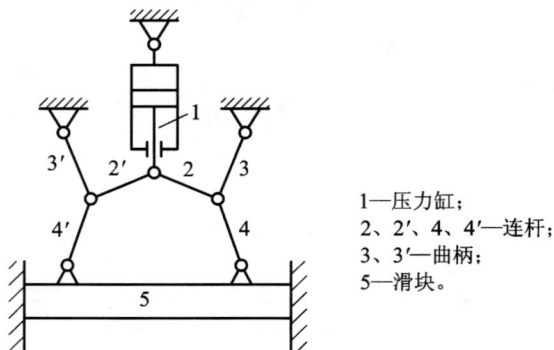

1—压力缸；
2、2′、4、4′—连杆；
3、3′—曲柄；
5—滑块。

图 4-43   压力机的分散并联机构

图 4-44 所示的压力机的螺旋杠杆机构采用了左右螺旋机构，两个螺旋的螺距相同而旋向相反。当螺旋转动时，压头可以向上或向下运动。这一设计使得螺母对螺杆产生的轴向力可以互相平衡，但是压头下压产生的压力会对螺旋产生弯曲应力。

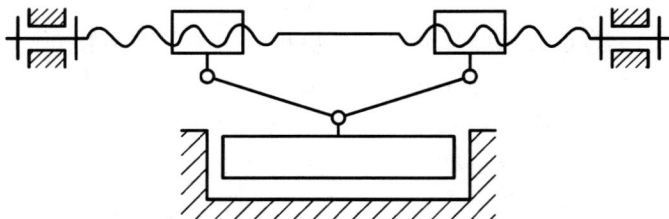

图 4-44   压力机的螺旋杠杆机构

3) Ⅲ 型并联

Ⅲ 型并联是指将一个主动输入运动分解为两个或多个输出运动。例如，对于纺织工业中使用的细纱机，一个电动机通过传动装置可以带动 400～500 个纱锭，每一个纱锭以 15 000 r/min 左右的转速转动，从而满足纺织细纱的动作要求。

加工光学透镜的抛光机一般使用 1 个电动机通过 4 套连杆机构同时加工 4 个光学透镜，如图 4-45(a)所示。图 4-45(b)所示为双滑块驱动的送料机构。在这个机构中，做往复摆动的主动件 1 推动大滑块 2 运动，构成移动副，以移动凸轮机构。同时，主动件 1 还通过连杆 3 带动小滑块 4 运动，形成曲柄滑块机构。这两套机构通过并联组合的方式，共同完成工件输送工作。工作时，随着主动件 1 的摆动，并联机构中的大滑块和小滑块作为执行构件，由于各自所属机构类型不同，其运动距离和运动规律也各不相同，从而实现了分段式送料的功能。

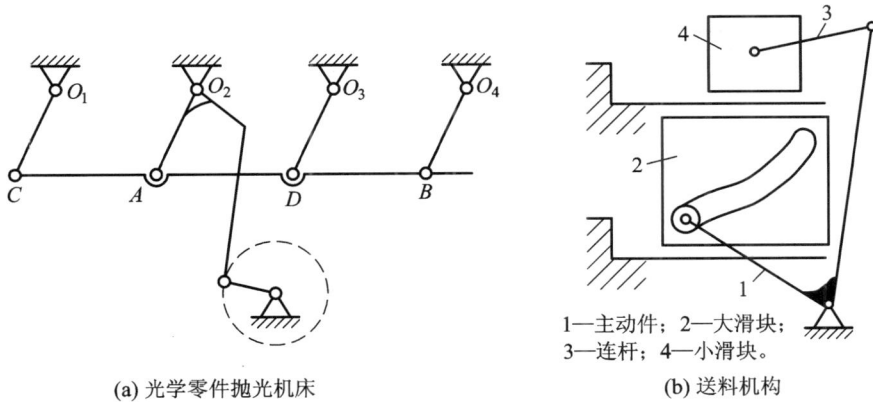

(a) 光学零件抛光机床

1—主动件；2—大滑块；
3—连杆；4—小滑块。

(b) 送料机构

图 4-45　Ⅲ 型并联组合机构

目前，并联组合机构是机构设计研究领域中的热点问题之一。图 4-46 所示为航天飞机对接器并联机器人。该并联机器人是一个六自由度的并联机器人，可以完成主动抓取、对正、拉紧柔性连接以及锁住、卡紧等一系列工作。此外，它还具有吸收能量和减振的功能，从而能够确保对接任务的顺利进行。

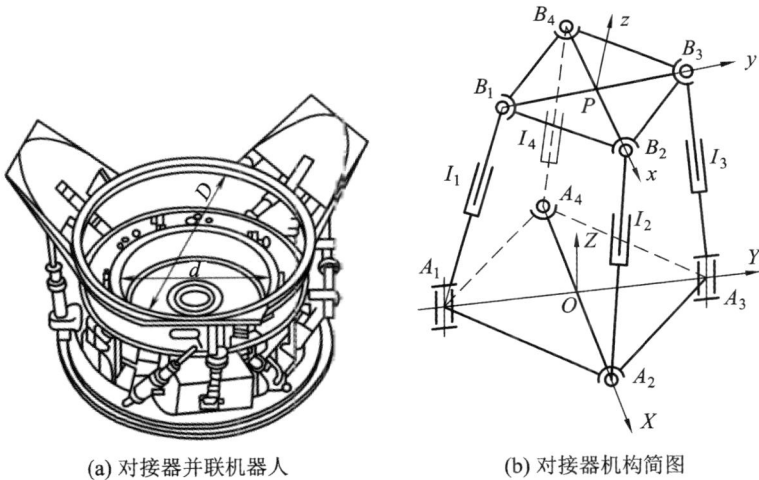

(a) 对接器并联机器人

(b) 对接器机构简图

图 4-46　航天飞机对接器并联机器人

7. 机构的叠加组合与创新设计

将某个附加机构安装在另一个基础机构的输出构件上，最后输出的运动则是若干个叠加机构的多个自由度的复合运动，如图 4-47 所示。如图 4-48 所示的圆柱坐标型工业机械手和如图 4-49 所示的摇头电扇(叠加后再回接)都采用了叠加组合机构。

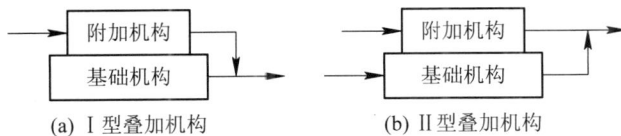

(a) Ⅰ型叠加机构

(b) Ⅱ型叠加机构

图 4-47　叠加组合机构

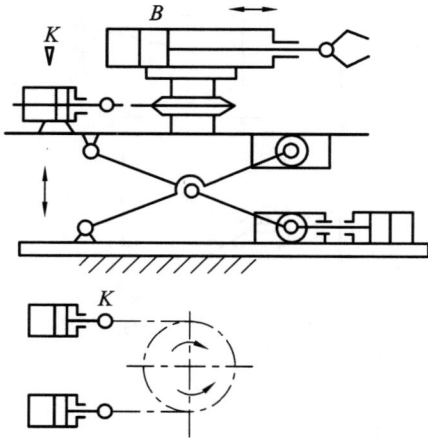

图 4-48　圆柱坐标型工业机械手

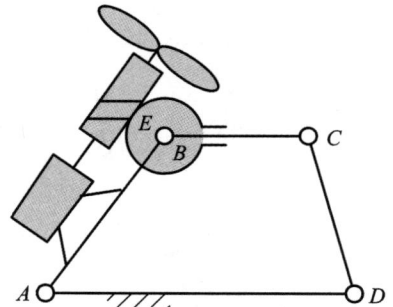

图 4-49　摇头电扇(叠加后再回接)

图 4-50 所示为一液压挖掘机。该挖掘机由 3 套液压缸机构组成，各套机构的组成情况见表 4-2。第 1 套机构由构件 1、2、3、4 组成，它们共同构成了液压挖掘机的底盘；第 2 套机构由构件 4、5、6、7 组成，它们共同构成了液压挖掘机的大臂；第 3 套机构由机构 7、8、9、10 组成，它们共同构成了液压挖掘机的小臂和挖斗。液压挖掘机工作时，底盘先带动大臂运动，然后大臂再带动小臂和挖斗实现挖掘功能。

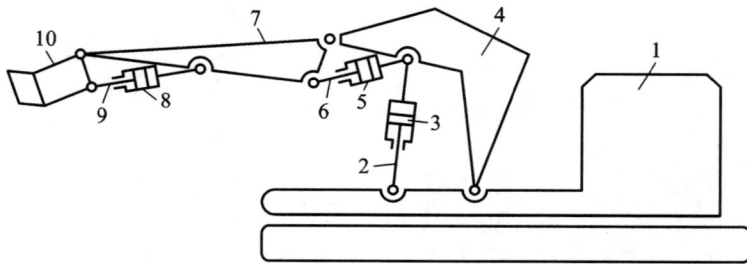

1—机架；2、6、9—活塞杆；3、5、8—气缸；4—大臂；7—小臂；10—挖斗。

图 4-50　液压挖掘机

表 4-2　液压缸机构的组成情况

机构	组成构件	主动构件	输出构件	机架
第 1 套机构	1、2、3、4	液压缸 3	4	1
第 2 套机构	4、5、6、7	液压缸 5	7	4
第 3 套机构	7、8、9、10	液压缸 8	10	7

机构叠加组合的概念明确，设计思路清晰。创新设计的关键问题是确定附加机构与基础机构之间的运动传递，即附加机构的输出构件与基础机构的哪一个构件连接。在Ⅱ型叠加机构中，附加机构被安装在基础机构的可动构件上，并通过安装在同一可动构件上的动力源来驱动附加机构的运动。这样确保了附加机构与基础机构的可动构件同步运动，并由同一动力源提供驱动力。

由于Ⅱ型叠加机构之间的连接方式较为简单且规律性强，所以应用最为普遍。相比之下，Ⅰ型叠加机构的连接方式较为复杂，但也有规律性。例如，当齿轮机构为附加机构，连杆机构为基础机构时，连接点选在附加机构的输出齿轮和基础机构的输入连杆上。又例如，当基础机构是行星齿轮系机构时，可把附加齿轮机构安置在基础轮系机构的系杆上，使附加机构的齿轮或系杆与基础机构的行星轮或中心轮连接即可。

8. 剪叉机构及其创新设计

剪叉机构是一种连杆机构，具有良好的扩展特性和折叠特性，不但在各种领域中得到了广泛的应用，而且其应用前景及应用范围还在扩大。以下对剪叉机构的基本概念、组合与创新展开讨论。

1) 剪叉机构的基本概念

两个杆件之间用一个转动副连接起来，其结构类似于剪刀，故被称为剪叉机构。最简单的剪叉机构又称为剪叉单元。多个剪叉单元相连接，构成了各种各样的剪叉机构。在图4-51(a)所示的剪叉单元中，两杆件等长，即 $AB = CD$，铰链位于两杆件的中间。这种单元称为 A 型剪叉单元，也称为对称剪叉单元，是应用最广泛的剪叉单元。在图 4-51(b)所示的剪叉单元中，两杆件等长，即 $AB = CD$，铰链不在两杆件的中间，称这种单元为 B 型剪叉单元。在图 4-51(c)所示的剪叉单元中，两杆件不等长，即 $AB \neq CD$，铰链位于两杆件的中间，称这种单元为 C 型剪叉单元。

注：剪叉单元的类型，如 A、B、C 型，为作者自行命名。除此以外，还有其他类型的剪叉单元，但它们可以看作是这几种基本剪叉单元的演化与变异形式。

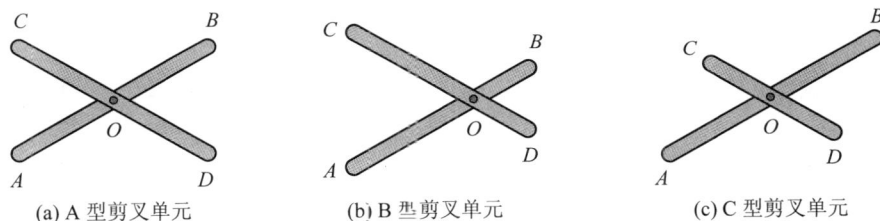

(a) A 型剪叉单元　　　(b) B 型剪叉单元　　　(c) C 型剪叉单元

图 4-51　剪叉单元

2) 剪叉机构的组合与创新

我国是最早利用剪叉单元的基本原理设计剪叉机构(如剪刀、钳子、折叠凳子等)的国家。虽然单个剪叉单元在工程中应用的意义不大，但通过对剪叉单元进行各种组合，如串联组合、并联组合、叠加组合等，可设计出各种各样的功能不同的剪叉机构。

(1) 单剪叉机构的设计。将图 4-51(a)所示的剪叉单元的外端 B、C 用软绳或软布连接，可设计出折叠马扎，这是最简单的剪叉机构。将两套简单剪叉机构并联起来，即可形成如图 4-52 所示的马扎。马扎在我国有着悠久的历史，至今仍是常见的生活用品之一。

图 4-52　折叠马扎

若将剪叉单元中的某一杆件延长,可得到如图 4-53(a)所示的折叠椅子。通过对伸长杆件的尺寸与形状进行变异设计,可得到如图 4-53(b)所示的折叠椅子,该椅子具有很好的艺术性。此外,剪叉单元还可以设计成曲线形状。

(a) 折叠椅子 1　　　　(b) 折叠椅子 2

图 4-53　折叠椅子

(2) 剪叉机构的组合设计。在实际工程中,剪叉机构的组合应用非常普遍。当剪叉机构作为支承机构时,必须进行并联组合以增大支承刚度和稳定性。这是因为单个剪叉机构在一个平面内的稳定性差、支承刚度小,因此,通过并联组合多个相同的剪叉机构是必要的。如图 4-54 所示为由并联剪叉机构构成的折叠桌、折叠椅和升降台,这些结构通过并联组合有效地提高了整体的支承性能。另外,在如图 4-55 所示的折叠桌中,剪叉单元中的 *B*、*C* 两点连接了一个 II 级杆组 *BEC*,这种组合方式也体现了机构设计的灵活性和功能性。

(a) 折叠椅　　　　　　(b) 折叠桌　　　　　　(c) 升降台

图 4-54　剪叉机构组合应用

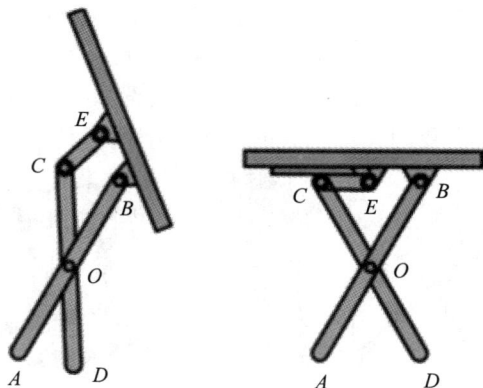

图 4-55　剪叉单元与 II 级杆组组合的折叠桌

多个平面剪叉机构的并联与串联组合在工程中有广泛的应用。图 4-56 所示为多个剪叉机构先并联再串联组成的电动大门。

图 4-56　电动大门

如图 4-57(a)所示的便携式剪叉折叠椅由前后左右四套简单的剪叉机构并联组成。在椅子的后面加装两个竖杆，并与左右后三个剪叉机构在某点处通过移动副连接。这样，四个平面剪叉单元则组成了一个具有空间运动能力的机构系统。同样地，基于这种设计原理，也可设计出便携式折叠桌，与折叠椅配套使用。将多个平面剪叉机构串联，还可组成一个空间圆柱形机构系统，该系统可用作便携式器皿，如便携式折叠游泳池(如图 4-57(b)所示)和便携式折叠水池(如图 4-57(c)所示)。

(a) 便携式剪叉折叠椅　　(b) 便携式折叠游泳池　　(c) 便携式折叠水池

图 4-57　剪叉机构并联

剪叉机构在便携式折叠帐篷的设计中也有广泛应用。利用剪叉机构可设计出帐篷的可展支承机构，也可设计出帐篷的顶部架构。图 4-58(a)所示折叠帐篷的可展支承机构和顶部架构全部由剪叉单元组合而成。图 4-58(b)所示单顶折叠帐篷的顶部架构由剪叉单元组合而成，其收起状态如图 4-58(c)所示。

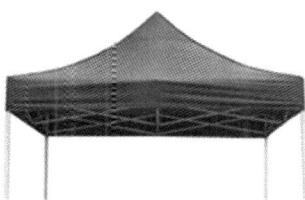

(a) 折叠帐篷　　(b) 单顶折叠帐篷展开状态　　(c) 帐篷收起状态

图 4-58　折叠帐篷

由多级剪叉单元叠加组合而成的可伸缩机构不仅可用于起重平台，而且在其他领域也有广泛应用。图 4-59(a)所示为由剪叉单元叠加组合而成的折叠梯在室内的应用，如图 4-59(b)所示为剪叉机构在升降平台中的应用。剪叉机构的种类很多，其应用范围也很广泛。在设计剪叉机构时，基本问题是剪叉单元的选型、尺度综合以及连接方法的选择。

(a) 折叠梯 　　　　　　　　　(b) 升降平台

图 4-59 　多级剪叉单元叠加组合

在折叠可展机构的研究领域中，还出现了一种新型柔性机构。该类机构由几根封闭弹性钢丝和尼龙布组成，可作为野外活动的便携式帐篷。图 4-60 所示为全柔性机构的展开与折叠过程。全柔性机构作为一种新型机构，目前其设计理论和设计方法的研究相对较少，尚处于发展阶段。然而，随着科研人员和工程师们的不断探索与创新，我们有理由相信，这类全柔性机构的创新作品将会不断涌现，并在未来展现出更广泛的应用前景。

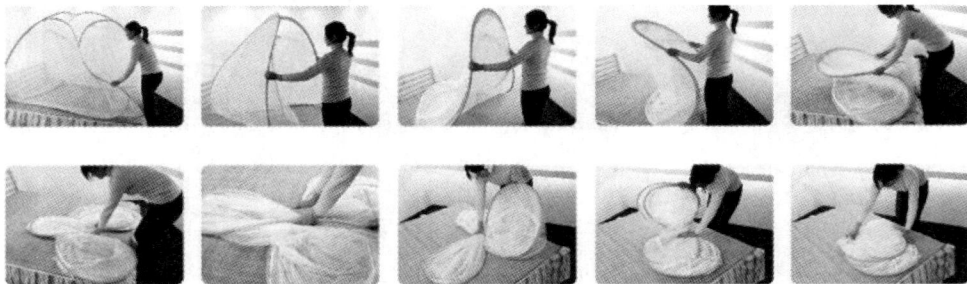

图 4-60 　全柔性机构的展开与折叠过程

4.3 　机构再生设计与创新

机构再生运动链方法由颜鸿森教授提出，是一种帮助设计者提出适用的新机构方案的方法。此方法的主要步骤如下：

(1) 从已有的性能良好的原始机构出发，将其还原为一般化运动链。

(2) 通过简化、分析，得到与原始机构同源的特定化运动链。

(3) 通过排列、组合、筛选，并施加约束，得到所有可行的再生运动链。

(4) 通过评价选择出最佳方案，并将其还原为具体的新型机构。

机构再生运动链方法的设计流程如图 4-61 所示。

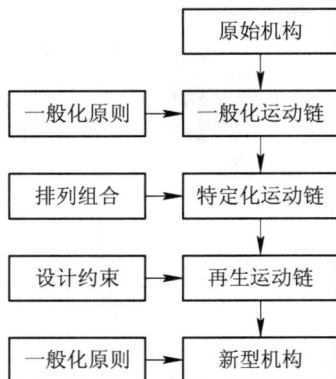

图 4-61 　机构再生运动链方法的设计流程

4.3.1 机构的一般化运动链

利用机构再生运动链方法，设计者可以将原始机构还原为一般化运动链。

1. 一般化的基本内容

将运动链中的各种运动副按照等效原则转化为转动副，并将各种构件转化为一般化杆，就形成了一般化运动链。机构在进行一般化时，构件被简化为一般化杆，而运动副则通常被代替为转动副的模型。一般化图例如表 4-3 所示。

表 4-3　一般化图例

名称	原始形式	一般化	说明
弹簧			Ⅱ级杆组代替弹簧连接
滚动副			转动副代替纯滚动副
移动副			转动副代替移动副
平面高副			两副杆代替平面高副
复合铰链			复合铰链转化为简单铰链

一般化的原则如下：

(1) 将非刚性构件转化为刚性构件。

(2) 将非杆形构件转化为一般化杆。

(3) 将非转动副转化为转动副。

(4) 将复合铰链转化为简单铰链。

(5) 解除固定杆(即机架)的约束。

(6) 运动链的自由度保持不变。

2. 一般化的案例分析

1) 含有平面高副的机构

要实现图 4-62 所示的凸轮连杆机构的一般化，需要执行以下步骤：

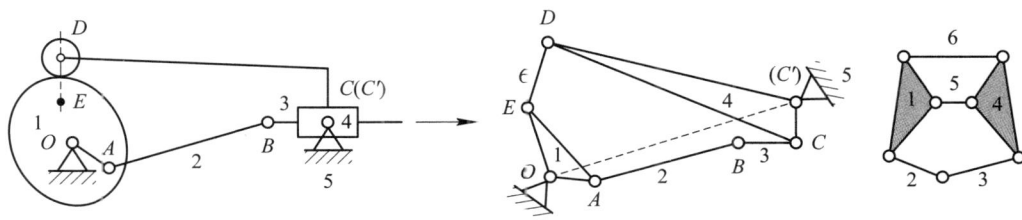

图 4-62　凸轮连杆机构的一般化过程

(1) 将所有的非转动副转化为转动副，并将所有构件全部简化为一般化杆；

(2) 将复合铰链拆开，使其转化为简单铰链；

(3) 解除机架的约束。

在一般化过程中，应忽略构件的具体长度和运动副的具体位置。

2) 含有复合铰链的机构

复合铰链是指两个或两个以上的构件同时在一处用转动副连接而成的铰链。在进行机构一般化时，需要将复合铰链连接的多个构件进行拆分，并将拆分后产生的多个简单铰链分别对应到拆分后的各个构件上进行分析。例如，图 4-63 中颚式破碎机的复合铰链连接了构件 3、4、5。将构件拆分后，复合铰链的作用可以等效为两个一般铰链。第一种情况是将这两个一般铰链分别放置在构件 5 上，各自在不同位置与构件 3 和构件 4 相连，如图 4-63(a)所示。第二种情况是将这两个一般铰链放置在构件 3 上，如图 4-63(b)所示。第三种情况是将这两个一般铰链放置在构件 4 上，如图 4-63(c)所示。

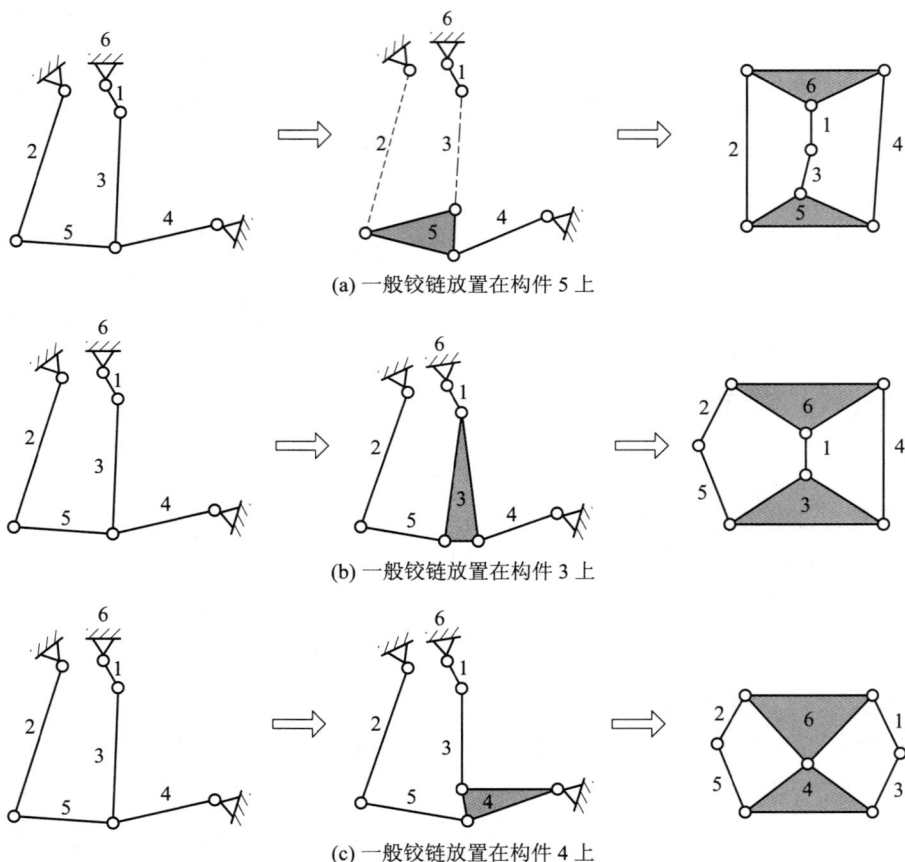

(a) 一般铰链放置在构件 5 上

(b) 一般铰链放置在构件 3 上

(c) 一般铰链放置在构件 4 上

图 4-63　颚式破碎机一般化过程

在拆分和重新放置铰链后，应对每个拆分出的构件及其上的铰链分别进行一般化分析和处理。

3. 运动链的杆型类配

将机构转化为一般化运动链后，我们发现在一般化运动链中包含不同数量的运动副和杆。按照所包含运动副数量的不同，这些杆(用 n_A 表示)可分为 2 副杆、3 副杆、4 副杆等形式，如图 4-64 所示。这些运动链中杆的类型和数量称为杆型类配，可以表示为

$$n_A(n_2 / n_3 / n_4 / n_5 / \cdots / n_m)$$

式中，n_2，n_3，$\cdots$，n_m 分别表示 2 副杆，3 副杆，$\cdots$，m 副杆的数量。

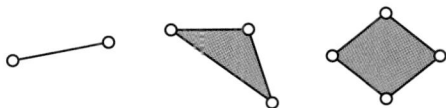

图 4-64 杆的类型

杆型类配可分为两类：一类是由原始机构转化成一般化运动链得到的杆型类配，称为自身杆型类配；另一类是按照自由度不变、连杆数量不变、运动副数量不变的原则，由一般化运动链推导出可能构成的杆型类配，称为相关杆型类配。根据相关杆型类配的原则知，相关杆型类配应满足下列两个方程：

$$n_2 + n_3 + n_4 + n_5 + \cdots + n_m = N \quad \text{(连杆数量不变)} \tag{4-1}$$

$$2n_2 + 3n_3 + 4n_4 + 5n_5 + \cdots + mn_m = 2P \quad \text{(运动副数量不变)} \tag{4-2}$$

式(4-2) − 2× 式(4-1)，得

$$n_3 + 2n_4 + \cdots + (m-2)n_m = 2(P-N) \tag{4-3}$$

式中，N 为运动链中连杆的数量，P 为运动链中运动副的数量。

2) 环及环数的确定

在杆型类配时，还要考虑环数的问题。环是指由杆与副所包围的环状道路，如图 4-65 所示。在图 4-65(a)中，a-b-c-d 和 b-c-e-f-g 为内环，a-d-e-f-g 为外环。通过分析可以发现，内环的数量为

$$L = P - N + 1 \tag{4-4}$$

式中，L 是内环的数量，P 是运动副的数量，N 是连杆的数量。

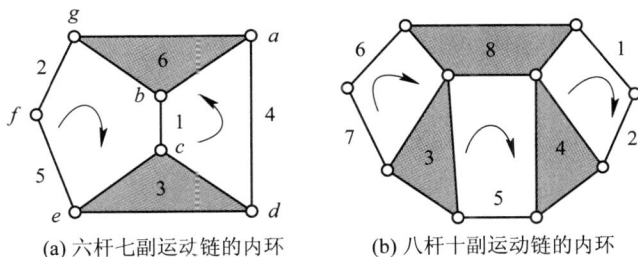

(a) 六杆七副运动链的内环   (b) 八杆十副运动链的内环

图 4-65 环的形式

3) 最大杆型的确定

为避免运动链的退化，每个内环应至少包含 4 个运动副，这会对杆型产生约束，因此最大杆型 $n_{\max} = n_{L+1}$。

例如，在图 4-65(a)所示的六杆七副运动链中，运动副数量 P 是 7，连杆数量 N 是 6，则内环数量 $L = 7 - 6 + 1 = 2$，因此 $n_{max} = n_{2+1} = n_3$，也就是说这个运动链包含的最大杆型是 3 副杆。根据式(4-3)得 $n_3 = 2 \times (7 - 6) = 2$。又由式(4-1)得 $n_2 + n_3 = 6$，所以 $n_2 = 4$。

根据三副杆和二副杆的位置可知，六杆七副运动链的杆型类配方案有两种形式，如图 4-66 所示。

在如图 4-65(b)所示的八杆十副运动链中，运动副数量 P 是 10，连杆数量 N 是 8，根据式(4-4)，内环数量 $L = 10 - 8 + 1 = 3$，则 $n_{max} = n_{3+1} = n_4$，也就是说这个运动链包含的最大杆型是 4 副杆。

图 4-66 六杆七副运动链的杆型类配方案

根据式(4-3)得

$$n_3 + 2n_4 = 2 \times (10 - 8) = 4 \tag{4-5}$$

分别将 $n_4 = 0$、1、2 代入式(4-5)计算出对应的 n_3 值，即 $n_3 = 4$、2、0。又由式(4-1)得

$$n_2 + n_3 + n_4 = 8 \tag{4-6}$$

将 n_3、n_4 的计算结果代入式(4-6)得到 n_2 的值，即 $n_2 = 4$、5、6。

八杆十副运动链的杆型类配方案见表 4-4。

表 4-4 八杆十副运动链的杆型类配方案

杆型类配方案	n_2	n_3	n_4
I	4	4	0
II	5	2	1
III	6	0	2

4. 一般化运动链的拓扑图

在拓扑图中，点代表运动链中的杆，线表示运动链中的运动副。如果图中的点与两条线相连，则称这个点为二度点，它对应于运动链中的二副杆；如果图中的点与三条线相连，则称这个点为三度点，它对应于运动链中的三副杆，以此类推。

在构建如图 4-65(a)所示的六杆七副运动链的拓扑图时，首先用一个封闭的圆形来表示整个运动链的框架，然后在该圆形内部添加多度点(即与多条线相连的点)，以构建出拓扑图的缩图，如图 4-67(a)所示。接下来，在缩图的不同位置添加不同数量的二度点(即与两条线相连的点)，可以得到多种全图，如图 4-67(b)、4-67(c)所示。值得注意的是，拓扑图中点的数量和类型必须严格与运动链中的杆和运动副的对应关系保持一致，以确保构建出的拓扑图能够准确反映原运动链的自由度特性。

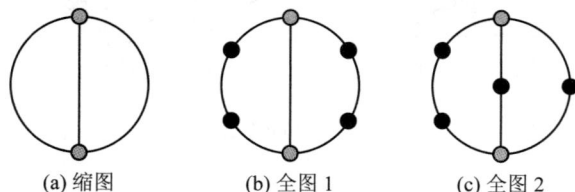

(a) 缩图　　　　(b) 全图 1　　　　(c) 全图 2

图 4-67 拓扑图

5. 特定化运动链的图谱

特定化是指在一般化的基础上，根据具体的功能要求指定杆和副的具体类型的过程。首先，将运动链中的杆与副进行编号；然后，指定固定杆(在指定固定杆时，需要特别注意避免同类杆之间的混淆和误用)；最后，按功能要求逐一确定其余杆与副的类型。

六杆七副运动链具有两种形式：司蒂芬森型(如图 4-68 所示)，其中，杆 1、3 为同类杆，杆 2、4 为同类杆，杆 5、6 为同类杆；瓦特型(如图 4-69 所示)，其中，杆 1、2、5、6 为同类杆，杆 3、4 为同类杆。

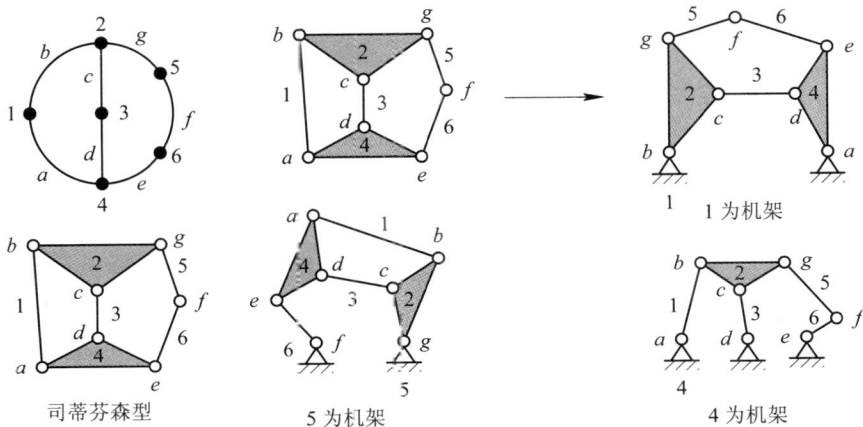

图 4-68　司蒂芬森型

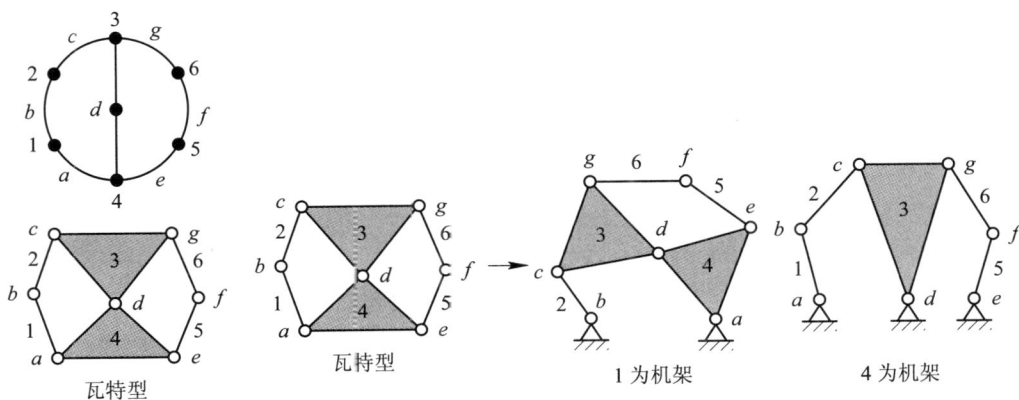

图 4-69　瓦特型

4.3.2　机构再生设计实例

摩托车后悬挂系统的主要功能是承载车身重量、固定后轮以及保持车身稳定性。我们期望摩托车在遭遇轻微颠簸时能够提供柔和的缓冲，而在遭遇剧烈颠簸时则能表现出足够的刚性，以避免车身触底。多连杆结构正是一种能够实现这种功能的后悬挂系统，它通过精妙的连杆布局，为摩托车提供了更好的减震效果，从而确保了骑行的舒适性和安全性。

以多连杆式摩托车后轮悬挂机构为例，进行一般化后，得到了六杆七副运动链，如图 4-70 所示。图中特征符号规定如下：Gr 表示机架；S-S 表示减振器(由 2 个二副杆通过移动副连接)；Sw 表示后轮摆杆(也称为连架杆，即与机架相连并支撑后轮的杆)。注意：Gr、S-S、Sw 代表不同杆。

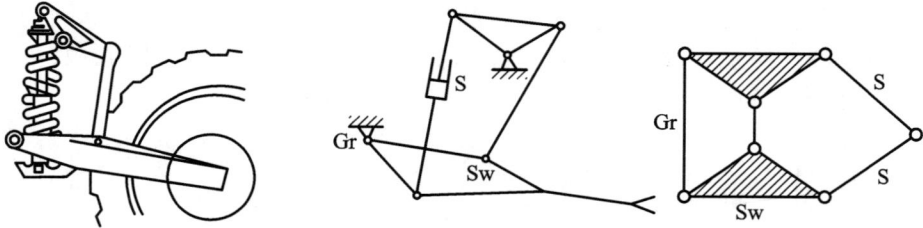

图 4-70　摩托车后轮悬挂机构

对于司蒂芬森型设计，获得了 2 种特定化运动链，如图 4-71(a)所示；对于瓦特型设计，获得了 4 种特定化运动链，如图 4-71(b)所示。

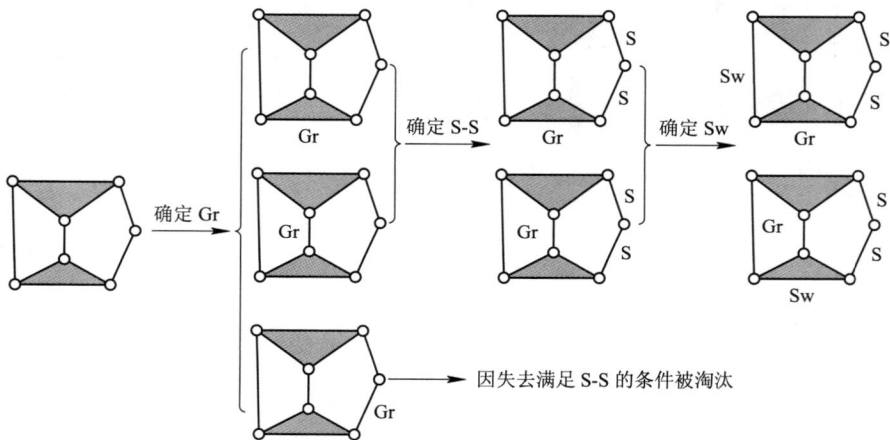

(a) 司蒂芬森型

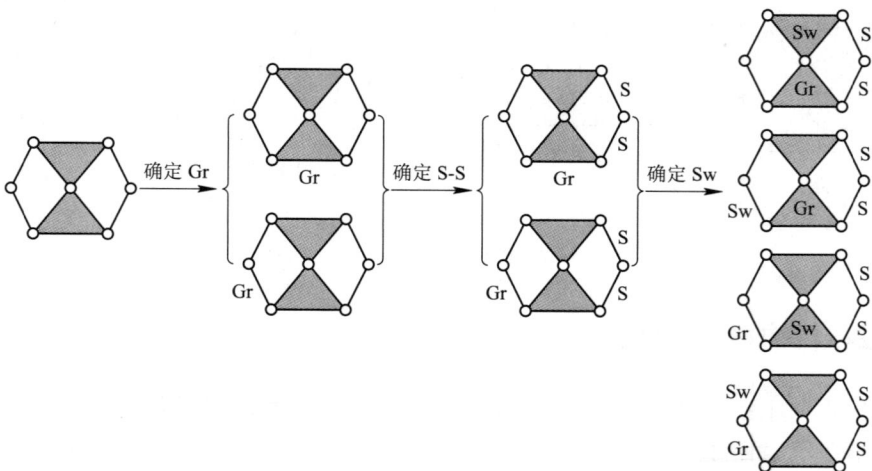

(b) 瓦特型

图 4-71　特定化运动链

将特定化运动链转化为运动简图，并根据各构件、运动副的功能要求进行合理的位置安置，从而得到机构再生设计的不同形式。图 4-72 展示了 6 种不同的摩托车后悬挂新机构设计。这些设计已经被摩托车生产厂家应用在不同的车型上。

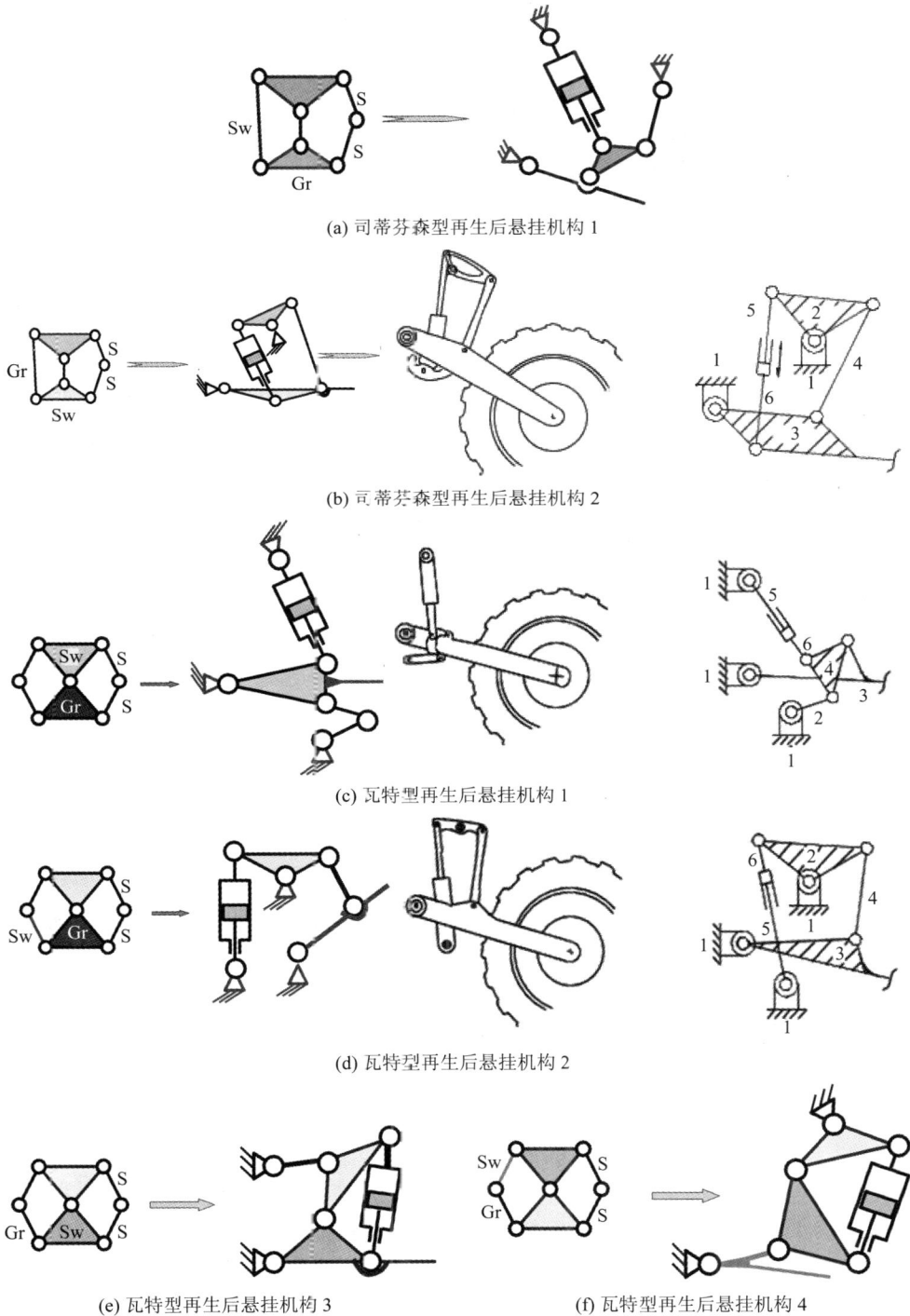

(a) 司蒂芬森型再生后悬挂机构 1

(b) 司蒂芬森型再生后悬挂机构 2

(c) 瓦特型再生后悬挂机构 1

(d) 瓦特型再生后悬挂机构 2

(e) 瓦特型再生后悬挂机构 3　　　　(f) 瓦特型再生后悬挂机构 4

图 4-72　摩托车后悬挂机构再生

第 5 章

机械结构与创新设计

5.1 机械结构创新设计的基础

零件在机械中各自承担特定的功能，结构设计时需要根据每种零件的功能构造它们的形状，并确定它们的位置、数量、连接方式等结构要素。在结构设计过程中，设计者应该首先掌握各种零件的工作原理，以及提升其工作性能的方法与措施。此外，设计者还要具备联想、类比、组合、分解及移植等创新技法，这样才能更好地实现零件本身具备的功能。由此可见，实现零件功能结构设计的创新在机械设计中具有很重要的作用与影响。

5.1.1 零件的功能分解

每个零件的每个部位都承担着不同的功能，具有不同的工作原理。若将零件的功能分解、细化，则会有利于提高其工作性能和开发其新功能，并使零件的整体功能更趋于完善。

1. 螺钉

螺钉是一种最常用的连接零件，其主要功能是连接。设计螺钉时，确保连接的可靠性、防止松动、延长使用寿命、增强抵抗破坏能力是主要目标。为了更好地实现这些目标，对螺钉的功能进行分解是必要的。螺钉可分解为螺钉头、螺钉体、螺钉尾三个部分。螺钉头具有扳拧功能与支承功能，螺钉体具有定位功能与连接功能，螺钉尾则具有导向与保护功能。

1) 螺钉头

螺钉头的扳拧功能应与扳拧工具、操作环境相结合进行结构设计与创新。目前，已有的螺钉头结构有外六角、内六角、内六角花形、方形、一字槽、十字槽、蝶形、滚花、沉头、圆头、平头等，如图 5-1 所示。为了提高装配效率并简化扳拧工具，市场上还推出了一种结合内六角花形、外六角和十字槽的组合式螺钉头，这样的设计使螺钉头的功能得到扩展，见图 5-2。

螺钉头的支承功能是由与被连接件接触的螺钉头部端面实现的，这个端面被称作结合面。根据不同材料的被连接件和不同的强度要求，结合面的形状、尺寸也不同。图 5-3(a) 所示是法兰面螺钉头结构，它不仅实现了支承功能，而且可以提高连接强度，防止螺丝松动。若要进一步扩大结合面的功能，可以将结合面制成齿纹，则其防松功能将得到显著增强。这种结合了支承、连接和防松功能的螺钉被称为三合一螺钉，见图 5-3(b)。

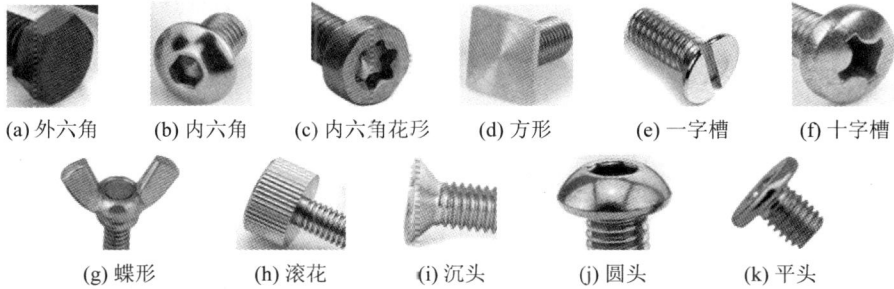

(a) 外六角　　(b) 内六角　　(c) 内六角花形　　(d) 方形　　(e) 一字槽　　(f) 十字槽

(g) 蝶形　　(h) 滚花　　(i) 沉头　　(j) 圆头　　(k) 平头

图 5-1　螺钉头的结构

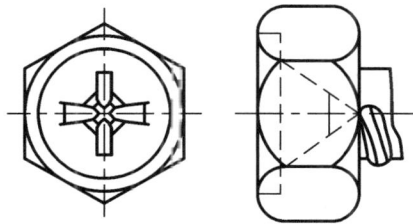

图 5-2　组合式螺钉头

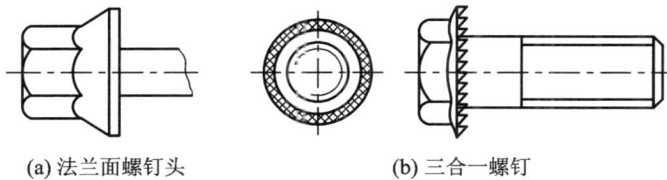

(a) 法兰面螺钉头　　(b) 三合一螺钉

图 5-3　法兰面螺钉头

2) 螺钉体

螺钉体的定位功能是由非螺牙部分的光轴实现的。例如，铰制孔用螺纹的光轴部分，不仅有形状、尺寸要求，还有公差要求。螺牙部分是螺钉的核心结构，其功能是连接，其工作原理是通过螺牙与被连接件之间的摩擦力来实现连接。要达到连接可靠的目的，就要增大摩擦力。在螺纹设计中，当量摩擦系数最大的剖面形状是三角形，因此，常见的连接螺纹采用的是三角螺纹。考虑到连接强度与自锁功能，螺纹的导程角要选择得合适。

螺纹可分为粗牙螺纹与细牙螺纹。粗牙螺纹一般用于普通连接，细牙螺纹则常用于有密封要求的螺塞或管道的连接等。没有螺纹的部分被设计成细杆形状的螺杆，这种螺杆被称为柔性螺杆。这种柔性螺杆常用于承受冲击载荷的场合，如发动机中连杆的连接螺栓。在冲击载荷的作用下，连接用的螺栓容易发生疲劳断裂。为提高螺栓的疲劳寿命，可采用降低螺杆刚度的方法进行构型设计，例如采用大柔度螺杆或空心螺杆(如图 5-4 所示)。

3) 螺钉尾

螺钉尾的功能主要是导向，为方便安装，一般应具有倒角。为进一步扩大螺钉尾部的功能，可将其设计成自钻自攻的尾部结构，如图 5-5 所示。这种螺钉常用于建筑业、汽车制造业中多层板或大型面板的连接。它简化了加工、装配过程，具有良好的经济效益。

另外，为保护螺纹尾部不受碰伤并确保紧定可靠，可将其设计成平端、锥端、短圆柱端、球面端等多种结构形状。

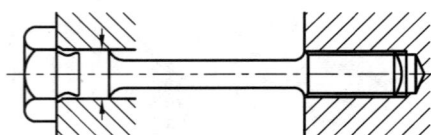

(a) 大柔度螺杆

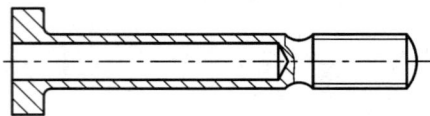

(b) 空心螺杆

图 5-4　螺杆

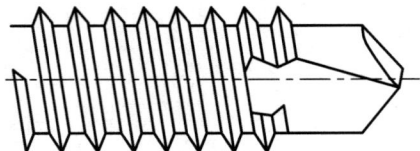

图 5-5　自钻自攻的螺钉尾部结构

2. 普通钉子

普通钉子被用来钉进木料或类似材料，以起连接和固定作用。如图 5-6 所示为几种常见的钉子。普通钉子由钉头、钉杆、钉尖三部分组成。钉头的主要作用是承受敲击，其设计要便于敲击和夹持；钉杆的作用是实现稳固连接，其设计目标是确保连接的可靠性并防止松动；钉尖的作用是穿入和挤进木料，其功能要求是不损伤木料结构的同时，能够轻松钉入。

图 5-6　几种常见的钉子

5.1.2　零件的功能组合

零件的功能组合是指将多个功能集成于一个零件之中，从而简化制造过程、减少材料消耗、提高工作效率。功能组合是结构创新设计的一个重要途径，其可以分为同种功能组合与不同功能组合。

1. 同种功能组合

将同一种功能或结构在一种产品上重复组合，以满足人们对这一类功能的更高使用要求，这是一种常用的创新方法。如图 5-7 所示的自行车专用扳手，它将不同螺母外廓尺寸的孔组合在同一扳手上，提高了扳手的应用范围，同时也节省了材料。如图 5-8 所示的联组 V 带就是将多个同样的 V 带结构组合在同一个带轮上，大大提高了传动能力。在机械传动中，使用双万向联轴节(如图 5-9 所示)，可以使瞬时传动比恒定，从而提高了传动的稳定性。图 5-10 所示的大尺寸螺钉预紧结构实际上就是组合螺钉结构。由于大尺寸螺钉的拧紧操作比较困难，因此在大螺钉的头部设置了几个较小的螺钉。通过逐个拧紧这些小螺钉，使大螺钉产生较大的预紧力，从而达到与大螺钉直接拧紧时相同的效果。多孔电源插座、多汽缸内燃机、多级离心泵都是同种功能组合创新的应用。

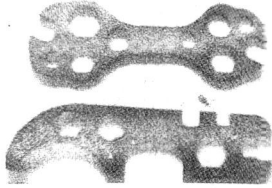

图 5-7　自行车专用扳手

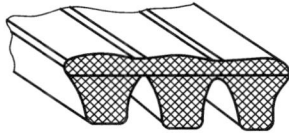

图 5-8　联组 V 带

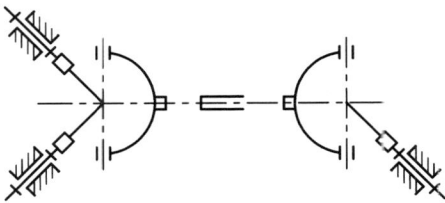

图 5-9　双万向联轴节

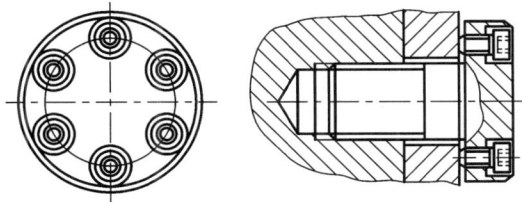

图 5-10　大尺寸螺钉预紧结构

2. 不同功能组合

不同功能组合一般是在零件原有功能的基础上增加新的功能。例如，前文已经提到的具有多种扳拧功能的螺钉头、自钻自攻的螺钉尾，以及具有三合一功能的组合螺钉等都采用了不同功能组合。另外，对于如图 5-11 所示的自攻自锁螺钉，其尾部具有弧形三角截面，可直接拧入金属材料的预制孔内，通过挤压形成内螺纹，实现低拧入力矩和高锁紧性能。螺母的作用是与螺栓一起实现紧固和连接功能。为了提高连接的可靠性，通常还必须采取防松措施，如图 5-12(a)中的弹簧垫圈就是一个很好的例子。将防松的功能添加到螺母上，就得到了如图 5-12(b)所示的收口螺母。日常生活中也有很多不同功能组合的例子，如图 5-13 所示的多功能菜刀。

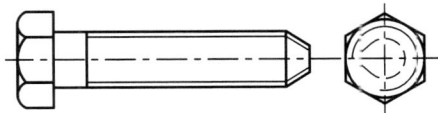

图 5-11　自攻自锁螺钉

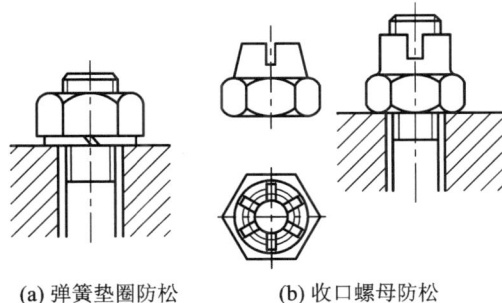

(a) 弹簧垫圈防松　　(b) 收口螺母防松

图 5-12　螺栓连接的防松结构

许多零件本身就具有多种功能。例如，花键既可以实现静连接，又实现动连接；向心推力轴承既能承受径向力，又能承受轴向力。图 5-14 所示为三种深沟球轴承。图 5-14(a)是两面带有密封圈的深沟球轴承，这种密封圈能较严密地防止污物从一面或两面进入轴承，而且在制造时已装入适量的润滑脂，因此在一定的工作时间内不用额外加油。图 5-14(b) 是外圈带有止动槽的深沟球轴承，放入止动环后，可简化轴承在外壳孔内的轴向固定，并缩短轴向尺寸。图 5-14(c) 是外圈带有止动槽，且一个侧面带有防尘盖的深沟球轴承，这种结构不需要再额外设置轴向紧固装置及单侧密封装置，从而使得支承结构更加简单、紧凑。

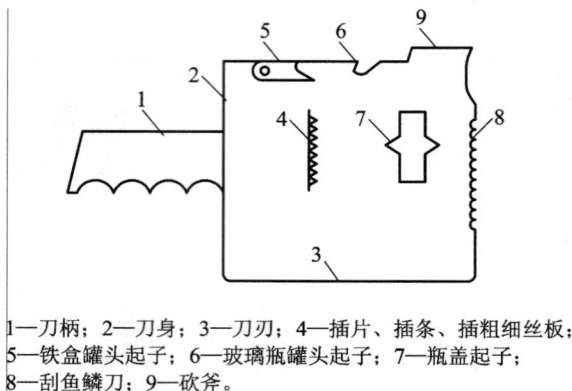

1—刀柄；2—刀身；3—刀刃；4—插片、插条、插粗细丝板；
5—铁盒罐头起子；6—玻璃瓶罐头起子；7—瓶盖起子；
8—刮鱼鳞刀；9—砍斧。

图 5-13　多功能菜刀

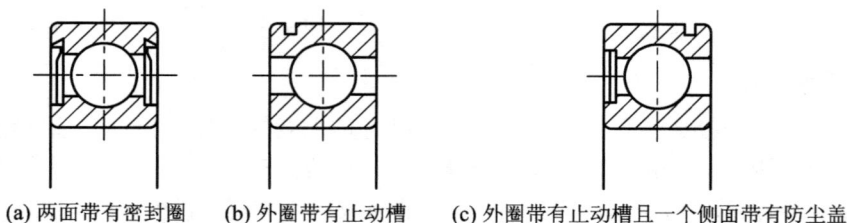

(a) 两面带有密封圈　　　(b) 外圈带有止动槽　　　(c) 外圈带有止动槽且一个侧面带有防尘盖

图 5-14　三种深沟球轴承

5.2　常见的机械结构与创新设计

　　机构设计、机构的演化与变异设计、机构的组合设计等成果要转化为实际产品，还必须经过机械结构设计环节，以生成供加工用的图样。机械结构设计的过程也充满了创新。根据机构由运动副、构件、机架组成的特点，进行结构设计时，除满足强度、刚度的基本要求外，各类运动副的形状与结构、构件的形状与结构、机架的形状与结构等都会对产品的性能、成本等方面产生重要影响。

5.2.1　运动副的结构与创新设计

　　运动副分为低副和高副两种，其中低副又可分为平面低副和空间低副。最常用的低副包括转动副、移动副、螺旋副和球面副。转动副、移动副为平面低副，而螺旋副和球面副为空间低副。

　　由于低副连接的两构件间是面接触，因此低副能承受较大的负荷。此外，低副的两运动副元素的几何形状较简单，这使得它们比较容易制造。同时，低副连接易于实现几何封闭，故低副机构通常都具有结构简单、制造容易、工作可靠、能承受较大负荷和传递较大动力等优点。低副机构的应用十分广泛，特别是在平面连杆机构中更为常见。以下着重介绍转动副和移动副的结构创新设计。

1. 转动副的结构创新设计

1) 对转动副结构的基本要求

当两个构件之间的相对运动是转动时，可用转动副连接这两个构件。转动副是机械中最常用的运动副之一。图 5-15(a)是一个转动副的简图，图 5-15(b)则是它的结构示例，其中构件 1 与构件 2 通过销轴连接，使两构件只能做相对转动。对转动副结构的基本要求是确保两相对回转件的位置精度、能承受压力、减小摩擦损失和延长使用寿命。

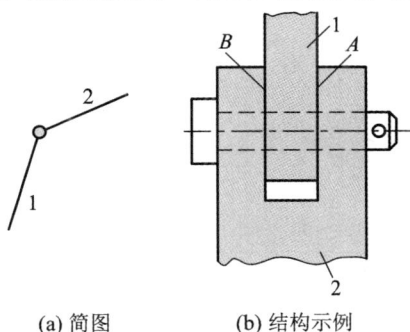

(a) 简图   (b) 结构示例

图 5-15 转动副

2) 轴承用于转动副

两构件之间只要有相对运动就会产生摩擦。为了减小相对转动时的摩擦和磨损，人们将相对转动中的圆柱表面部分用轴承替代。最早的轴承是滑动轴承。为了进一步减小摩擦，人们又发明了滚动轴承。随着工业的现代化进程，机器越来越向高速度和大功率方向发展，对轴承各方面性能的要求也越来越高。为了满足这些需求，新型轴承不断被开发出来，为节能降耗做出了贡献。

2. 移动副的结构创新设计

1) 对移动副结构的基本要求

连接做相对移动的两构件的运动副称为移动副。如图 5-16 所示，构件 2 相对于构件 1 只能沿箭头所示的方向移动。内燃机中活塞和气缸之间所组成的运动副即为移动副。机床导轨是最常见的移动副。按摩擦性质的不同，导轨可分为滑动导轨和滚动导轨。

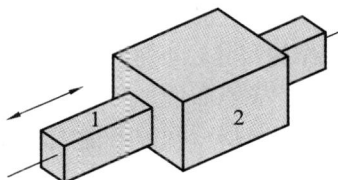

图 5-16 移动副的例子

对移动副结构的基本要求包括导向和运动精度高、刚度大、耐磨性好及结构工艺性好等。此外，在结构设计时，还要注意防止两构件之间的相对转动，并确保间隙的合理调整。

2) 滑动导轨的特点及常见结构形式

滑动导轨的动、静导轨面直接接触，其优点是结构简单、接触刚度大；缺点是摩擦阻力大、磨损快，在低速运动时易产生爬行现象。

导轨由凸形导轨和凹形导轨两种形式相互配合组成。当凸形导轨作为下导轨时，不易积存切屑、脏物，但也不易保存润滑油，故宜作为低速导轨使用，例如车床的床身导轨。相反，当凹形导轨作为下导轨时，其更宜作为高速导轨，如磨床的床身导轨，但需有良好的保护装置，以防切屑、脏物掉入。表 5-1 所示为滑动导轨的截面形状。

表 5-1　滑动导轨的截面形状

导轨类型	截面形状				
	对称 V 形	不对称 V 形	矩形	燕尾形	圆形
凸形导轨	45° 45°	90°　15°～30°		55° 55°	
凹形导轨	90°～120°	65°～70°　90°		55° 55°	

(1) 导轨的基本形式。按导轨截面形状的不同，滑动导轨可分为 V 形导轨、矩形导轨、燕尾形导轨和圆形导轨等。

① V 形导轨。V 形导轨在磨损后能自动补偿，故其导向精度较高。它的截面角度由载荷大小及导向要求而定，一般为 90°。为增加承载面积、减小压强，在导轨高度不变的条件下，可采用较大的顶角(110°～120°)；为提高导向性，应采用较小的顶角(60°)。如果导轨上所受的力在两个方向上的分量相差很大，则应采用不对称 V 形导轨，以使力的作用方向尽可能垂直于导轨面。

② 矩形导轨。矩形导轨的特点是结构简单，制造、检验和修理较容易。矩形导轨可以做得较宽，因此承载能力和刚度较大，应用广泛。矩形导轨的缺点是磨损后不能自动补偿间隙，使用镶条调整间隙时会降低导向精度。

③ 燕尾形导轨。燕尾形导轨的主要优点是结构紧凑、调整间隙方便。但燕尾形导轨的缺点是几何形状比较复杂，难以达到很高的配合精度，并且导轨中的摩擦力较大，运动灵活性较差。因此，这种导轨通常用于结构尺寸较小且对导向精度与运动灵活性要求不高的场合。

④ 圆形导轨。圆形导轨的优点是导轨面的加工和检验比较简单，易于获得较高的精度；其缺点是导轨间隙不能调整，特别是磨损后间隙不能调整和补偿。此外，闭式圆形导轨对温度变化比较敏感。为防止圆形导转转动，可在圆柱表面开槽或加工出平面。

(2) 常用导轨的组合形式。由于一条导轨往往不能单独承受力矩载荷，故通常都采用两条导轨来共同承受载荷和进行导向，在重型机械上，还可采用 3～4 条导轨。常用滑动导轨的组合形式有如下几种。

① 双 V 形导轨组合(如图 5-17(a)所示)。两条导轨同时起着支承和导向的作用,故导轨的导向精度高,承载能力大。此外,两条导轨磨损均匀,磨损后能自动补偿间隙,精度保持性好。但这种导轨的制造、检验和维修都比较困难,因为它要求四个导轨面都均匀接触,刮研劳动量较大。而且,这种导轨对温度变化比较敏感。

② V 形导轨和平面形导轨组合(如图 5-17(b)所示)。这种组合既保持了双 V 形导轨组合的导向精度高、承载能力大的优点,又避免了由于热变形所引起的配合状况的变化。在工艺性方面,这种导轨组合比双 V 形导轨组合更容易实现,因而应用广泛。这种导轨组合的缺点是两条导轨的磨损不均匀,且磨损后不能自动调整间隙。

③ 矩形导轨和平面形导轨组合(如图 5-17(c)所示)。这种组合的承载能力高,且制造简单。间隙受温度影响小,导向精度高,容易获得较高的平行度。但是,侧导向面的间隙使用镶条调整,侧向接触刚度较低。

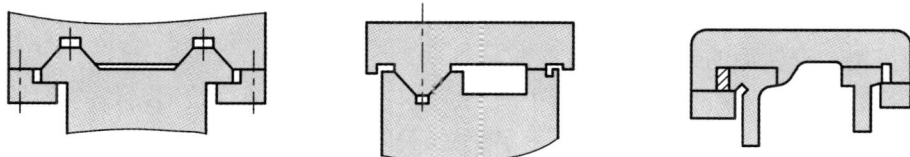

(a) 双 V 形导轨组合　　(b) V 形导轨和平面形导轨组合　　(c) 矩形导轨和平面形导轨组合

图 5-17　导轨的组合形式之一

④ 双矩形导轨组合(如图 5-18(a)所示)。这种组合的特点与矩形导轨和平面形导轨组合的特点相同,但因其导向面之间的距离较大,导致侧向间隙受温度影响大,因此其导向精度相较于矩形导轨和平面形导轨组合较差。

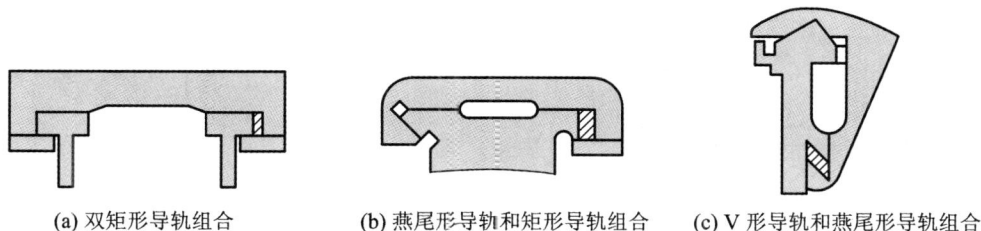

(a) 双矩形导轨组合　　(b) 燕尾形导轨和矩形导轨组合　　(c) V 形导轨和燕尾形导轨组合

图 5-18　导轨的组合形式之二

⑤ 燕尾形导轨和矩形导轨组合(如图 5-18(b)所示)。这种组合的特点是能承受倾覆力矩,其中矩形导轨主要承受大部分压力,而燕尾形导轨作为侧导向面,这种设计可减少压板的接触面,使间隙调整更简便。

⑥ V 形导轨和燕尾形导轨组合(如图 5-18(c)所示)。这种组合构成了闭式导轨,其接触面较小,便于调整间隙。其中,V 形导轨起导向作用,导向精度高。但是,这种组合的加工和测量过程都比较复杂。

⑦ 双圆形导轨组合(如图 5-19(a)所示)。这种组合的特点是结构简单,圆柱面既是导向面又是支承面,对两导轨的平行度要求严格。但这种组合的导轨刚度较差,磨损后间隙不易补偿。

⑧ 圆形导轨和矩形导轨组合(如图 5-19(b)所示)。这种组合的特点是矩形导轨可用镶条进行调整,因此,相较于双圆形导轨组合,这种组合对圆形导轨的位置精度要求较低。

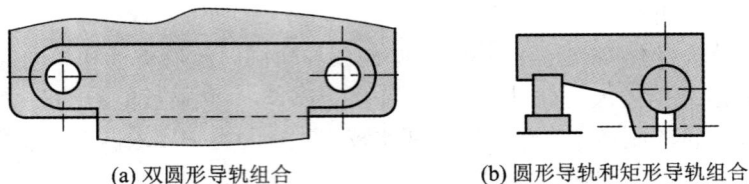

(a) 双圆形导轨组合   (b) 圆形导轨和矩形导轨组合

图 5-19   导轨的组合形式之三

(3) 滚动导轨的特点及常见结构形式。滚动导轨是指在运动部件和支承部件之间放置滚动体(如滚珠、滚柱、滚动轴承等),使导轨运动时处于滚动摩擦状态。

与滑动导轨比较,滚动导轨的特点如下:

① 摩擦系数小,并且静、动摩擦系数之差很小,故运动灵活,不易出现爬行现象。

② 导向和定位精度高,且精度保持性好。

③ 磨损较小,使用寿命长,润滑简便。

④ 结构较为复杂,加工比较困难,成本较高。

⑤ 对脏物及导轨面的误差比较敏感。

滚动导轨已在各种精密机械和仪器中得到广泛应用。滚动导轨按滚动体的形状不同可分为滚珠导轨、滚柱导轨、滚针导轨、十字交叉滚柱导轨、滚动轴承导轨等。

① 滚珠导轨。滚珠导轨如图 5-20(a)所示,其具有结构紧凑、制造容易、成本相对较低等优点,其缺点是刚度低、承载能力小。

② 滚柱导轨。滚柱导轨如图 5-20(b)所示,其具有刚度大、精度高、承载能力大等优点,其主要缺点是对配对导轨副的平行度要求过高。

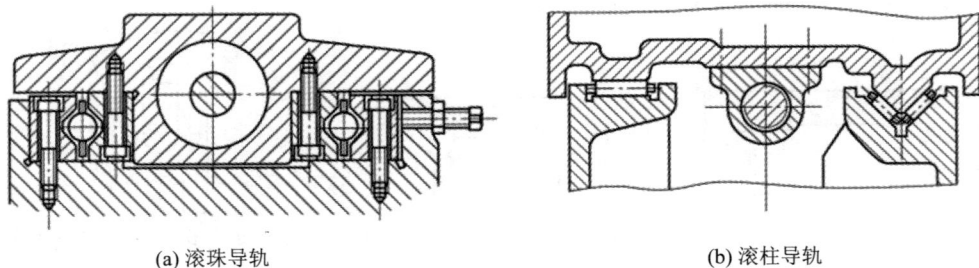

(a) 滚珠导轨   (b) 滚柱导轨

图 5-20   滚动导轨示意图之一

③ 滚针导轨。滚针导轨如图 5-21(a)所示,其承载能力大,径向尺寸比滚珠导轨的更小,其缺点是摩擦阻力稍大。

④ 十字交叉滚柱导轨。十字交叉滚柱导轨如图 5-21(b)所示,滚柱的长径比略小于1。

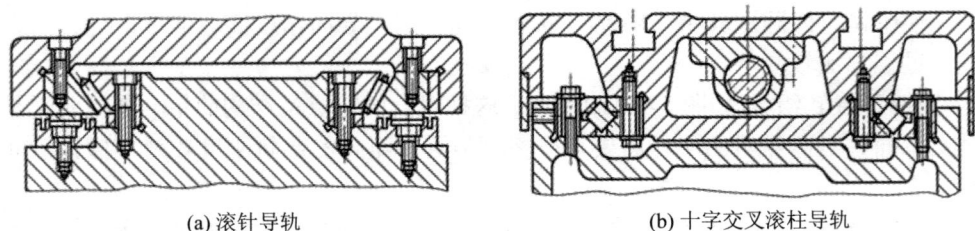

(a) 滚针导轨   (b) 十字交叉滚柱导轨

图 5-21   滚动导轨示意图之二

这种导轨具有精度高、动作灵敏、刚度大、结构较紧凑、承载能力大且能够承受多方向载荷等优点，其缺点是制造比较困难。

⑤ 滚动轴承导轨。滚动轴承导轨如图 5-22 所示，其直接使用标准的滚动轴承作为滚动体，具有结构简单、易于制造、调整方便等优点，因此广泛应用于大型光学仪器上。

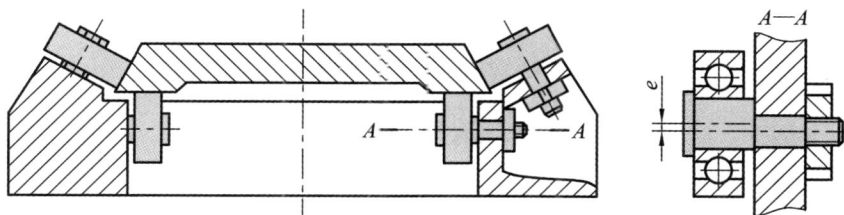

图 5-22　滚动轴承导轨

把滑动摩擦的导轨转换为滚动摩擦的导轨，是导轨设计领域中的一项技术突破和创新。鉴于滑动摩擦向滚动摩擦转换过程中展现出的多样性和灵活性，目前仍有许多新颖的结构形式尚待探索与实现。这预示着滚动导轨在未来发展中蕴含着巨大的创新潜力，正等待着工程师与设计师们的深入发掘与创造性实践。

5.2.2　构件的结构与创新设计

相对机架运动的构件叫作活动构件。为了满足便于制造、安装等要求，机构系统中的一个构件经常由多个零件组成。在这种情况下，组成同一构件的不同零件之间需要连接和相对固定。连接的方法有多种，包括螺纹连接和轴毂连接，这些方式都可以用来将多个零件牢固地组合成一个构件，确保这些零件之间的位置相对固定。例如，齿轮相对机架的转动是通过轴与轴承实现的。通常，齿轮与轴并不制成一体，而通过齿轮中心的毂孔与轴之间形成轴毂连接，并保证齿轮相对轴有确定的轴向位置。此时，齿轮、轴及连接等组成的这个整体成为机构系统中的一个构件。在进行构件的结构设计时，需考虑组成构件的各零件之间的连接关系、构件与运动副之间的连接关系及各组成零件本身的结构设计。以下重点讨论几种常见构件的结构设计。

1. 杆类构件

1) 结构形式

连杆机构中的杆类构件大多制成杆状结构，如图 5-23 所示。杆状结构构造简单、加工方便，一般在杆长 R 较大时采用。

有时杆类构件也作成盘状结构，如图 5-24 所示，此时构件可能就是一个带轮或齿轮。在这种设计中，圆盘上距中心 R 处装有销轴，以便和其他构件组成转动副，此时 R 即为有效杆长。由于

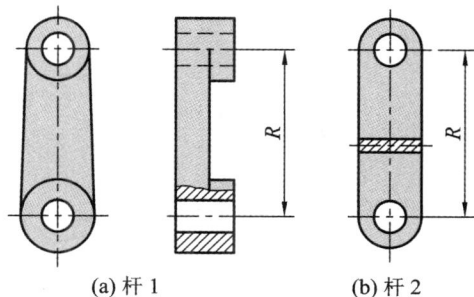

(a) 杆 1　　　(b) 杆 2

图 5-23　杆状结构

这种回转体的质量均匀分布，盘状结构通常比杆状结构更适合高速运动，因此盘状构件常用作曲柄或摆杆。

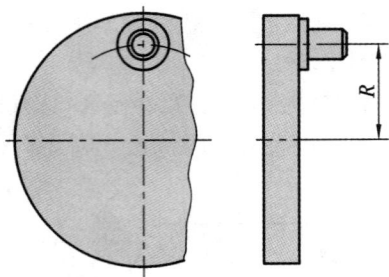

图 5-24   盘状结构

2) 可调节杆长的结构

调节构件的杆长可以改变从动杆的行程、摆角等运动参数。调节杆长的方法有很多，图 5-25 所示为两种曲柄长度可调的结构。在图 5-25(a)中，当调节曲柄长度 R 时，可松开螺母 4，在杆 1 的长槽内移动销子 3 至所需位置，然后再次固紧螺母 4。图 5-25(b)所示的结构则利用螺杆调节曲柄长度，转动螺杆 8，滑块 6 连同与它相固接的曲柄销 7 在杆 5 的滑槽内上下移动，从而改变曲柄长度 R。图 5-26 是连杆长度可调的结构。图 5-26(a)展示了利用固定螺钉 3 来调节连杆 2 的长度。图 5-26(b)中的连杆 2 由左右两个半节组成，每节的一端带有螺纹，且两螺纹的旋向相反。这两节连杆与连接套 4 构成螺旋副，通过转动连接套 4 即可调节连杆 2 的长度。

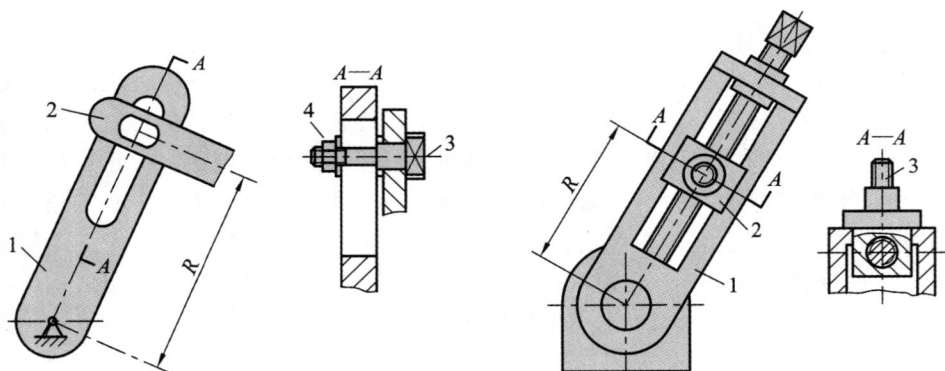

(a) 利用螺母调节曲柄长度   (b) 利用螺杆调节曲柄长度

1、5—杆；2—连杆；3—销子；4—螺母；6—滑块；7—曲柄销；8—螺杆。

图 5-25   曲柄长度可调的结构

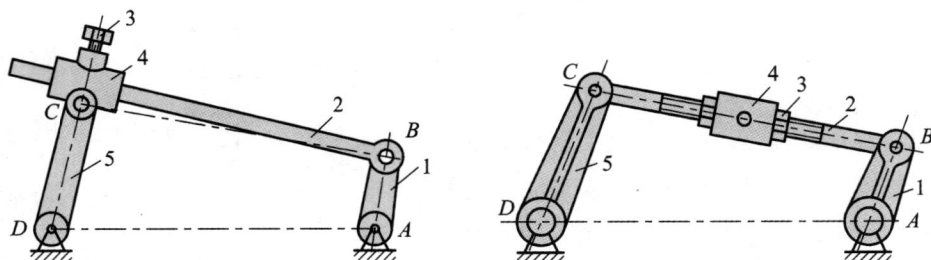

(a) 利用螺钉调节连杆长度   (b) 利用连接套调节连杆长度

1、5—连架杆；2—连杆；3—螺钉；4—连接套。

图 5-26   连杆长度可调的结构

2. 盘类构件

盘类构件大多进行定轴转动，其中心毂孔和轴连接后，与支承轴一同形成转动副。盘类构件包括盘状凸轮(其结构见图 5-27)、链轮(其结构见图 5-28)、棘轮(其结构见图 5-29)、槽轮(其结构见图 5-30)等。

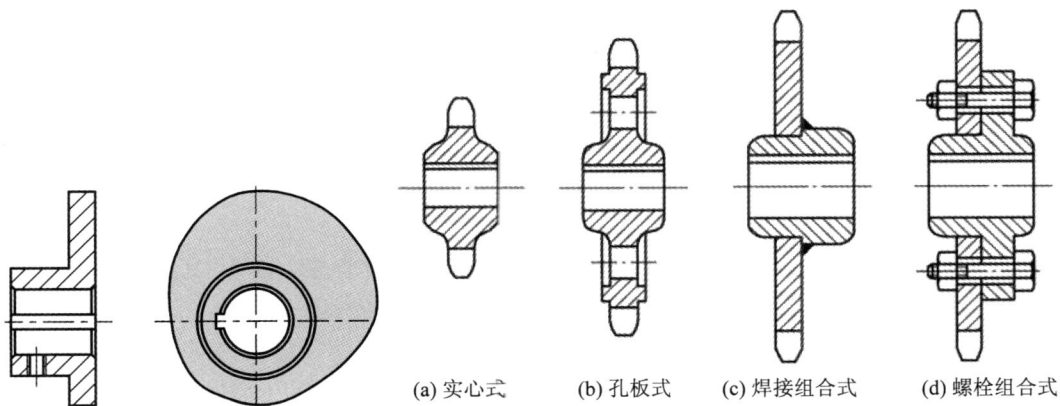

(a) 实心式　　(b) 孔板式　　(c) 焊接组合式　　(d) 螺栓组合式

图 5-27　盘状凸轮的结构　　　　　　　　图 5-28　链轮的结构

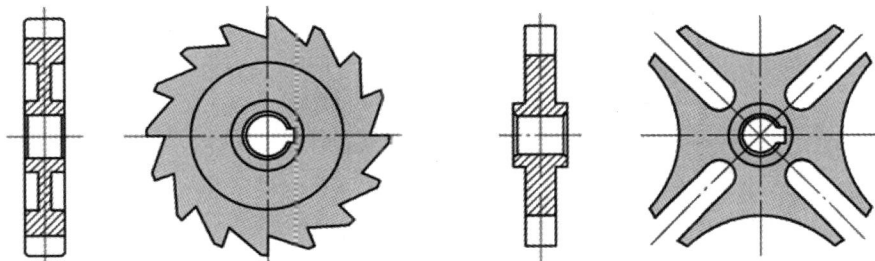

图 5-29　棘轮的结构　　　　　　　　图 5-30　槽轮的结构

一般地，轮缘的结构与构件的功能有关，轮辐的结构与构件的尺寸大小、材料以及加工工艺等有关，轮毂的结构必须确保与轴形成可靠的轴毂连接。以齿轮的结构设计为例，当齿轮的尺寸较小时，采用实心式结构；当齿轮的尺寸较大时，采用腹板式结构；而当齿轮的尺寸很大时，采用轮辐式结构(通常由铸造毛坯制成)。蜗轮采用轮缘与轮毂的组合式结构，是由于轮缘与轮毂往往采用不同的材料。这样做的目的是为了节省较贵重的有色金属材料。

连杆机构中的曲柄在某些情况下常采用偏心轮结构。例如，在图 5-31 所示的机构中，若出现以下任一情况：① 曲柄 1 的长度 R 较短，且小于传动轴半径 r_A 和销轴半径 r_B 之和(即 $R < r_A + r_B$)；② 对于压力机等工作机械来说，若曲柄销 B 处受到的冲击载荷很大，必须加大曲柄销的尺寸，则应采用偏心轮结构，即如图 5-32 中的构件 1。带有偏心轮的机构称为偏心轮机构，偏心距 e 即曲柄的长度。

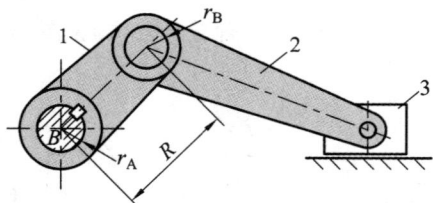

1—曲柄；2—连杆；3—滑块。

图 5-31　机构示意图

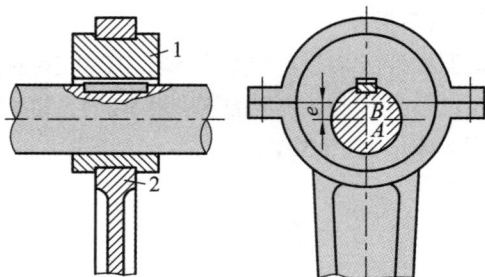

1—偏心轮；2—连杆。

图 5-32　偏心轮

3. 轴类构件

图 5-33 所示为两种形式的曲轴，它们在机构中常被用作曲柄。图 5-33(a)所示的曲轴结构简单，但由于其采用了悬臂设计，因此其强度及刚度较差。当工作载荷和尺寸较大或曲柄需要设置在轴的中间部分时，可用图 5-33(b)所示的形式。这种形式的曲轴在内燃机、压缩机等机械中经常被采用，其特点是曲柄在中间轴颈处与剖分式连杆相连。

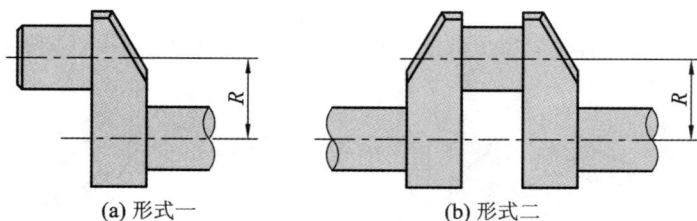

(a) 形式一　　　　(b) 形式二

图 5-33　曲轴

当盘类构件的径向尺寸较小，仅通过毂孔与轴的连接结构导致强度不足或无法实现时，常将盘类构件与轴制成一体。例如，凸轮与轴制成一体时称为凸轮轴，如图 5-34 所示；齿轮与轴制成一体时称为齿轮轴，如图 5-35 所示；蜗杆与轴制成一体时称为蜗杆轴，如图 5-36 所示；偏心轮与轴制成一体时称为偏心轴，如图 5-37 所示。

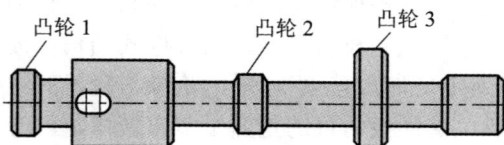

图 5-34　凸轮轴

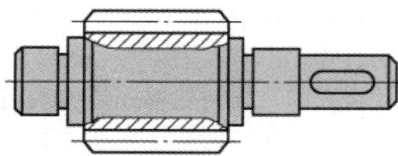

图 5-35　齿轮轴

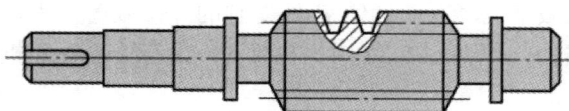

图 5-36　蜗杆轴

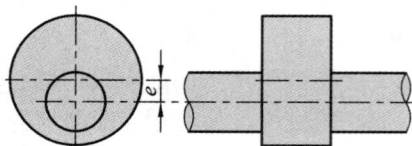

图 5-37　偏心轴

4．其他活动构件

凸轮机构的从动件、棘轮机构的棘爪、槽轮机构的拨盘等构件各具有一定的结构形式。图 5-38 展示了棘轮机构中棘爪的结构形式，而图 5-39 展示了槽轮机构中拨盘的结构形式。

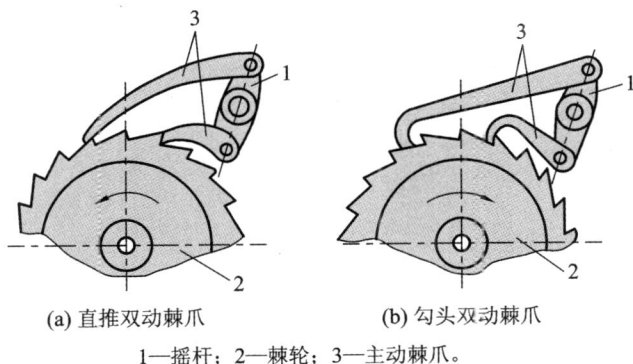

(a) 直推双动棘爪　　　　(b) 勾头双动棘爪

1—摇杆；2—棘轮；3—主动棘爪。

图 5-38　棘爪的结构形式

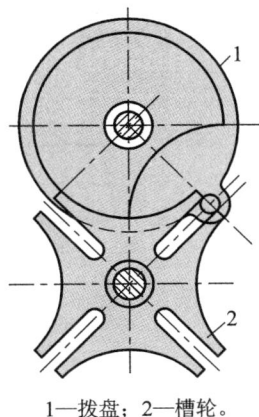

1—拨盘；2—槽轮。

图 5-39　拨盘的结构形式

▶▶ 5.2.3　轮毂的结构与创新设计

轮毂与轴之间需要实现周向固定并有效传递转矩。轮毂与轴之间传递转矩的方式主要可分为两类：一类是依靠摩擦力传递转矩，另一类则是通过特定的接触面形状或法向力来传递转矩。这些不同的传递方式要求设计不同结构的轮毂以满足需求。

轮毂与轴之间根据特定物理原理进行连接的方式统称为锁合连接。其中，依靠接触面的特殊形状，并利用法向力来传递转矩的连接方式称为形锁合连接。图 5-40 展示了多种非圆截面形状，理论上利用这些形状都可以构成形锁合连接结构。然而，由于非圆截面的加工复杂度较高，因此在实际应用中相对较少采用。相比之下，更为常见的是在圆截面的基础上，通过打孔、开槽等工艺手段来构造出不完整的圆截面形状，从而实现形锁合连接。通过调整这些孔或槽的尺寸、数量、形状、位置及方向等参数，可以设计出多样化的形锁合连接结构。图 5-41 所示为常用的、基于不完整的圆截面构成的形锁合连接结构示例。

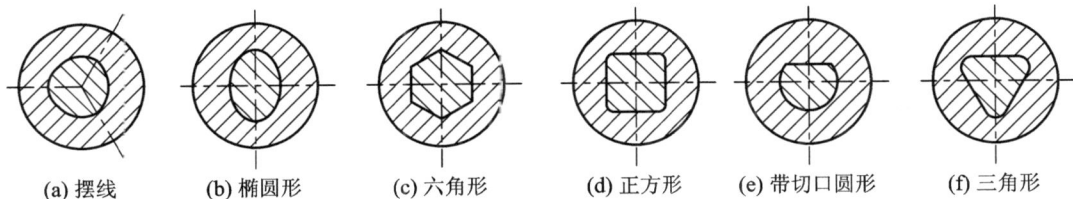

(a) 摆线　　(b) 椭圆形　　(c) 六角形　　(d) 正方形　　(e) 带切口圆形　　(f) 三角形

图 5-40　非圆截面形状

依靠接触面间的压紧力所产生的摩擦力来传递转矩的轮毂与轴的连接方式称为力锁合连接，如图 5-42 所示。基于这一原理，不同的设计需求催生了多种力锁合连接结构形式，常用的力锁合连接结构包括楔键连接结构、平端紧定螺钉连接结构、圆柱面过盈连接结构、圆锥面过盈连接结构、弹性环连接结构、容差环连接结构、压套连接结构、星盘连接结构、液压胀套连接结构等。

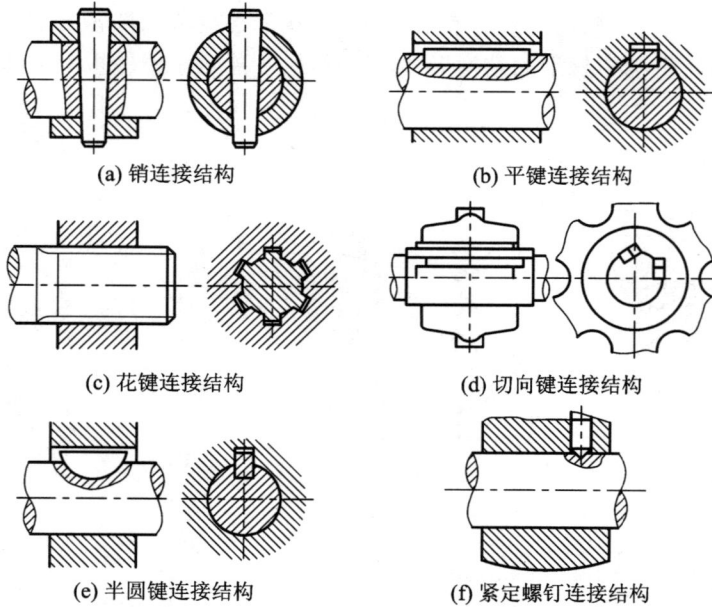

(a) 销连接结构   (b) 平键连接结构

(c) 花键连接结构   (d) 切向键连接结构

(e) 半圆键连接结构   (f) 紧定螺钉连接结构

图 5-41 基于不完整的圆截面构成的形锁合连接结构

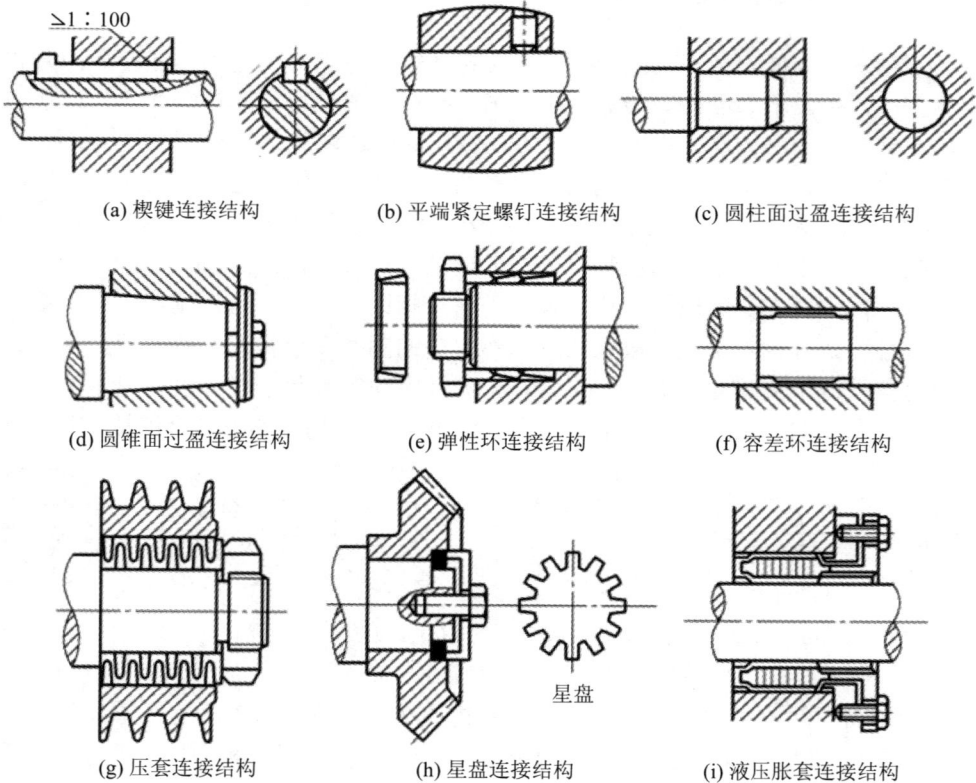

(a) 楔键连接结构   (b) 平端紧定螺钉连接结构   (c) 圆柱面过盈连接结构

(d) 圆锥面过盈连接结构   (e) 弹性环连接结构   (f) 容差环连接结构

星盘

(g) 压套连接结构   (h) 星盘连接结构   (i) 液压胀套连接结构

图 5-42 力锁合连接结构

5.2.4　机架的结构与创新设计

机架是机构中相对静止的构件，在实际的机械系统中，机架主要起着支承和固定其他构件的作用。支架、箱体、工作台、床身、底座等支承件均可视为机架。一个机械系统的支承件可能不止一个，它们有的相互固定连接，以维持结构的稳定；有的可以做相对移动，以满足调整部件相对位置的需求。机架零件承受各种力和力矩的作用，因此一般体积较大且形状复杂。各类运动副和活动构件的设计都有一定的设计模式。机架的设计既没有固定的模式，也没有固定的计算公式。机架的类型需要根据机械的总体结构、工作条件和设计经验来确定，它们的设计和制造质量对整个机械的性能、稳定性和使用寿命有很大的影响。

1. 机架的分类和基本要求

机架的种类有很多，但根据其结构形状可大致分为四类，即梁型、板型、框型和箱型。图 5-43 中给出各类典型的机架示意图。

(1) 梁型机架的特点是机架某一方向的尺寸比其他两个方向的尺寸大得多，因此，在分析或计算时可将其简化为梁。例如，车床床身及各类立柱、横梁、伸臂等均属梁型机架。图 5-43 中的构件 1、3、5 均为梁型机架。

(2) 板型机架的特点是机架某一方向的尺寸比其他两个方向的尺寸小得多，因此可近似地将其简化为板件。例如，钻床工作台及某些机器的较薄的底座等均属于板型机架。图 5-43 中的构件 4 为板型机架。

(3) 框型机架具有框架结构，如轧钢机机架、锻压机机身等。图 5-43 中的构件 6 为框型机架。

(4) 箱型机架是三个方向的尺寸相近的封闭体，如减速器箱体、泵体、发动机缸体等。图 5-43 中的构件 2 为箱型机架。

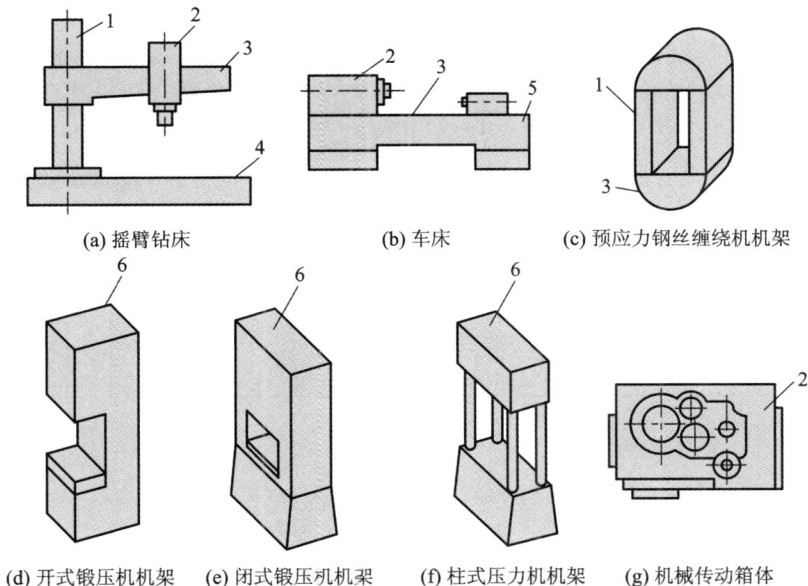

(a) 摇臂钻床　　(b) 车床　　(c) 预应力钢丝缠绕机机架

(d) 开式锻压机机架　(e) 闭式锻压机机架　(f) 柱式压力机机架　(g) 机械传动箱体

1、3、5—梁型机架；2—箱型机架；4—板型机架；6—框型机架。

图 5-43　机架按结构形状的分类

机架这类零部件的设计要求有：足够的强度和刚度，足够的精度，较好的工艺性，较好的尺寸稳定性和抗振性，美观的外形，此外，还要考虑吊装、安放水平、电气部件安装等实际问题。因此，机架的结构设计要满足机械对机架的功能要求。

2. 保证机架功能的结构措施

保证机架功能的结构措施有以下几个。

1) 合理确定截面的形状和尺寸

机架的受力和变形情况往往很复杂，而对其影响较大者为弯曲、扭转或者二者的组合。截面积相同而形状不同时，机架的截面惯性矩和极惯性矩的差别很大，因此其抗弯刚度和抗扭刚度的差别也很大，具体如下：

(1) 无论是圆形截面、方形截面还是矩形截面，空心截面的刚度都比实心截面的刚度大，故机架一般设计成空心形状。

(2) 对于实心截面或者空心截面，在受力方向上，尺寸大的截面通常具有较大的抗弯刚度。圆形截面的抗扭刚度高，矩形截面在其长轴方向上的抗弯刚度高。

(3) 加大外廓尺寸并减少壁厚，可提高截面的抗弯刚度和抗扭刚度。

(4) 封闭截面的刚度比开口截面的刚度大。

由以上可知，根据载荷特性合理地确定机架的截面形状和尺寸，就可以在减轻重量的同时提高其抗弯刚度和抗扭刚度，并降低制造成本。

2) 合理布置隔板和加强肋

隔板和加强肋也称肋板和肋条。合理布置隔板和加强肋通常比只增加支承件的壁厚更为有效。

(1) 合理布置隔板。

隔板实际上是一种内壁，它可连接两个或两个以上的外壁。对于梁形支承件，隔板可分为纵向隔板、横向隔板和斜向隔板。纵向隔板的抗弯效果好，而横向隔板的抗扭作用大，斜向隔板则介于两者之间。所以，应根据支承件的受力特点来选择隔板类型和布置方式。

应该注意，纵向隔板只有布置在弯曲平面内时才能最大化地提高抗弯刚度，因为此时隔板的抗弯惯性矩最大。此外，增加横向隔板还会减小壁的翘曲和截面畸变。图 5-44(a)所示为合理的纵向隔板布置示例，图 5-44(b)则为不合理的纵向隔板布置示例。

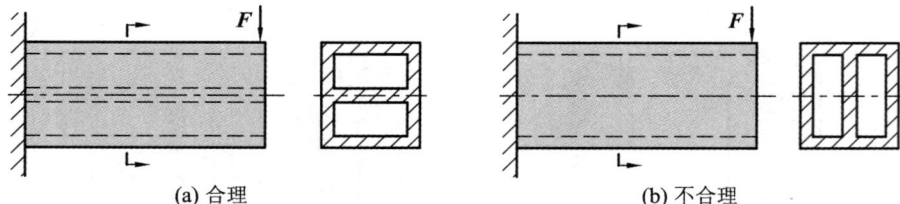

(a) 合理   (b) 不合理

图 5-44   纵向隔板的布置

(2) 合理布置加强肋。

加强肋的作用主要在于提高外壁的局部刚度，以减小其局部变形和薄壁振动，一般布置在壁的内侧，有时也布置在壳体的外侧。图 5-45 所示为加强肋的几种常见形式。其中，

图 5-45(a)所示的加强肋用于加强导轨的刚度，图 5-45(b)所示的加强肋用于提高轴承座的刚度，其余 3 种加强肋则用于壁板面积大于 400 mm × 400 mm 的构件，以防止产生薄壁振动和局部变形。在这三种加强肋中，图 5-45(c)所示的加强肋的结构最简单，工艺性最好，但刚度也最低，可用于较窄或受力较小的板型机架上；图 5-45(d)所示的加强肋具有最高的刚度，但其铸造工艺性差，需要几种不同的型芯，因此成本较高；图 5-45(e)所示的加强肋的结构介于上述二者之间，既有较好的刚度，又具备较好的工艺。此外，常见的加强肋还有米字形肋和蜂窝形肋，这些形式的加强肋具有更高的刚度，但工艺性也更差，因此仅用于对刚度要求非常高的重要机架上。加强肋的高度一般可取为壁厚的 4～5 倍，而加强肋的厚度可取为壁厚的 0.8 左右。

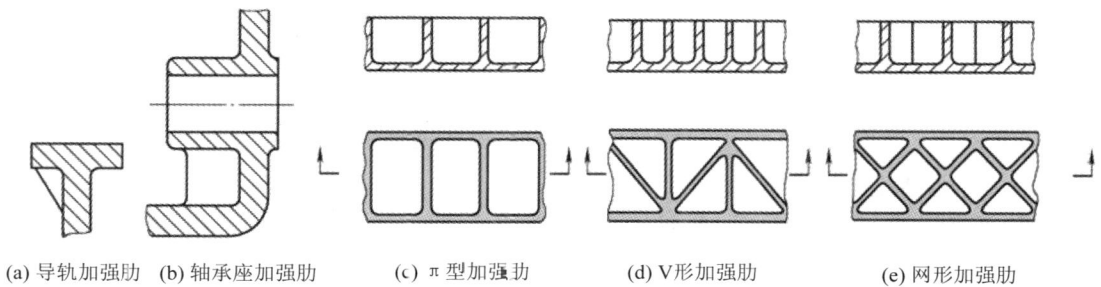

(a) 导轨加强肋   (b) 轴承座加强肋   (c) π 型加强肋   (d) V 形加强肋   (e) 网形加强肋

图 5-45   加强肋的几种常见形式

(3) 合理开孔和加盖。

在机架壁上开孔会降低其刚度，但由于结构设计和工艺需求，常常需要在机架上开孔。当开孔面积小于所在壁面积的 1/5 时，对刚度的影响较小；当开孔面积大于所在壁面积的 1/5 时，抗扭刚度会显著降低。故孔宽或孔径以不大于壁宽的 1/4 为宜，且应选择在支承件壁的几何中心附近或中心线附近开孔。

开孔对抗弯刚度的影响较小，但若在开孔处加盖并拧紧螺栓，抗弯刚度可接近未开孔时的水平。在加盖的情况下，嵌入盖比覆盖盖的效果更好。抗扭刚度在加盖后可恢复到原来的 35%～41%。

(4) 提高局部刚度和接触刚度。

局部刚度是指支承件上与其他零件或地基相连接部分的刚度。当采用凸缘连接时，局部刚度主要取决于凸缘刚度、螺栓刚度和接触刚度；当采用导轨连接时，局部刚度主要反映在导轨与本体连接处的刚度上。

为保证接触刚度，应使接合面上的压强不小于 1.5～2 MPa，并且表面粗糙度(Rz)值不应超过 8 μm。同时，应合理确定螺栓的直径、数量和布置形式。例如，从抗弯角度考虑，螺栓应集中在受拉的一侧；从抗扭角度考虑，要求螺栓均匀分布在四周。

使用螺栓进行连接时，连接部分可有不同的形式，如图 5-46 所示。图 5-46(a)所示的结构简单，但局部刚度差。为提高局部刚度，可采用图 5-46(b)所示的结构形式。

图 5-47(a)为龙门刨床床身，其中 V 形导轨处的局部刚度较低，若将其改进为如图 5-47(b)所示的结构，即加入一纵向肋板，则可以有效提高该处的刚度。

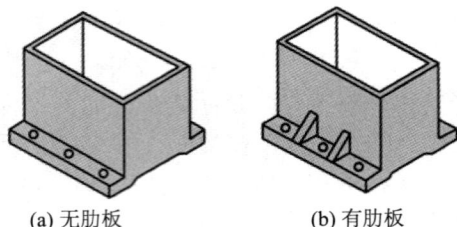

(a) 无肋板   (b) 有肋板

图 5-46   连接部分的结构(使用螺栓连接时)

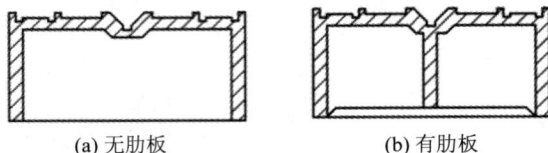

(a) 无肋板   (b) 有肋板

图 5-47   提高龙门刨床床身 V 形导轨处的局部刚度

(5) 增加阻尼以提高抗振性。

增加阻尼可以提高抗振性。铸铁材料的阻尼比钢的大。在铸造的机架中保留型芯，或在焊接件中填充砂子或混凝土，均可增加阻尼。图 5-48 所示为某车床床身在有型芯和无型芯两种情况下的固有频率和阻尼的比较。由图可见，虽然二者的固有频率相差不多，但由于型芯的吸振作用，使得阻尼明显增加，从而显著提高了床身的抗振性。然而，这种方法的一个不足之处是会增加床身的重量。

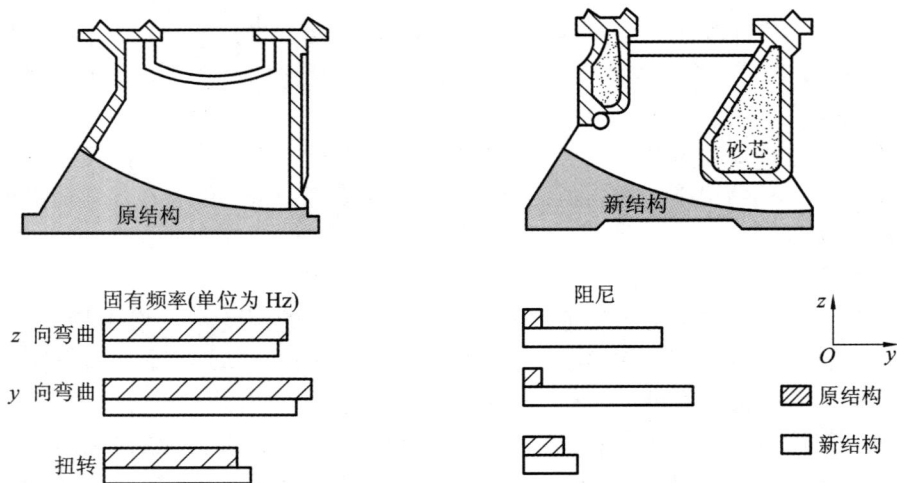

图 5-48   车床床身固有频率和阻尼的比较(有型芯和无型芯两种情况下)

(6) 根据功能要求选择材料。

根据机械系统机架的功能要求来选择机架的材料。例如，在机床上，当导轨与机架制成一体时，应按导轨的要求来选择材料；当采用镶嵌导轨或机架上无导轨时，则仅需按照机架的功能要求选择材料。机架常用的材料包括铸铁、钢、轻金属和非金属。由于机架的结构较为复杂，因此常选用铸铁件作为材料。当机架承受较大力时，应使用铸钢件。当生产批量小或尺寸大而导致铸造困难时，采用焊接件。为了降低机械整体的重量，铸铝常被用作机架材料。对于需要高精度和尺寸稳定性的仪器，铸铜机架是理想的选择。

(7) 合理设计结构工艺性。

在设计机架时必须考虑它的结构工艺性(包括铸造、焊接、铆接)以及机械加工的工艺性。例如，铸件的壁厚应尽量均匀或截面变化平缓，同时应设置出砂孔以便于水爆清砂或机械化清砂，并考虑设置起吊孔等辅助结构。结构工艺性不单是一个理论问题，因此，除学习现有的理论知识外，还应在实践中不断学习和经验积累。

第6章

反求设计、绿色设计和人机工程

6.1 反求设计

当今世界科学技术的发展日新月异，产品的科技含量越来越高，而我国是一个发展中国家，投入大量资金去研究发达国家已推向市场的产品或技术是完全没有必要的。这不仅会浪费资金，也会延缓发展经济的进程。引进发达国家的先进技术并为己所用，是发展本国经济的有效途径之一。通过引进、消化、吸收其他国家的先进科技成果，并在此基础上进行改进和提高，或进行创新设计，可以加速本国新技术的发展和新产品的开发，这是推动民族经济发展的有效策略。这一过程通常被称为"逆向工程"或"反求工程"。鉴于经济发展所涉及的科学技术领域极为广泛，我国可能面临资金有限的挑战，难以全面投入到基础理论研究和应用科技研究的各个领域。因此，引进发达国家的先进科学技术和产品，随后进行逆向工程，模仿或创新设计出更具竞争力的产品，对发展中国家而言，是一条有效的经济发展途径。特别是在知识经济时代背景下，逆向工程在科技发展和创新中扮演着越来越重要的角色。

人们通常所指的设计是正向设计，它完全依赖基本知识、创新思维、灵感与丰富的经验。这是一个从无到有、从未知到已知的过程，也是一个将想象转化为现实的过程，这一过程可用图 6-1 来描述。在正向设计中，虽然也会运用类比、移植等创新技法，但产品的概念是新颖的、独创的。

市场需求 → 设计师的创造性设计 → 产品

图 6-1　正向设计示意图

反求设计又称为逆向设计，它基于已有的产品、图样、影像等已存在的可感观的事物进行分析研究，掌握其功能原理及零部件的设计参数、结构、尺寸、材料、关键技术等，再根据现代设计理论与方法，对原产品进行仿造设计、改进设计或创新设计。反求设计已成为世界各国发展科学技术、开发新产品的重要设计方法之一。反求设计示意图如图 6-2 所示。

已知事物
(产品、图样、影像) → 分析研究 → 改进创新 → 产生新产品

图 6-2　反求设计示意图

反求设计一般有如下三种形式：

(1) 仿造设计。仿造设计是指完全按照引进的产品进行设计，制造出的产品与引进的产品相同。一些技术力量和经济实力比较薄弱的厂家在引进的产品相对先进时，常采用仿造设计的方法。

(2) 改进设计。改进设计是指在对原产品进行分析、研究的基础上，进行局部的改造性设计，制造出的产品的性能与特征基本上与原产品的保持一致，但局部性能有所改善。我国的大部分厂家在进行反求设计时都采取了这种方法。

(3) 创新设计。创新设计是指以原产品为基础，充分运用创新的设计思维与创新技法，设计并制造出性能优于原产品的新产品。反求工程中的创新设计是我国及其他发展中国家目前大力提倡的方法。

第二次世界大战后，日本的经济复兴就得益于开展反求工程。1950 年，日本的国民生产总值仅为英国的 1/29，经济落后于美国 30 年。日本把引进国外先进科学技术作为坚定不移的国策，凡是国外先进和适用的技术，都积极引进。日本在引进技术的同时，并没有盲目地仿造，而是高度重视对反求工程的研究，对先进技术进行消化、吸收并实现国产化。通过对反求工程的研究，日本不仅改进并提高了引进技术，还迅速实现了产品的国产化，并在应用过程中不断完善自己的产品，创新出许多新产品，逐步形成了自己的工业体系。重视反求工程研究的国家有很多，韩国的经济崛起也与开展反求工程研究有关。在科学技术飞速发展的今天，任何一个国家的科学技术都难以在所有领域领先世界，也难以永远保持领先地位。因此，开展反求工程研究成了掌握先进科学技术的重要途径之一。

6.1.1　机械设备的反求设计

在已知机械设备的反求设计中，因存在具体的机械实物作为参考，故又称之为实物反求设计。顾名思义，实物反求设计是在已有实物的基础上，通过试验、测绘和详细分析，再创造出新产品的过程。实物反求设计包括功能、性能、方案、结构、材质、精度、使用规范等众多方面的反求。实物反求设计的对象可以是整机、部件、组件和零件。通常，实物反求设计的对象大多是比较先进的设备、产品，包括从国外引进的和国内的先进产品。实物反求设计主要应用于技术引进的硬件模式中，其主要目的是扩大生产能力，并在此基础之上，创新开发出新产品。

实物反求设计具有如下特点：

(1) 由于存在具体的实物，设计过程更加形象直观。

(2) 可直接对产品的性能、功能、材料等进行测试与分析，获得详细的产品技术资料。

(3) 可直接对产品各组成部分的尺寸进行测试与分析，确保获得准确的尺寸参数。

(4) 实物反求设计起点高，能够基于现有先进技术进行设计，从而大大缩短了产品的开发周期。

(5) 实物样品与新产品之间具有直接的可比性，有助于确保新产品开发的质量。

实物反求设计一般要经历如图 6-3 所示的过程。

由上述分析可以看出，实物反求设计的创新性可以体现在产品设计中的许多方面。设计思想、方案选择、零部件结构设计、尺寸公差设计、材料选择、工艺设计等方面都为设计师提供了创造空间。

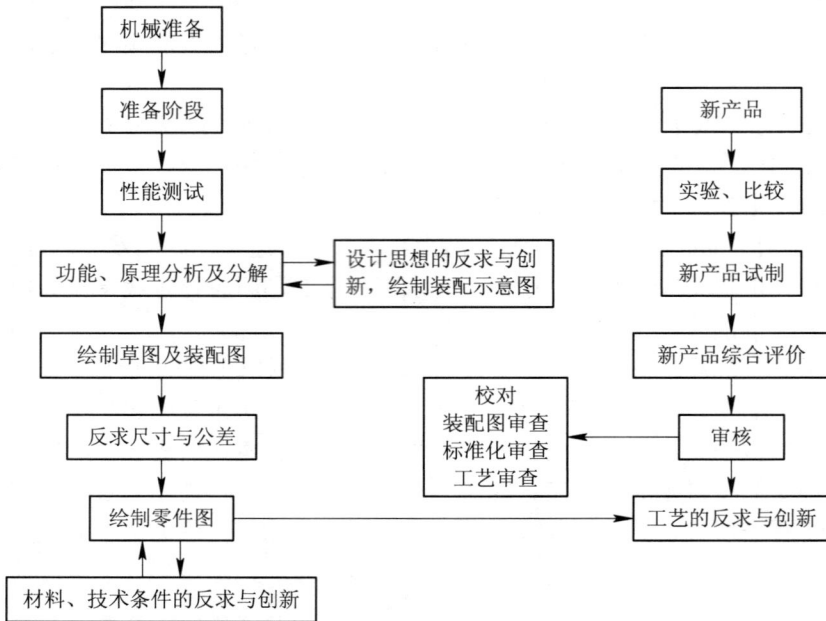

图 6-3   实物反求设计的一般过程

以下主要讨论设计思想、原理方案、零部件、零件材料、工艺以及其他方面内容的反
求分析与创新。

1. 设计思想的反求分析与创新

了解产品设计的思想是反求设计的重要前提。不同时期的产品在设计思想方面存在差
异，这种差异与社会的发展及科技发展水平密切相关。比如，在早期，人们往往以完善功
能、扩展功能、降低成本等为出发点开发产品。但随着社会的发展和人民生活水平的提高，
在保证功能的前提下，产品的外观设计、使用的舒适性等方面逐渐成为设计的主要关注点。
例如，现代冰箱不仅要满足储存食物的基本需求，还需要能够美化家居环境或满足健康生
活的需求；计算机键盘和鼠标的设计必须考虑到操作人员的舒适度，以减少手部疲劳；汽
车座椅的设计则致力于提高驾驶员的舒适感，以缓解长时间驾驶带来的疲劳。

为贯彻可持续发展战略，满足人们对产品节能、环保等方面的要求，工程师们提出了
绿色设计的指导思想。这一思想强调在产品从设计、加工、装配、使用到报废的整个生命
周期中，都要充分考虑产品的环境属性(如可回收性、可拆卸性、可维修性、重复利用性等)，
旨在防止产生影响环境的噪声或废弃物，从而使产品在其生命周期结束时能以最高的附加
值被回收并重复利用。从绿色设计的指导思想出发，许多产品在选择材料时注重选择无毒、
无污染、废弃物排放量小的材料(如避免使用含铅、镍、汞等有害物质的材料)。比如，IBM
计算机中所有塑料制品都采用同样的材料以减少材料种类，并印有识别标志以便于回收。
此外，IBM 计算机还采用精模压铸来保持表面精度，并使用弹性连接结构替代金属铰链，因
此，材料和零件成本大大降低。无氟冰箱、无烟抽油烟机也是应健康、环保的要求而产生的。

在另外一些场合，降低噪声变得非常重要，成为了产品设计中需要重点考虑的因素。

比如，对于家庭用空调来说，降低噪声始终都是人们追求的目标。又比如，对于某公司开发的低噪声电动机，其内置的消噪器在机壳内能够产生音频信号，这些音频信号的相位与电动机产生的噪声的相位相差 180°，从而达到部分抵消噪声的效果，使得噪声降低了约50%。当将这种低噪声电动机应用于炉灶排风扇时，不仅使排风效率提高了 37%，而且还使得噪声下降了 15 dB。

2. 原理方案的反求分析与创新

产品是根据其功能需求进行设计的，而实现相同功能的原理方案是多种多样的。了解现有原理方案的原理，探索其构思过程和特点，通过反求设计变异出更多能实现相同功能的新原理方案，并在此基础上进行优化，开发人员可以获得性能更好的产品。

3. 零部件的反求分析与创新

结构设计不仅仅是原理方案的具体化过程，还必须要考虑许多细节。除提高产品性能(如提高强度、刚度、精度、寿命，减少磨损，降低噪声等)外，还要考虑工艺性、装配性、美观性、成本、安全、环保等诸多方面的要求和限制。针对不同的反求对象，分析方法会有所不同。对于实物或图样，可以测量、分析零部件的形体、尺寸；对于照片、图像，可通过透视法求得尺寸之间的比例，再依据参照物确定各个尺寸。对于具有复杂曲线曲面的零件，需要采用一些先进的测绘手段及测绘仪器(比如三坐标测量仪)方可实现反求测绘。

精度是衡量反求对象性能的重要指标之一，也直接影响着产品的成本。尽管零件尺寸容易获得，但尺寸的精度却难以确定，这也是反求设计中的难点之一。合理分析所设计零件的精度及其分配关系，对提高产品的装配精度、力学性能，降低产品成本至关重要。

4. 零件材料的反求分析与创新

机械零件材料及热处理方法的选择将直接影响零件的强度、刚度、寿命、可靠性等性能指标，因此，在一些产品中，材料及热处理方式的选择显得非常重要，并可能成为该产品的关键技术。

一般采用表面观测、化学分析、金相检验等方法来确定材料的化学成分、组织结构和表面处理情况，并通过物理试验来测定材料的各种物理性能和主要的力学性能，从而确定材料的牌号及热处理方式。有时需通过材料分析进行材料代用。代用的原则是首先要满足力学、物理性能要求，其次满足化学成分的要求，并参考其他同类产品来确定代用材料的牌号及技术条件。

材料反求分析包括材料成分反求分析、材料组织结构反求分析、材料硬度反求分析。例如，1983 年，中原油田从美国引进英格索兰公司的注水泵，并将其用于高压注水作业。在使用过程中，中原油田的技术人员发现，当水压大于 36 MPa 时，材料为 42CrMo 的泵头的使用寿命急剧下降，最终因开裂而失效。经分析，他们发现这是由于油田污水腐蚀引起的裂纹所致。于是，中原油田的技术人员从强度、耐腐蚀性和韧性三方面综合考虑，选用耐腐蚀、高强度的低碳马氏体不锈钢作为泵体材料，解决了高压注水泵的关键问题。

材料的组织结构分析包括材料的宏观组织结构分析和微观组织结构分析。人们进行宏观组织结构分析时，通常使用放大镜来观察材料的特征，如晶粒大小、淬火硬层分布、缩孔等；而进行微观组织结构分析时，则需要借助显微镜来观察材料的内部结构。材料硬度的分析通常是通过硬度计来测量材料表面的硬度。根据测得的硬度值，结合材料表面处理的厚度，可以推测出材料可能经过的表面处理方法。这种分析有助于评估材料的性能和适用性。

5. 工艺的反求分析与创新

许多先进设备的关键技术体现在先进的工艺上，因此分析产品的加工过程和关键工艺十分必要。在工艺反求分析的基础上，结合企业的实际制造工艺水平，改进工艺方案或选择合理的工艺参数，从而确定新的产品制造工艺方法。比如，在奈那卡斯公司生产的电气元件接线盒中，大批电缆支架所用的锌镁合金螺母顶部设计有宽缝，且仅有局部螺纹。这种设计是为了增强螺母承受螺钉对支架螺孔两侧产生的分离力的能力。螺母的外部被设计为方形，并嵌入模压的塑料外壳中。经过深入的技术分析，我们发现这种特殊结构是为了适应采用压铸工艺来制造内螺纹孔的需求。压铸工艺的高效性使得工人每分钟可以生产 100 个零件，同时保证精度高达 30 μm，并且模具的寿命长达 100 万次。这种工艺不仅提高了生产效率，还有效降低了成本。

6. 其他方面内容的反求分析与创新

1) 外观造型的反求分析与创新

在市场经济条件下，产品的外观造型在商品竞争中起着重要的作用。在分析产品外观造型时，应从产品的美学原理、用户的需求心理及商品价值等方面综合分析。美学原理包括合理的尺度与比例、造型的对称与均衡、稳定与轻巧、统一与变化、节奏与韵律等要素。此外，色彩也能美化产品并引起感情效果。因此，对产品色调的选择与配色、色彩的对比与调和等方面进行分析，有助于了解产品的设计风格。

2) 工作性能的反求分析与创新

运用各种测试手段，仔细分析产品的运动特性、动力特性、工作特性等，以掌握原产品的设计方法和设计规范，并提出改进措施。比如，某机床厂通过引进国外机床，并进行反求设计，生产并开发了 DB420 型工作台不升降铣键床。工程师在测试了原铣键床部件的几何精度、机床静刚度、主传动效率、主轴部件热变形、温升，并进行了切削振动、激振、噪声等试验之后，抓住了刚度和热变形的主要矛盾并对其进行解决。主要矛盾的解决，使新产品的工作性能得到了很大改善。此外，对产品的管理、使用、维护、包装技术等方面的分析也很重要。管理的好坏直接影响产品效能的发挥。比如，分析并了解重要零部件及易损零部件，有助于产品的维修、改进设计和创新设计。

6.1.2   技术资料的反求设计

在技术引进过程中，把与产品有关的技术图样、产品样本、专利文献、影视图片、设计说明书、操作说明、维修手册等技术文件统称为技术资料。技术资料的引进也称为软件引进。软件引进模式要比硬件引进模式经济，但却要求引进方具备现代化的技术条件和高水平的科技人员。

1. 技术资料反求设计的特点

按技术资料进行反求设计的目的是探索和解析其中的技术秘密，再经过吸收、创新，达到快速发展生产的目的。按技术资料进行反求设计时，要首先了解技术资料反求设计的特点。技术资反求设计的特点如下：

(1) 技术资料的反求设计具有抽象性。引进的技术资料不是实物，因此其可见性差，不如实物形象直观。因此，技术资料反求设计的过程是一个处理抽象信息的过程。

(2) 技术资料的反求设计具有高度的智力性。技术资料反求设计的过程涉及运用逻辑思维深入分析技术资料，并最终通过形象思维设计出新产品。这个过程在抽象思维与形象思维之间不断切换和反复，完全依赖设计人员的脑力劳动。因此，技术资料反求设计确实具有高度的智力性。

(3) 技术资料的反求设计具有高度的科学性。技术资料的反求设计是指从技术资料的各种信息载体中提取信息，经过科学的分析和判断，去伪存真，由浅入深，逐步破译出反求对象的技术秘密，从而得到接近客观事实的真值。因此，技术资料的反求设计具有高度的科学性。

(4) 技术资料的反求设计具有很强的综合性。技术资料的反求设计需要综合运用专业知识、相似理论、优化理论、模糊理论、决策理论、预测理论、计算机技术等多学科的知识。因此，在进行技术资料反求设计时，需要具备多种专业技能的人员共同协作，才能够高效地完成任务。

(5) 技术资料的反求设计具有一定的创造性。技术资料的反求设计本身就是一种创造、创新的过程，是加快国民经济发展的重要手段。

2. 技术资料反求设计的一般过程

进行技术资料反求设计时，其过程大致如下：

(1) 论证引进技术资料进行反求设计的必要性。由于引进技术资料进行反求设计需要投入大量的时间、人力、财力、物力，因此在进行反求设计之前，要充分论证引进对象的技术先进性、可操作性、市场潜力等内容，以避免不必要的经济损失。

(2) 评估引进技术资料进行反求设计成功的可能性。由于并非所有引进的技术资料都适合进行反求设计，因此要通过评估来确定其成功反求的可能性，从而避免走弯路。

(3) 分析原理方案的可行性、技术条件的合理性。

(4) 分析零部件设计的正确性、可加工性。

(5) 分析整机的操作、维修是否安全与方便。

(6) 分析整机综合性能的优劣。

3. 产品图样的反求设计

1) 引进产品图样的目的

引进国外先进产品的图样并直接仿造生产，是我国 20 世纪 70 年代技术引进的主要目的。这种方式有助于我们洋为中用，快速发展本国经济。我国的汽车工业、钢铁工业、纺织工业等许多行业都通过这种技术引进的方式得到了显著的发展。自从实行改革开放政策以来，企业的自主权得到了增强，技术引进的规模和速度也显著增加，这进一步缩小了我国与发达国家之间的差距。然而，随着世界步入高科技主导的知识经济时代，单纯的仿造虽然能够加快发展速度，但已不足以让我们在全球竞争中保持领先地位。因此，在仿造的基础上进行深入的研究、改进和创新，研发出更为先进的产品，创造更大的经济效益，成了当前我们引进产品图样的重要目标之一。这不仅能够提升我国产业的国际竞争力，也是实现可持续发展和科技进步的必由之路。

2) 产品图样反求设计的过程

一般情况下，产品图样的反求设计比较容易，其过程简述如下：

(1) 读懂图样和技术要求。

(2) 使用国产材料代替原材料，选择适当的工艺过程和热处理方式，并据此进行强度计算等技术设计。

(3) 按我国的国家标准重新绘制生产图样，并提出具体的技术要求。

(4) 试制样机并进行性能测试。

(5) 投入批量生产。

(6) 收集产品的反馈信息。

(7) 进行改进设计，改型或创新设计新产品。

4. 专利文献的反求设计

1) 引进专利文献的目的

专利产品具有先进性、新颖性、实用性，所以专利技术越来越受到人们的重视。因此，对专利技术进行深入的分析和研究，并进行反求设计，已成为人们开发新产品的一条重要途径。无论是过期的专利技术还是受保护的专利技术，都有一定的利用价值。然而，值得注意的是，在没有专利持有人的参与或授权的情况下，直接实施专利技术可能会面临一些困难，如法律风险和技术障碍。因此，在利用专利技术时，应当尊重专利持有人的权益，确保合法合规地进行反求设计和技术创新。

2) 引进专利文献进行反求设计的基本方法

一般情况下，专利技术文档包含说明书摘要(概述产品组成与技术特性等内容)、说明书(详述专利名称、应用场合、与现有技术相比的优点、专利产品的组成原理等内容)、权利要求书(说明专利所要保护的技术内容)以及附图。对专利文献进行反求设计时主要依据这些内容。其中，权利要求书中的内容是关键技术，因此也是专利权人重点保护的内容，该内容是引进专利文献进行反求设计的主要内容。

3) 引进专利文献进行反求设计的基本过程

引进专利文献进行反求设计的基本过程如下：

(1) 根据工作的具体需要选择相关专利文献。一般情况下，同类产品的相关专利有很多，有时多达近百种。因此，对专利进行检索是必要的。

(2) 根据说明书摘要判断该专利的实用性和新颖性，从而决定是否引进该项专利技术。

(3) 结合附图仔细阅读说明书，读懂该专利的结构、工作原理。

(4) 根据权利要求书判断该专利的关键技术。

(5) 分析该专利技术能否产品化。专利虽然是一种技术成果,包括产品的实用新型专利、外观专利和发明专利，但专利本身并不等同于产品设计，因此并非所有专利都能产品化。

(6) 分析专利持有者的思维方法，以此为基础进行原理方案的反求设计。

(7) 在原理方案反求设计的基础上，提出改进方案，并完成创新设计。

(8) 进行技术设计，提交技术可行性、市场可行性报告。

6.1.3　计算机辅助反求设计

在反求过程中应用计算机辅助设计(Computer Aided Design，CAD)技术不仅可以提高产品的质量，而且还能缩短产品的设计与制造周期，降低产品的成本。特别是把计算机辅助设计、计算机辅助工艺规划(Computer Aided Process Planning，CAPP)、计算机辅助制造(Computer Aided Manufacturing，CAM)等技术集成在一起，形成柔性制造系统(Flexible Manufacturing System，FMS)，可极大提高劳动生产率和产品质量。特别是当反求具有复杂曲线或曲面形状的机械零件时，计算机辅助反求设计可完成技术人员难以做到的工作，所以计算机辅助反求设计的应用日益广泛。

机械零件计算机辅助反求设计的一般过程如下：

(1) 数据采集。在反求设计过程中，数据的测量与采集非常重要。一般利用三坐标测量仪、3D 数字测量仪、激光扫描仪、高速坐标扫描仪或其他测量仪器来测量工件的形体尺寸和位置尺寸，进而将工件的几何模型转化为由测点数据组成的数字模型。

(2) 数据处理。利用计算机中的数字化数据处理系统将大量的测点数据进行编辑处理。这一过程包括删掉奇异数据点，增加补偿点，以及对数据点进行密化和精化。

(3) 建立 CAD 模型。通过三维建模、曲线拟合、曲面拟合、曲面重构等方法及理论建立相应的 CAD 模型。

(4) 数控加工编程。在 CAD 模型建立完成后，进行数控加工编程。这一过程包括生成数控加工(Numerical Control，NC)代码和对有关数据进行刀具轨迹编程，以产生刀具轨迹。为了确保数控加工质量，CAM 系统还可以生成测头文件及程序，用于联机检验。

图 6-4 为计算机辅助反求设计框图。

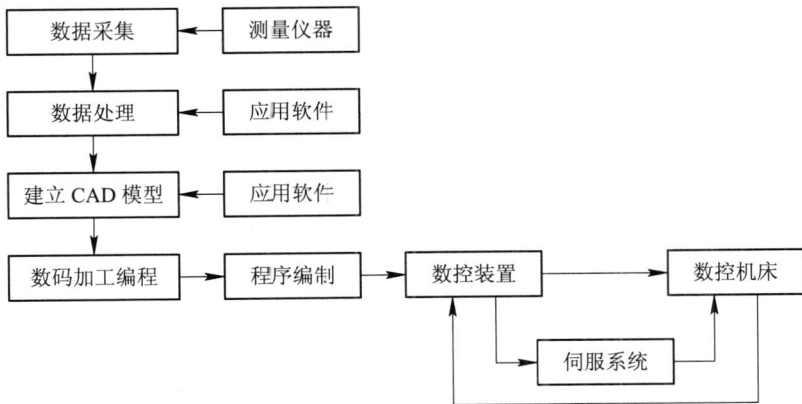

图 6-4　计算机辅助反求设计框图

6.2　绿色设计

绿色设计又称为生态设计或环境设计，是指在产品的整个生命周期中，着重考虑人与自然的生态平衡，在设计过程的每一个决策中都充分考虑产品对自然资源的利用、对环境和人的影响，以及产品的可拆卸性、可回收性、可重复利用性等，并确保产品应有的基本功能、使用寿命、经济性和质量等。绿色设计与传统设计的比较见表 6-1。

表 6-1   绿色设计与传统设计的比较

比较因素	传 统 设 计	绿 色 设 计
设计依据	依据用户对产品提出的功能、性能、质量及成本要求来设计	依据环境效益和生态环境指标，结合产品功能、性能、质量及成本要求来设计
设计人员	设计人员很少或没有考虑有效的资源再生利用及对生态环境的影响	要求设计人员在产品构思及设计阶段，就必须考虑降低能耗、资源重复利用和对生态环境的保护
设计技术工艺	在制造和使用过程中很少考虑产品回收，即使有也仅是有限的材料回收，用完后就被放弃	保证在产品制造和使用过程中可拆卸、易回收，使用无毒无害的材料并产生最少的废弃物
设计目的	为满足用户需求而设计	在满足用户需求的同时，兼顾环境保护和可持续发展的要求而设计
产品类型	传统意义上的产品	绿色产品或绿色标志产品

绿色设计具有如下特点。

(1) 绿色设计延长了产品的生命周期。它将产品的生命周期拓展到产品使用结束后的回收再利用阶段，通过优化设计和材料选择，实现产品的全生命周期管理。

(2) 绿色设计是并行闭环设计。与传统设计的串行开环设计(即从设计、制造到废弃的直线过程)不同，绿色设计在设计的各个阶段都并行考虑拆卸、回收利用及对环境的影响、耗能等过程，形成了一个闭环设计过程。

(3) 绿色设计有助于减少废弃物的产生。通过优化产品设计和材料选择，绿色设计可以从源头上减少废弃物的产生，降低对环境的负面影响，有利于保护环境。

(4) 绿色设计是一种综合系统设计方法。它涵盖了多个方面，包括绿色产品设计的材料选择、面向拆卸的绿色设计、面向回收的绿色设计、面向包装的绿色设计以及面向节约能源的绿色设计等，以实现产品的环境友好性和可持续性。

一般来讲，绿色设计应该按照以下步骤实施：

(1) 完成搜集绿色设计信息等准备工作。

(2) 确定设计目标，进行绿色需求分析。

(3) 建立核查清单，运用绿色设计工具确定绿色设计策略。

(4) 制订绿色设计方案。

(5) 进行产品详细设计，主要包括材料选择、结构设计、易于拆卸与回收设计、包装设计、节能设计等。

(6) 设计分析与评价。对产品设计的绿色性、环保性、经济性和实用性进行综合评估。

(7) 实施与完善。将设计方案付诸实践，并根据实践中的反馈进行持续改进和完善。

▷▷▷ 6.2.1   绿色设计中的材料选择

传统产品设计主要从材料的功能、性能及经济性等角度选材。绿色设计在选材时则强调选择有利于降低能耗、减小环境负荷的材料。因此，在绿色设计中选择材料时，不仅要考虑产品的性能和条件，还要考虑环境的约束准则。这意味着要选用无毒、无污染或低污染、易降解、易回收再利用的材料。绿色材料的环境约束准则见表 6-2。

表 6-2　绿色材料的环境约束准则

环境约束准则	描　　述
减少材料的种类	可降低处理废物的成本和材料成本
对材料进行必要的标识	可简化回收工作流程
无毒无害原则	选择在生产和使用过程中对人体和环境无毒害和低污染的材料
低能耗原则	优先选择制造加工过程中能量消耗少的材料，以降低生产过程中的能耗
材料易回收再利用原则	优先选用可再生材料，尽量选用回收材料，以便最大程度地利用现有资源
提高材料间的相容性	通过提高材料间的相容性，可以减少零部件的拆卸工作，实现零部件的整体回收，提高回收率

绿色材料选择的影响因素包括：

(1) 材料的力学性能，主要包括材料的强度、疲劳特性、刚度、稳定性、抗冲击性等。

(2) 材料的物理性能，主要包括热学、电气等特性，如材料的热传导性、热膨胀系数、工作温度、电阻率等。

(3) 产品的性能需求，主要考虑产品的功能、结构要求、安全性、耐蚀性及市场接受度等。

(4) 产品的使用环境因素，主要包括温度、湿度、冲击、振动等。

(5) 环境保护因素，主要包括材料在生产、使用和废弃阶段对环境的影响，如有毒有害物质的排放、能源的消耗及材料的回收性能等。

(6) 经济性因素，主要包括材料的生产成本、回收成本等。

6.2.2　面向拆卸的绿色设计及设计原则

现代机电产品不仅应具有良好的装配性能，还必须具有良好的拆卸性能。产品的可拆卸性是产品可回收性的重要条件，它直接影响着产品的可回收再生性。可拆卸设计是一种使产品容易拆卸并从材料回收和零件再利用中获得最大利润的设计方法，是绿色设计的主要内容之一。在产品设计过程中，应将可拆卸性作为设计目标之一，确保产品的结构便于装配、拆卸和回收，以达到节约资源和能源、保护环境的目的。

可拆卸设计应该遵循拆卸工作量最少原则，在满足使用要求的前提下，通过简化产品结构和外形，减少材料种类并考虑材料之间的相容性，来简化维护及拆卸回收工作。因此，可以将功能相似或结构上能够组合在一起的零部件进行合并。此外，减少组成产品的材料种类可进一步简化拆卸工作。同时，选择相容性好的材料有助于统一回收，减少拆卸分类的工作量。另外，在设计中应尽量将有毒或有害材料组成的零部件集中在一起，以便于拆卸与分类处理。

在结构可拆性方面，应尽量采用简单的连接方式，减少紧固件数量，并统一紧固件类型，以确保拆卸过程具有良好的可达性并简化拆卸动作；应采用易于拆卸或无损拆卸的连接方法，使紧固件数量最少，并确保拆卸目标零件易于接近。

易于拆卸原则要求拆卸过程快速且易于进行，其主要内容如下：

(1) 单一材料零件原则。尽量避免不同材料(如金属与塑料)的零件相互嵌入。

(2) 废液排放便利原则。在产品设计时，应考虑在拆卸前能够方便地排出废液，因此需设计易于接近的排放点。

(3) 便于抓取原则。在拆卸部件表面设计预留便于抓取的部位，以便准确、快速地取出目标零部件。

(4) 刚性零件优先原则。为方便拆卸，尽量采用刚性零件。

可拆卸设计应该遵守的原则是，既不破坏零件本身，也不破坏回收机械。这些原则主要包括以下几个内容：

(1) 一次表面处理原则：零件表面应尽量一次加工而成。

(2) 易于识别原则：应为材料提供明显的识别标志，以利于产品的分类、回收。

(3) 标准化原则：选用标准化的元器件和零部件，以利于产品的拆卸、回收。

(4) 模块化设计原则：采用模块化的产品设计，使得产品易于拆卸和回收。

(5) 产品结构可预估性原则：应避免将易老化或易被腐蚀的材料与需要拆卸、回收的材料零件组合，应防止要拆卸的零部件被污染或腐蚀。

6.3 人机工程

人机工程与造型有着密切的联系。人机工程学是一门应用生理学、心理学和其他相关学科知识，研究如何使机器与人相适应，以创造舒适且安全的工作条件，从而提高工作效率的学科。现代科学技术的发展要求机械产品具有高速、精密、准确、可靠等性能，因此，设计人员在设计产品时，必须考虑产品的形态对使用者心理和生理的影响。产品的功能只有在被使用时才能得以体现，这意味着产品功能的发挥不仅取决于产品本身的性能，还取决于产品在使用时能否与操作者实现人机间的高度协调，即是否符合人机工程学的要求。即使是最简单的产品，如果造型设计不合理，也会给使用者带来不便。对于已经成熟的产品，制造商经常通过一系列再设计进行改进，以提升其性能。这种再设计的产品与旧产品的功能相同，但更有效率、使用更方便。机电产品的造型创新设计应根据人机工程学数据进行。这些数据来源于人的行为，包括人体测量及生物力学数据、人机工程学标准与指南、市场调研所得的资料。设计师应先根据常用的人体测量数据、各部分结构参数、功能尺寸及应用原则等设计人体外形模板和坐姿模板，再根据这些模板进行产品造型设计。例如，在汽车、飞机、轮船等交通运输工具的设计中，驾驶室(或驾驶舱)、驾驶座以及乘客座椅的尺寸都是基于人体尺寸及其操作姿势或舒适的坐姿确定的。由于相关尺寸非常复杂，且人与机的相对位置要求又十分严格，为了使人机系统的设计更好地满足人的生理需求，设计师常采用人体模板来校核驾驶室的空间尺寸、方向盘的位置、操作机构的位置、显示仪表的布置等是否符合人体尺寸与规定姿势的要求。人体模板用于轿车驾驶室的设计如图 6-5 所示，我国成年男、女的人体基本尺寸图解如图 6-6 所示。

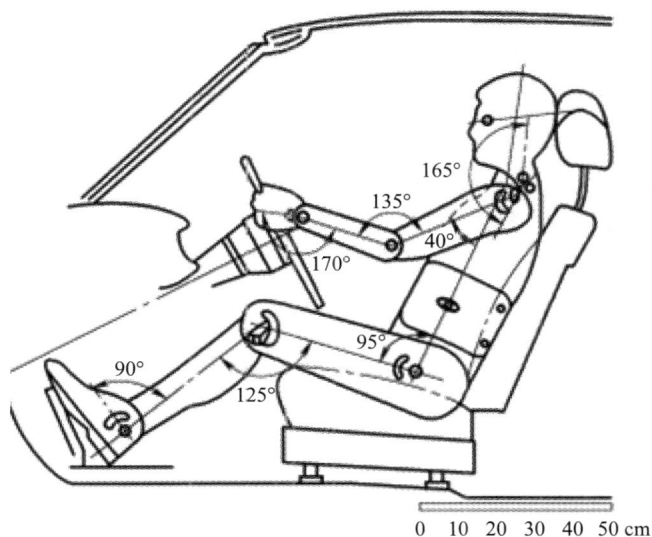

图 6-5　人体模板用于轿车驾驶室的设计

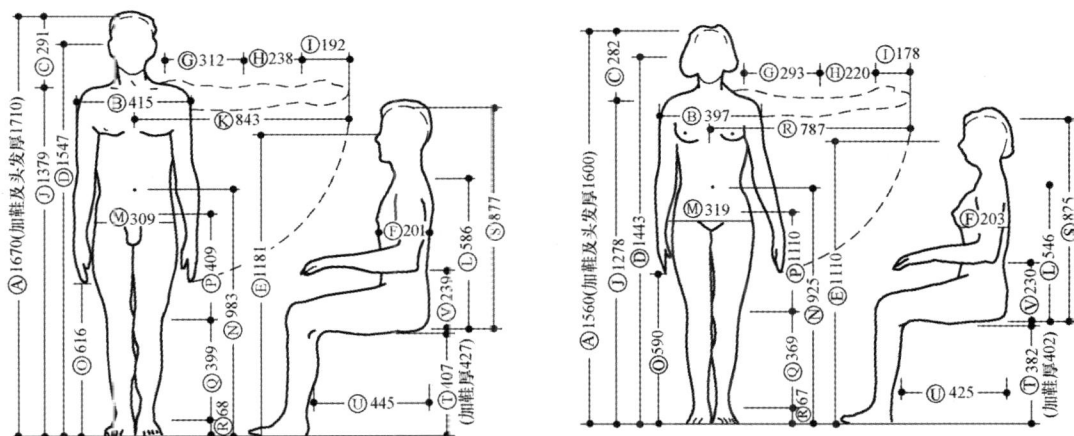

图 6-6　我国成年男、女的人体基本尺寸图解

人机工程学的显著特点在于，它在深入研究人、机、环境三个要素本身特性的基础上，不只考虑个别要素的优良性，而是将操纵"机"的人、所设计的"机"以及人与"机"所共处的环境视为一个系统来研究。在这个系统中，人、机、环境三个要素之间的相互作用、相互依存关系共同决定了系统的总体性能。人机系统设计理论旨在科学地利用三个要素之间的有机联系，以寻求系统的最佳参数，从而帮助设计师创造出人-机-环境系统功能最优化的产品。按照人机工程学原理对消费性产品进行的外形设计，是以人为中心的设计(如适合人体姿势、作业姿势的设计)，是为特殊用户提供方便的设计。例如，某机构为改进的电源插头设计增加了一对杠杆结构，从而使用户能够更方便地插拔插头；新式拐杖则通过重新设计把手外形，使其握持更为舒适，同时也便于用户从地上拾取物品。此外，为老年人与残疾人创新设计的餐具，其把手上设计有符合手指形状的弯曲，极大地提高了使用的便捷性。

在创新设计时，除考虑人机工程学外，还要考虑人体工学。人体工学主要关注如何使工具的设计最大限度地符合人体的自然形态，从而确保人们在使用工具时，身体和精神不需要做出过度的主动调整，以最大限度地减少使用工具所造成的疲劳。在产品的设计过程中，人体工学的应用无处不在，有的明显可见，有的则巧妙地融入产品的某些特定功能之中。

6.3.1　手握式工具的创新设计

在创新设计某些手握式工具时，要求这些产品既能被强力把握，又能被准确控制，也就是说，手握式工具需要适合手的形状。手是一个由骨、动脉、神经、韧带和肌腱等组成的复杂结构。手握式工具的设计应满足以下要求：有效地实现预定的功能；与操作者身体成适当比例，使操作者发挥最大效率；按照操作者的力度和作业能力进行设计，所以要适当地考虑到操作者性别、训练程度和身体素质上的差异。

当操作者使用手握式工具时，若长时间上举臂膀或抓握，则会使肩、臂及手部肌肉承受静负荷，导致疲劳，降低作业效率。因此，手握式工具的设计应确保操作者的手腕处于自然顺直状态，腕关节处于放松状态。当手腕被迫处于掌曲、背屈等不自然状态时，会造成腕部酸痛、握力减小，长时间这样操作会引起腱鞘炎。另外，在操作者使用手握式工具时，有时需要手部施加相当大的力。好的手柄设计应该有较大的接触面，以便压力能够均匀分布在手掌上。如果工具设计不当，则会在手部产生很大的压力，从而影响血液循环，导致手部麻木和刺痛。在设计手握式工具时，如果频繁地使用单一指头操作控制器，则会引起腱鞘炎。因此，设计时应尽量避免手指的重复动作。总之，手握式工具的设计是一项复杂的人机工程学作业。遵照"便于使用"的原则，设计合理的手柄能让操作者在使用工具时保持手腕自然伸直，从而避免腱、腱鞘、神经和血管等组织承受过大的负荷。一般来说，曲形手柄可减轻手腕的张紧度。例如，使用普通的直柄尖嘴钳(如图 6-7(a)所示)通常会导致手腕弯曲施力，对其进行改进，使尖嘴钳的手柄弯曲以代替手腕的弯曲(如图 6-7(b)所示)，可以有效缓解这一问题。

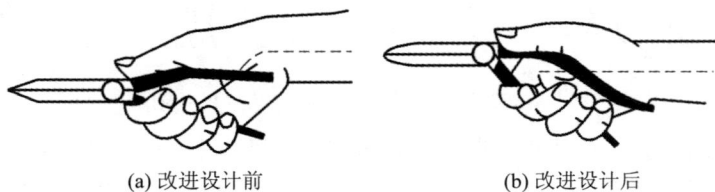

(a) 改进设计前　　　　　　　(b) 改进设计后

图 6-7　尖嘴钳的设计

6.3.2　操纵装置的创新设计

操纵装置是用于把人的操作信息传递给机器，以调整、改变机器状态的装置。操纵装置将操作者的输入信息转换成机器可识别的输入信号，所以，在设计操纵装置时，首先要考虑操作者的体形、生理特征、心理需求、体力和操作能力。操纵装置的大小、形态要适合手或脚的运动特征，其用力范围应当设定在人体的最佳用力范围内。同时，频繁使用的操纵装置应布置在操作者反应最灵敏、操作最方便、肢体能够达到的范围内。设计操纵装置时还要考虑装置本身的耐用性、运转速度、外观、操作方式等。操纵装置作为人机系统中的重要组成部分，其设计合理与否直接关系到系统的安全运行。

操纵装置按操纵方式的不同可分为手动操纵装置和脚动操纵装置。其中，手动操纵装置按其运动方式的不同可分为三类：旋转式操纵器、移动式操纵器、按压式操纵器。脚动操纵装置包括脚踏、脚踏钮、膝控制器等。

1. 旋转式操纵器

旋转式操纵器包括手轮、旋钮、摇柄、十字把手等，其可以用于改变系统的工作状态、调节或追踪操纵，也可将系统的工作状态保持在规定的工作参数上。

2. 移动式操纵器

移动式操纵器包括按钮、操纵杆、手柄和刀闸开关等，其可用于将系统从一个工作状态转换到另一个工作状态，或用于紧急制动，具有操作灵活、动作可靠等特点。

3. 按压式操纵器

按压式操纵器包括各式各样的按钮、按键等，具有占地小、排列紧凑等特点。但按压式操纵器通常只有两个工作位置：接通或断开，故其常用在机器的启动、停止、制动等控制上。

在常用的操纵器中，进行一般操作时并不需要使用最大的操纵力。但操纵力也不宜太小，因为用力太小会导致操纵精度难以控制。同时，如果用力过小，则操作者不能从操纵过程中获得关于操纵量大小的反馈信息，这不利于实现正确操纵。从能量的角度来看，在不同的用力条件下，当操作者使用最大肌力的一半和最大收缩速度的 1/4 进行操作时，能量利用率达到最高，这样即使其较长时间工作也不会感到疲劳。因此，操纵器的用力大小应当成为操纵器设计中必须着重考虑的问题之一。

操纵器的用力大小与操纵器的性质和操纵方式有关。对于需要快速操作但精度要求不高的工作，操纵力应设计得较小；如果操纵精度要求很高，则操纵器应具有一定的阻力。另外，某些操纵器的操纵要求操作者的施力部位长时间保持在特定的位置，这称为静态操纵。静态操纵的特点是肌肉的工作状态相对稳定，相应的关节固定在空间的某一确定位置。由于肌肉在这种状态下持续紧张，随着时间的延长，会出现抖动(这是静疲劳的外表现象)，且负荷越大、肢体越外伸，越易出现抖动。当进行静态施力时，肌肉供血受阻的程度与肌肉收缩产生的力成正比。研究表明，当用力大小达到肌力的 60%时，血液输送几乎会中断；当用力较小时，仍能保证部分血液循环。因此，为了使必要的静态施力能够坚持较长时间而不导致疲劳，最好使其保持在人体最大肌力的 15%～20%之间。

第 7 章

仿生创新设计

7.1 仿生设计的原理

从古至今，人类一直都在研究自然界生物的结构特性、运动特性与力学特性，进而设计出模仿这些生物特性的新材料或新装置，并取得了非常丰硕的创新成果。本章主要讨论仿生机械学中的一些基础问题，包括仿生设计的"三步曲"、模仿动物步行的创新设计、模仿动物游动的创新设计、模仿动物飞行的创新设计等基础知识。这些内容为读者学习创新设计提供了一个开阔的思路。

7.1.1 仿生学与仿生机械学

仿生学(Bionics)是研究生物系统的结构和性质，并据此为工程技术提供新的设计思想、工作原理和系统构成的科学。仿生学是生命科学、物质科学、信息科学、脑科学、认知科学、工程技术、数学、力学以及系统科学等的交叉融合。它基于模仿生物的结构和功能的基本原理，将这些原理模式化，再应用于新技术设备的设计与制造，使人造技术系统具有类似生物系统的特征。仿生学与机械学相互交叉、渗透，形成了仿生机械学。仿生机械学主要是从机械学的角度出发，研究生物体的结构、运动与力学特性，进而设计出类生物体的机械装置。当前，仿生机械学的主要研究内容包括拟人型机械手、步行机、假肢，以及模仿鸟类、昆虫和鱼类等生物的机械结构、运动学与动力学设计和控制等问题。本节主要从机械仿生的角度介绍仿生与创新设计之间的关系，并探讨相关的创新设计思路。

1. 仿生学简介

仿生学研究方法的突出特点就是广泛地运用类比、模拟和模型方法，以理解生物系统的工作原理，而非直接复制每一个细节，其核心目标是实现特定的功能。在仿生学研究中，存在三个相互关联的方面，即生物原型、数学模型和硬件模型。生物原型是基础，硬件模型是目的，而数学模型则是两者之间必不可少的桥梁。

仿生学的研究内容主要包括机械仿生、力学仿生、分子仿生、化学仿生、电子仿生、信息与控制仿生等。

1) 机械仿生

机械仿生是指研究动物体的运动机理，模仿动物在地面的走和跑、在地下的行进、在墙面的攀爬、在空中的飞、在水中的游等运动方式，并运用机械设计方法研制各种运动装置。机械仿生是我们学习的主要内容。

2) 力学仿生

力学仿生是指研究并模仿生物体总体结构与精细结构的静力学性质，以及生物体各组成部分在体内相对运动和生物体在环境中运动的动力学性质。例如，模仿贝壳建造的大跨度薄壳建筑和模仿股骨结构建造的立柱，既消除了应力特别集中的区域，又可用最少的建材承受最大的载荷。军事上模仿海豚皮肤的沟槽结构，把人工海豚皮包敷在船舰外壳上，可减少航行湍流，提高航速。

3) 分子仿生

分子仿生是指模仿动物的脑和神经系统的高级中枢的智能活动、生物体中的信息处理过程、感觉器官、细胞之间的通信、动物之间的通信等，研制出人工神经元电子模型和神经网络、高级智能机器人、电子蛙眼、鸽眼雷达系统以及模仿苍蝇嗅觉系统的高灵敏度小型气体分析仪等。例如，根据象鼻虫视动反应原理制成的"自相关测速仪"可用于测定飞机的着陆速度。

4) 化学仿生

化学仿生是指模仿光合作用、生物合成、生物发电、生物发光等自然过程。具体来说，研究人员通过模仿植物叶片的光合作用，研究出了制氧设备；模仿植物叶片的吸附作用，设计出了空气净化器；模仿萤火虫通过自身荧光素和荧光酶作用发出冷光的现象，研制出了节能冷光源灯泡；模仿某些植物(例如洋槐树)通过叶、皮、根等分泌化学物质以抑制周围其他植物生长的能力，研制出了绿色除草剂；利用有些昆虫通过分泌、释放微量化学物质(例如性外激素)的信息传递方式，以实现觅偶、标迹、聚集等活动，研制出了仿生农药。

5) 电子仿生

模仿青蛙眼睛能迅速识别所喜欢吃的飞虫的机理，研究人员设计出了电子蛙眼。将电子蛙眼和雷达技术相结合，所形成的系统就可以像蛙眼一样，对运动中的物体很敏锐，对静止的物体却视而不见。这种结合使得系统能够敏锐且迅速地跟踪飞行中的真实目标，为反导系统的设计奠定了重要基础。模仿变色龙皮肤随周围环境改变肤色的机理，研究人员设计出了模仿变色龙的弹性电子皮肤。这种电子皮肤能够根据不同的环境或需求改变颜色或表面特性，在人工假肢、智能机器人等领域有着广泛的应用。

6) 信息与控制仿生

信息与控制仿生是指模仿动物体内的稳态调控、肢体运动控制、定向与导航等机制。例如，研究人员通过研究蝙蝠和海豚的超声波定位系统，蜜蜂的"天然罗盘"，鸟类和海龟等动物的星象导航、电磁导航和重力导航，为无人驾驶的机械装置在运动过程中提供了有效的导航和方向指引。

2. 仿生机械学简介

随着仿生学中机械仿生的快速发展，逐渐形成了一个专门研究仿生机械的学科，称为仿生机械学。它是 20 世纪 60 年代末期由生物力学、医学、机械工程、控制论和电子技术等学科相互渗透、结合而成的一门交叉学科。通过研究、模拟生物系统的信息处理、运动机能以及系统控制机制，并结合机械工程方法论将其实用化，仿生机械学在医学、国防、电子、工业等领域展现出了巨大的应用潜力，可产生巨大的经济效益。仿生机械学的主要研究领域有生物力学、控制体和机器人学。生物力学研究生命的力学现象和规律，包括生物体材料力学、生物体机械力学和生物体流体力学；控制体则根据从生物体了解到的知识构建出可由人脑控制的工程技术系统，如机电假手等；机器人学则专注于用计算机控制的工程技术系统。

按照仿生机械学的研究内容，可将其归纳为功能仿生、结构仿生、材料仿生以及控制仿生等几个方面。长期以来，人类一直对自然界中生物所具有的非凡特性感到羡慕和好奇。例如，鸟为什么能在空中飞，鱼为什么能在水中游，没有腿的蛇为什么能在地面运动，蚂蚁为什么能拖动大于自身重量 500 倍的物体，跳蚤为什么能跳过超过自身身高 700 倍的高度，蚯蚓为什么能在污泥中穿行而保持身体清洁等问题，都引发了人们无尽的思考。把自然界生物体的特性引入人类生活中，成了人们的追求目标，并逐渐构成了仿生机械学的研究内容。

根据人类历史上仿生的经验与教训，在运用仿生学的基本知识进行创新活动时，必须牢记以下几个要点：

(1) 仿生机械的设计建立在对生物体深入解剖的基础上，需要了解其具体结构，利用高速影像系统记录并分析其运动情况。随后运用机械学的设计与分析方法，完成仿生机械的设计，这一过程需要多学科知识的交叉与融合。

(2) 生物的结构与运动特性只能为人们开展仿生创新活动提供启示，人们不能采取照搬式的机械仿生。例如，人类曾试图模仿鸟类的飞行，他们在双臂上各捆绑一个翅膀并从高山上跳下，却导致了悲剧的发生。这是因为人的双臂肌肉并未进化到鸟翅肌肉的发达程度，无法克服人体的自重。飞机的发明则经历了从简单的机械模仿到科学仿生的转变，同样，蛙泳的动作也是经过科学仿生优化的结果。

(3) 在仿生设计中，应注重功能目标，力求结构简单。生物体的功能与实现这些功能的结构是经过长时间进化逐渐形成的，有时追求结构仿生的完全一致性是不必要的。例如，人的每只手有 14 个关节和 20 个自由度，如果完全仿人手的结构来设计机械手，则会导致结构复杂、控制困难。因此，二指和三指的机械手在工程上应用更广泛。

(4) 仿生设计的结果具有多样性，我们要选择那些结构简单、工作可靠、成本低廉、使用寿命长且易于制造和维护的仿生机构方案。

(5) 仿生设计的过程也是一个创新的过程，我们要注意形象思维与抽象思维的结合，打破定势思维，并运用发散思维来解决问题。

7.1.2 仿生设计的"三步曲"

1. 仿生设计的步骤

在进行仿生设计时，一般遵循"三步曲"的设计流程，将设计从生物原型转化为实物模型，具体步骤如下：

(1) 选择生物原型，去除不影响设计目标的非关键因素。

(2) 建立生物模型，对生物模型进行必要的简化，以确定满足设计要求的生物模型。

(3) 将生物模型转换为实物模型，并进行现场测试。

2. 仿生机械的设计实例

1) 仿生四足步行机器人

(1) 选择生物原型。选择狗为生物原型：观察和研究活体大狗的骨骼系统，去掉皮毛、内脏等不影响设计目标的非关键因素，从而确定最终的生物原型，如图 7-1 所示。

图 7-1　大狗的生物原型

(2) 建立生物模型。把大狗的生物原型转换为生物模型，仿生机械学中的生物模型表现为机构运动简图。再把原始机构运动简图转换为实际应用的机构运动简图。建立大狗的生物模型如图 7-2 所示。

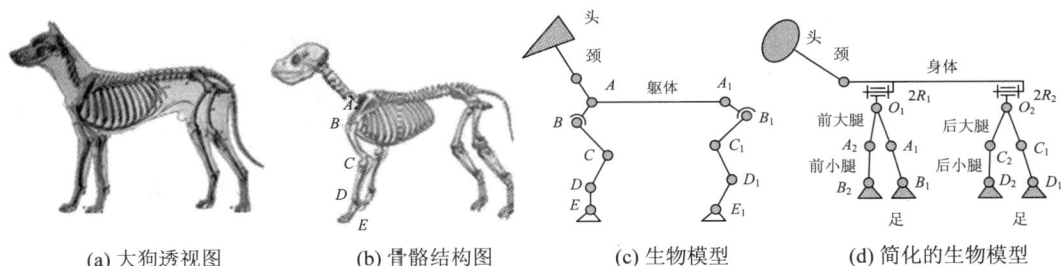

(a) 大狗透视图　　　　(b) 骨骼结构图　　　　(c) 生物模型　　　　(d) 简化的生物模型

图 7-2　建立大狗的生物模型示意图

(3) 将生物模型转换为实物模型。将先前建立的大狗的生物模型转换为实物模型，即制造实物模型样机并进行现场测试，以验证其功能和性能。由于仿生设计具有多解性，实物模型中的设计元素，如转动关节、连杆机构型关节以及外形等，均可以根据具体需求和实现条件进行不同的选择和实现。如图 7-3 所示为仿生四足步行机器人。

图 7-3　仿生四足步行机器人

2) 仿生机器鱼

(1) 选择生物原型。选择鲤鱼为生物原型：观察和研究活体鲤鱼的骨骼系统，从而确定最终的生物原型，如图 7-4(a) 所示。

(2) 建立生物模型。把鲤鱼的生物原型转换为生物模型，如图 7-4(b) 所示。

(a) 鲤鱼的生物原型　　　　　　　　　　　　　　　　　(b) 鲤鱼的生物模型

图 7-4　鲤鱼的生物原型和生物模型

(3) 将生物模型转换为实物模型。将先前建立的鲤鱼的生物模型转换为实物模型，并进行现场测试。仿生机器鱼如图 7-5 所示。

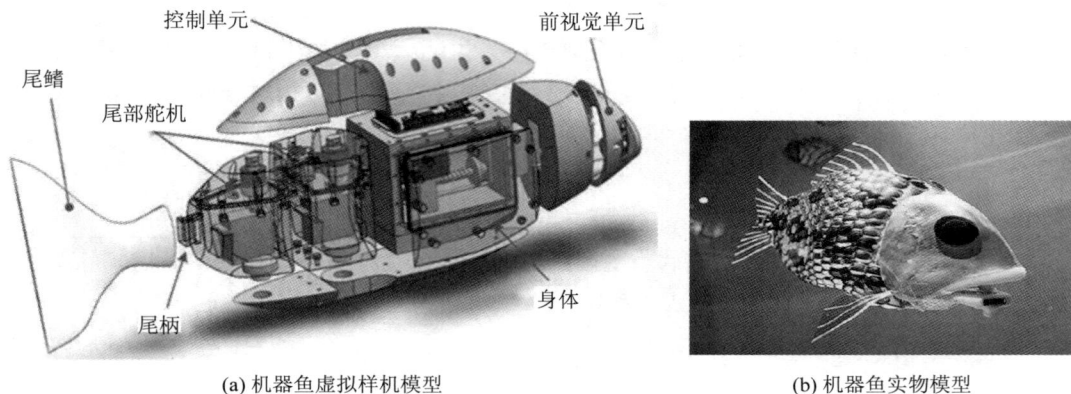

(a) 机器鱼虚拟样机模型　　　　　　　　　　　　　　(b) 机器鱼实物模型

图 7-5　仿生机器鱼

7.2　几种常见的仿生设计

仿生机械是模仿生物的形态、结构和控制原理，设计并制造出的功能更集中、效率更高且具有生物特征的机械。通过将生物系统中可能应用的优越结构和物理学的特性相结合，人类有可能开发出在某些性能上超越自然界原有体系的仿生机械。

7.2.1　仿生动物步行的创新设计

运动是生物的最主要特性之一，而且往往呈现出"最优"的状态。据调查，地球上近一半的地面是传统的轮式或履带式车辆难以到达的，而很多足式动物却可以在这些地面上行走自如。这给人们一个启示：有足运动具有其他地面运动方式所不具备的独特优越性能。有足运动的优越性能具体如下。

(1) 有足运动具有较好的机动性，其立足点是离散的，因此对不平地面有较强的适应能力，可以在可能到达的地面上最优地选择支撑点。此外，利用有足运动方式，有足动物可以穿过松软地面(如沼泽、沙漠等)并跨越较大的障碍(如沟、坎和台阶等)。

(2) 有足运动具有主动隔振的特性，即允许机身运动轨迹与足运动轨迹解耦。即使在地面高低不平的情况下，机身运动仍可以做到相当平稳。

(3) 有足运动在不平地面和松软地面上的运动速度较快，而能耗较低。

在研究有足动物时，观察与分析腿的结构与步态非常重要。例如，人的膝关节运动时，小腿相对于大腿是向后弯曲的；而鸟类的腿部运动则与人类的相反，其小腿相对于大腿是向前弯曲的。这些独特的结构是在长期的进化过程中，为了适应各自特定的运动需求而逐渐形成的。图 7-6 所示为人类与鸟类两足步行状态的示意图。

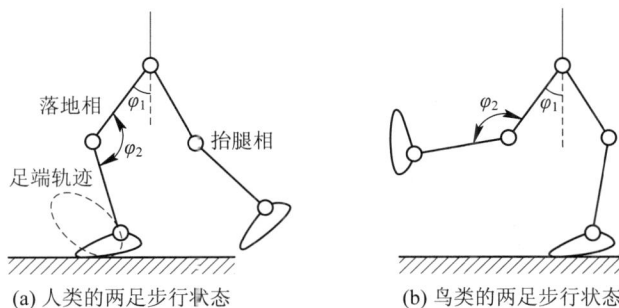

(a) 人类的两足步行状态　　　　　(b) 鸟类的两足步行状态

图 7-6　人类与鸟类两足步行状态示意图

两足动物和四足动物的腿部结构大多采用简单的开链结构，多足动物的腿部结构可以采用开链结构，也可以采用闭链结构。图 7-7(a)所示为多足动物的仿生腿结构示意图，图 7-7(b)所示为仿四足动物的机器人腿部结构示意图。拟人型步行机器人的有足运动仿生可分为两足步行运动仿生和多足运动仿生。其中，两足步行运动仿生由于具有更好的适应性且最接近人类的运动方式，故已被称为拟人型步行仿生。

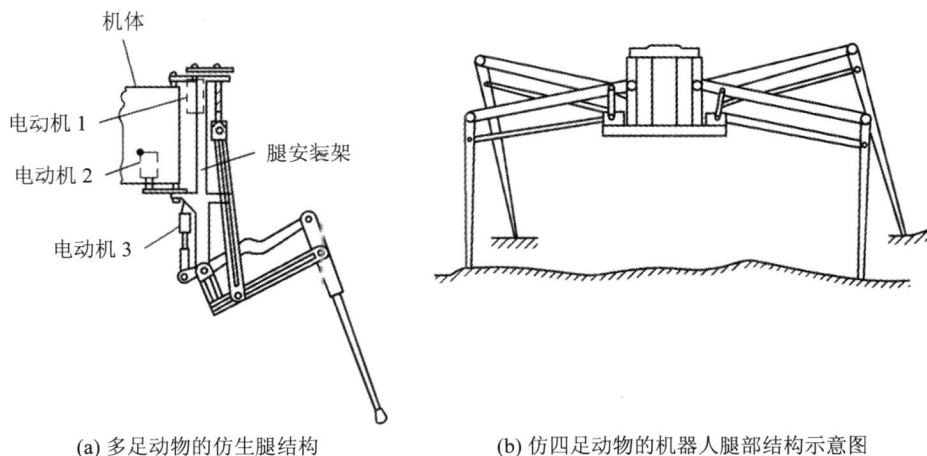

(a) 多足动物的仿生腿结构　　　　　(b) 仿四足动物的机器人腿部结构示意图

图 7-7　多足动物的仿生腿结构示意图

1. 生物步行运动的分类

步行是生物的一种移动方式，指通过附肢(如腿或足)的交替摆动和蹬地动作来实现身体在地面上的移动，这种方式常见于节肢动物和陆生脊椎动物。

1) 按步行方式分类

按照步行方式的不同,步行运动可分为走行和爬行两种。其中,腿向身体躯干正下方伸出,与身体重心方向一致的,可以完全支撑其体重的步行方式称为走行。例如,人、马、鸡等动物的运动都属于走行。而腿由身体两侧向外伸出,不能完全支撑其身体重量,在运动时经常腹部着地,腿在身体外侧拨动地面的步行方式称为爬行。例如,蚂蚁、蜥蜴、壁虎等动物的运动都属动爬行。如图 7-8 所示为常见的步行动物。

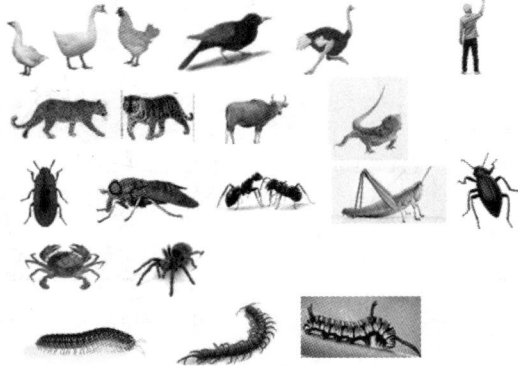

图 7-8   常见的步行动物

2) 按步行的腿或足数量分类

按照步行的腿或足数量的不同,步行运动可分为两足步行、四足步行、六足步行、八足步行等。仿生步行机器人按照步行的腿或足数量的不同可以分为两足仿生步行机器人、四足仿生步行机器人、六足仿生步行机器人、八足仿生步行机器人等。如图 7-9 所示为大学生机械创新设计大赛的作品——四足仿生机械马和六足仿生机械甲虫。

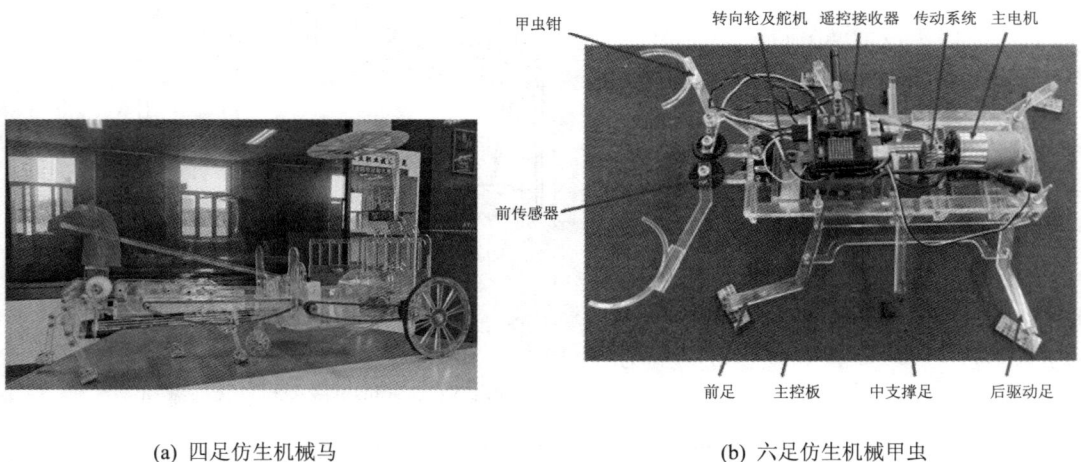

(a) 四足仿生机械马   (b) 六足仿生机械甲虫

图 7-9   大学生机械创新设计大赛的作品

2. 多足仿生步行机器人

多足仿生步行机器人一般是指模仿具有四足、六足和八足等动物的仿生步行机器人,其中常用的是四足和六足仿生步行机器人。如图 7-10(a)所示,四足仿生步行机器人在行走时，一般要保证至少三足着地，且其重心水平投影必须在三足着地点形成的三角形平面内部，以确保机体的稳定性。因此，四足仿生步行机器人的行走速度较慢，通常应用于对速度要求不高的场合，如在海底行走的钻井平台的四足行走机构。

多足仿生步行机器人就是模仿具有四足以上动物的运动情况而设计的机器人机构。多足仿生步行机器人机构设计是整个系统设计的基础。在进行多足仿生步行机器人机构设计之前，对生物原型的观察与测量是设计的基础环节和必要步骤。例如，通过对昆虫的运动进行观察与分析实验，一方面可以了解昆虫躯体的组成、各部分的结构形式以及腿部关节的结构参数；另一方面可以研究昆虫的站立、行走姿态，确定昆虫在不同地形上的步态、位姿以及位姿变化时的受力状况。

通过对仿生步行机器人足数与性能的定性评价，同时考虑机械结构的简单性和控制系统的简单性，再加上对蚂蚁、蟑螂等昆虫的观察分析，可以发现昆虫具有出色的行走能力和负载能力。因此，六足仿生步行机器人(如图 7-10(b)所示)得到了广泛的应用，它们可以具有高速稳定的行走能力和较大的负载能力。多足仿生步行机器人的腿采用了正向对称分布的设计。

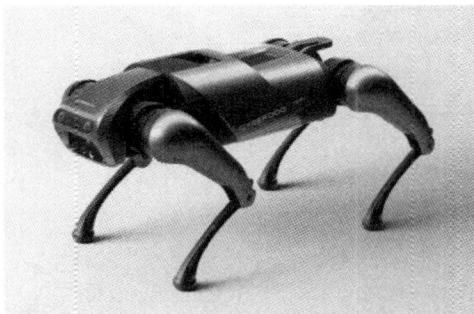

(a) 四足仿生步行机器人   (b) 六足仿生步行机器人

图 7-10 多足仿生步行机器人

六足仿生步行机器人常见的步行方式是三角形步态。如图 7-11 所示，在三角形步态中，六足仿生步行机器人身体一侧的前足、后足与另一侧的中足共同组成支承相或摆动相，处于同相的三条腿的动作完全一致，即三条腿支承，另外三条腿抬起进行换步。当某条腿抬起时，从躯体上看，该条腿呈现开链结构。而同时着地的三条腿或六条腿与躯体构成并联多闭链多自由度机构。

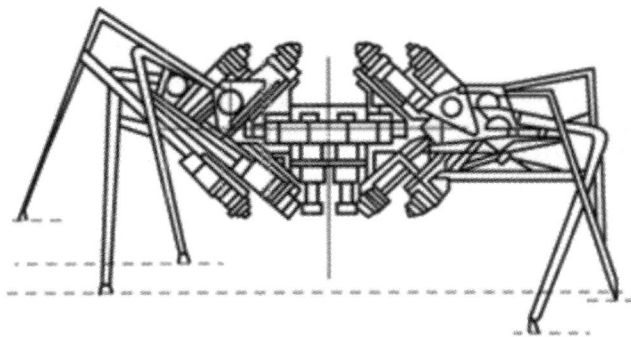

图 7-11 六足仿生步行机器人的三角形步态

3. 步行机械腿及其设计

步行机械腿可分为连杆型机械腿、关节型机械腿和连杆、关节组合型机械腿，下面重点介绍关节型机械腿和连杆型机械腿。

1) 连杆型机械腿

连杆型机械腿可分为四杆机构型机械腿、液压驱动型机械腿和多杆机构型机械腿。四杆机构型机械腿虽然结构简单，但不能准确实现复杂的足端运动轨迹。

(1) 四杆机构型机械腿。如图 7-12(a)所示，三角形连杆上的点 P 为足端，机构尺寸可按给定的行走曲线进行设计。此类机构型机械腿的刚度大，因此六足及以上步行机械常采用此类机构。在如图 7-12(b)所示的四杆机构型机械腿中，连杆呈杆状，连杆上的 E 点为足端。此类机构型机械腿轻便灵活，在步行机械中最为常用，尤其适用于四足到八足的仿生机械。图 7-12(c)所示的曲柄摆块机构也是一种常用的机构，此类机构常用于两足步行机械的连杆型机械腿。

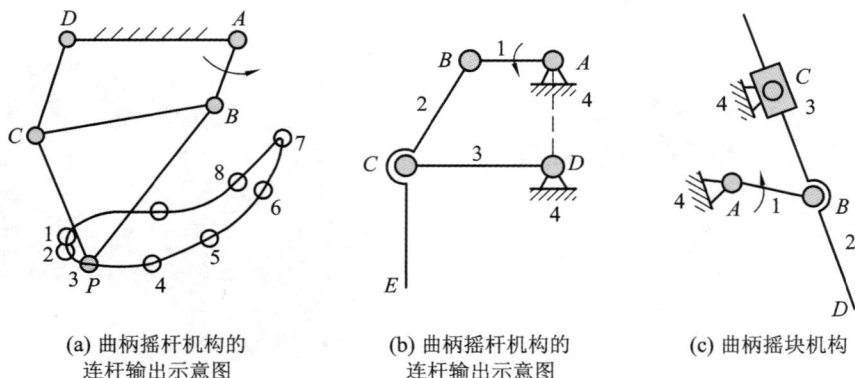

(a) 曲柄摇杆机构的　　　　(b) 曲柄摇杆机构的　　　　(c) 曲柄摇块机构
连杆输出示意图　　　　　　连杆输出示意图

图 7-12　几种常见的四杆机构型机械腿

在仿生机械的步行机构中，经常采用铰链四杆机构和曲柄摆块机构。这些连杆型机构构成的机械腿一般具有单自由度，因此控制容易，工作也更可靠。四杆机构型机械腿的应用如图 7-13 所示。

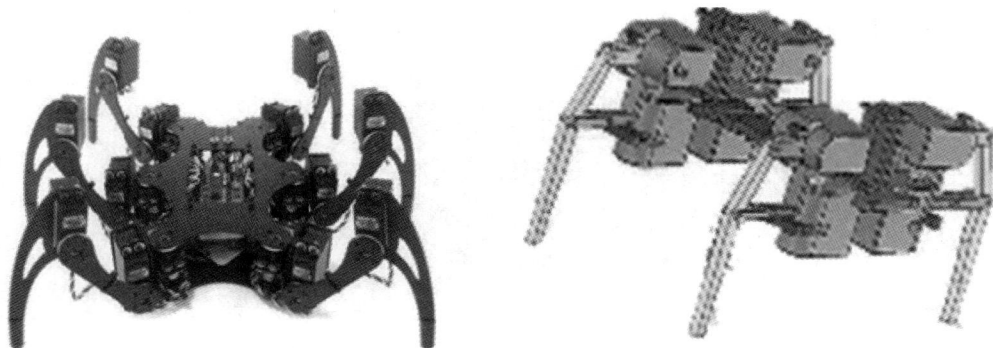

图 7-13　四杆机构型机械腿的应用

(2) 液压驱动型机械腿。虽然机械腿一般采用电动机驱动，但一些重载机器人的步行机构经常采用液压驱动，如图 7-14 所示的机械腿就采用了液压驱动。图 7-14(a)和图 7-14(b)所示分别为四足和两足仿生步行机器人采用液压驱动型机械腿的部分结构。液压驱动型机械腿具有动力强、刚度好等优点，但是也具有体积大的缺点。

<table>
<tr><td>(a) 四足仿生步行机器人的液压驱动型机械腿</td><td>(b) 两足仿生步行机器人的液压驱动型机械腿</td></tr>
</table>

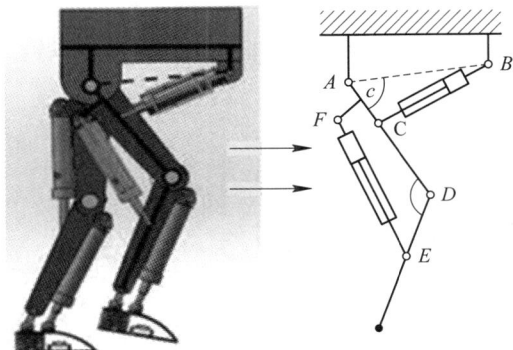

图 7-14　液压驱动型机械腿

(3) 多杆机构型机械腿。为了实现更为逼真的行走曲线，机械腿经常采用多杆机构设计。实际上，多杆机构是在四杆机构的基础上，通过机构组合原理来实现的。图 7-15(a)所示为多杆机构型机械腿的一个行走周期，图 7-15(b)所示为对应的机构简图。从机构简图中可以看出，在曲柄摆块机构的基础上再连接一个 II 级杆组 EF，即组成了一个六杆机构。该机构的腿部由杆件 EBD 构成，其中点 D 为足端，其运动轨迹更加接近真实的生物步态，因此更加逼真。

在如图 7-16 所示的复杂的四足步行机构中，四杆机构 $ABCD$ 和四杆机构 $ABGD$ 组成了并联机构系统。在这个系统中，两个输出构件 CD 和 DG 通过一个 III 级杆组 EFG 进行封闭连接，以得到点 H 的理想运动轨迹。

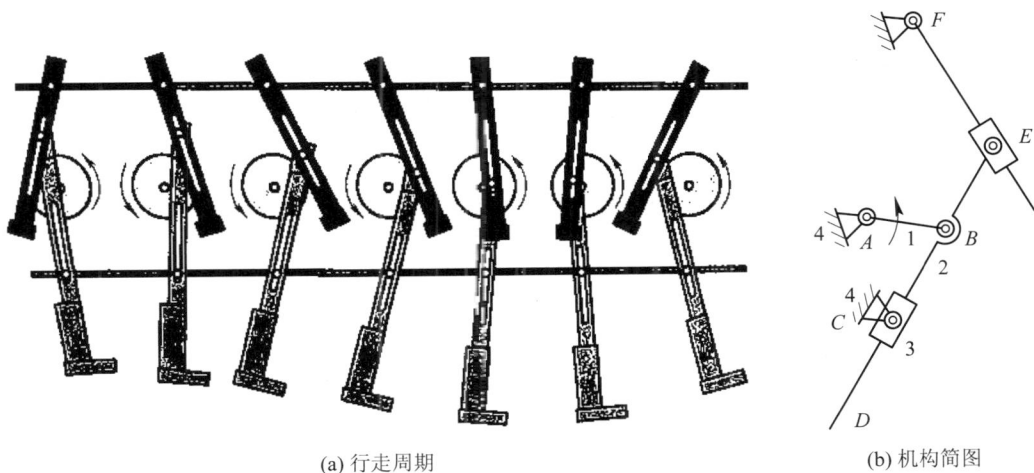

<table>
<tr><td>(a) 行走周期</td><td>(b) 机构简图</td></tr>
</table>

图 7-15　多杆机构型机械腿

(a) 单个腿部机构

(b) 四足步行机构

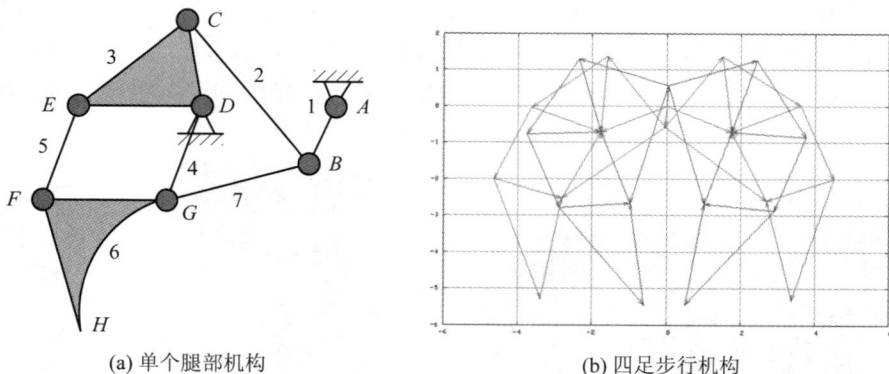

图 7-16   四足步行机构示意图

2) 关节型机械腿

关节是指两构件之间的可动连接部分，常见的关节类型包括球面副、球销副和转动副。其中，转动副可直接由电动机驱动，具有设计容易、结构简单、控制方便等特点，在步行机械腿中有广泛的应用，特别是在仿生步行机器人中最为常见。转动副关节型机械腿的尺度综合通常比较简单，一般以动物的腿部尺寸作为参考。转动副关节型机械腿的设计难点是位姿控制和各腿之间的时序控制，也就是步态控制。

图 7-17(a)为人类的腿部骨骼结构，它是典型的转动副关节结构，图 7-17(b)为对应的机构简图。在工程应用中，大腿根部的髋关节虽然是一个球销副 S'，但出于设计的简便性和实用性考虑，经常用两个单自由度的转动副来代替。

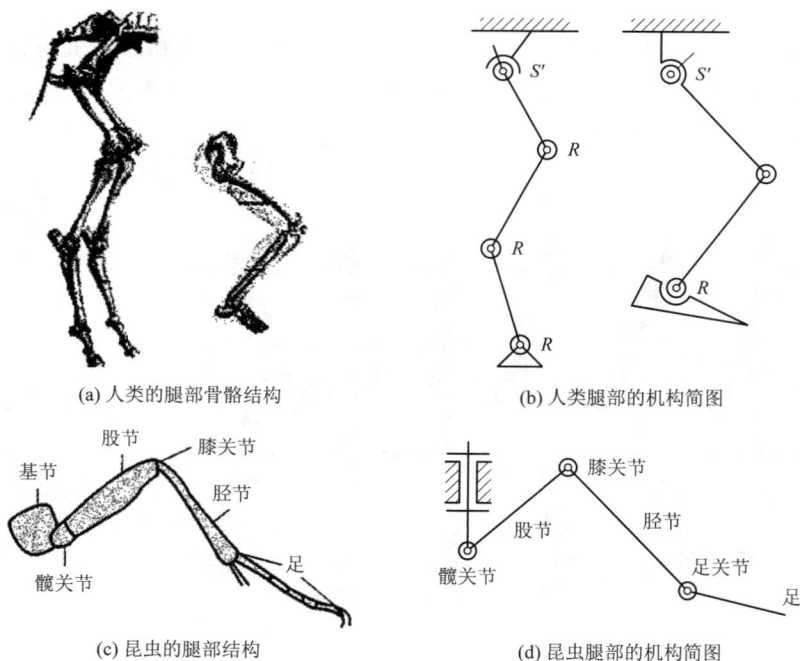

(a) 人类的腿部骨骼结构

(b) 人类腿部的机构简图

(c) 昆虫的腿部结构

(d) 昆虫腿部的机构简图

图 7-17   关节型机械腿示意图

图 7-17(c)为昆虫的腿部结构，图 7-17(d)为对应的机构简图，这种机构设计可应用于四

足、六足、八足及以上的步行机械腿机构中。

关节型机械腿由于其独特的优点，在仿生机械中得到了广泛的应用。如图 7-18(a)所示的两足关节型机器人、图 7-18(b)所示的四足关节型机器人和图 7-18(c)所示的六足关节型机器人中均采用了关节型机械腿。

步行动物的髋关节通常可以视为一个具有两个自由度的球铰副，但为了简化控制，常采用两个单自由度的转动副来代替一个球铰副。在图 7-18(d)所示的四足关节型机器人的机构中，转动副 1 与 5、2 与 6、3 与 7、4 与 8 分别模拟了四条腿上的髋关节，从而代替了原本的四个球铰副。此外，每条腿的运动副数量也进行了简化处理，通常忽略了脚踝部分的转动副。

在图 7-18(e)所示的六足关节型机器人的机构中，六个髋关节同样通过转动副来模拟。但值得注意的是，这些直接与身体连接的转动副的轴线与真实走行动物髋关节的轴线可能存在差异，这种差异主要是为了适应机器人的机构设计需求和运动特性。

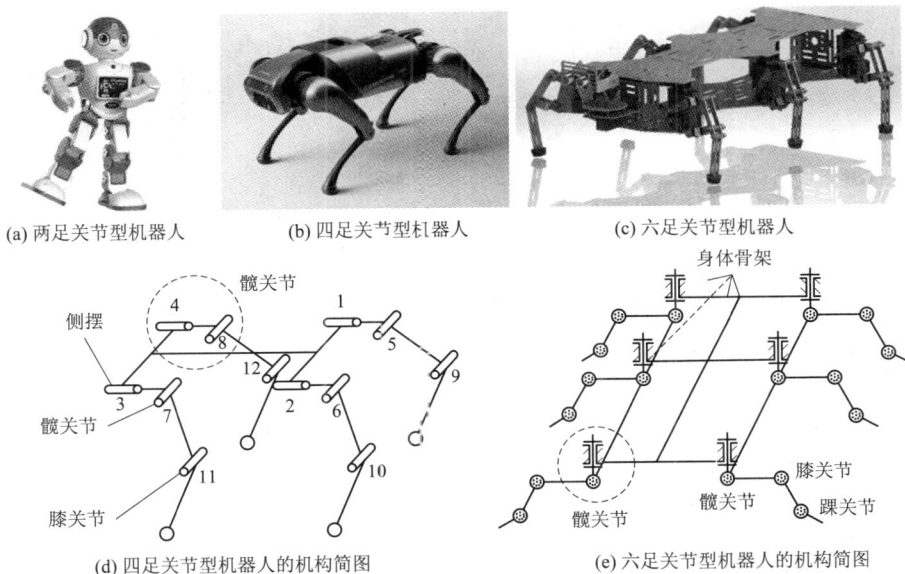

(a) 两足关节型机器人　　(b) 四足关节型机器人　　(c) 六足关节型机器人

(d) 四足关节型机器人的机构简图　　(e) 六足关节型机器人的机构简图

图 7-18　关节型机械腿的应用

7.2.2　仿生动物飞行的创新设计

可以飞行的动物种类繁多，主要包括昆虫、鸟类和少数的哺乳动物。人们一直梦想着能够在天空自由翱翔。通过对鸟类的生理结构和飞行原理等方面进行研究，人类获得了灵感，并最终成功地实现了乘飞机飞行的梦想。与鸟类相比，昆虫具有更大的机动灵活性。因此，对昆虫生理结构和飞行机理的研究，将有利于人类设计出具有更高飞行灵活性和自由度的新型飞行器——仿生飞行机器人。

仿生飞行机器人通常具有尺寸小、便于携带、行动灵活和隐蔽性好等特点。近年来，随着昆虫空气动力学和电子机械技术的飞速发展，各国纷纷开始研究拍翅飞行的仿生飞行机器人。目前，仿蝴蝶、蜻蜓等昆虫的飞行机器人已经问世，这使得仿生飞行机器人成为机器人研究领域中一个活跃且前沿的方向。

1. 昆虫

昆虫是动物界中最早获得飞行能力的动物之一。昆虫飞行的能力和技巧的多样性，主要归因于它们翅膀的多样性和翅膀运动模式的复杂性。昆虫可以快速改变运动方向，保持精确的高度控制。它们能够垂直起飞或着陆，在空中盘旋数秒，进行倒飞，甚至可以进行上下翻滚的飞行动作，同时仅消耗极少的能量。

会飞的昆虫(如蜻蜓(见图 7-19(a))和蝴蝶(见图 7-19(b)))有两对扁平的翅膀。有些昆虫的后翅发生了退化。例如，苍蝇的后翅退化为平衡棒，主要在飞行过程中起到平衡身体的作用。有些昆虫的前翅硬化为鞘翅，如甲虫(如图 7-19(c)所示)。昆虫翅膀的起源与鸟类的不同，鸟类的翅膀是由前肢进化而来的，而昆虫的翅膀则是由身体两侧的侧背叶演化而来的。昆虫的翅膀十分灵活，当它们不飞行时，还可以把翅膀收折在身体背面。

(a) 蜻蜓　　　　　　　　(b) 蝴蝶　　　　　　　　(c) 甲虫

图 7-19　飞行昆虫

不同昆虫的飞行速度与高度各异，其翅膀的振动频率也各不相同。研究昆虫翅膀的振动频率对于设计仿生飞行昆虫具有重要意义。

蝴蝶的翅膀振动频率不大于 10 次/s，飞蛾的翅膀振动频率为 5～6 次/s，蚊子的翅膀振动频率为 500～600 次/s。由于蝴蝶的翅膀振动频率低于人耳的听觉频率范围(人耳能听到的声音频率范围为 20～20 000 Hz，其中最敏感的频率范围为 2000～3000 Hz，1 Hz 等于 1 次/s)，所以人耳听不到蝴蝶翅膀振动发出的声音。而蚊子的翅膀振动频率在人耳的听觉频率范围内，因此人耳能听到蚊子翅膀振动发出的声音。

1) 仿昆虫飞行的生物原型

飞行昆虫的特征(如外部骨骼、弹性关节、可变形胸腔以及伸缩肌肉等)为我们进行仿动物飞行设计提供了借鉴思路。飞行昆虫的与飞行相关的主要结构是翅胸节，翅胸节上长有一对或者两对翅膀，这些翅膀在背板的带动下进行上下扑动。周围的肌肉群协调运作，使翅膀能够绕翅根部向翅尖扭转，从而产生足够的升力和推力，以支持昆虫的飞行。昆虫胸腔的横截面图如图 7-20 所示。

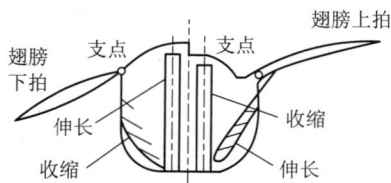

图 7-20　昆虫胸腔的横截面图

2) 仿昆虫飞行的生物模型

昆虫飞行主要靠翅膀，翅膀的扑翼运动是昆虫飞行生物模型设计的关键。图 7-21 所示为扑翼机构的分析。

昆虫的翅膀是薄而平的膜质结构，因此翅膀的运动主要通过翅根部的运动来控制。昆虫在上下扇动其扁平的双翅时，主要产生升力以支持体重，但并不能直接产生前进力。为了前进或倒退，昆虫需要扭动前翅的翅根，从而改变翅膀的扑动方向，产生向前或向

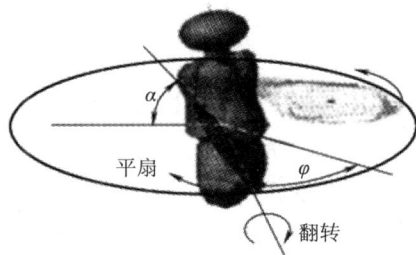

图 7-21　扑翼机构分析

后的推力。研究表明，昆虫也可以通过调整左右翅膀的振动模式来使左右翅膀上产生的推力和升力不对称，从而控制飞行的方向。

双翅昆虫生物模型的主视图和俯视图如图 7-22 所示。图 7-22(a)为双翅昆虫的初始通用生物模型，由于球面副的控制较为困难，该模型被改进为如图 7-22(b)所示的实用生物模型。在图 7-22(b)中，转动副 R_1 的作用是通过扭动翅根来产生前进或倒退的推力；转动副 R_2 的作用是驱动翅膀的上下扇动，从而产生举升力。图 7-22(c)所示的折叠翅膀的实用生物模型有三个转动副，其中一个转动副用于控制翅膀的折叠与展开，以实现翅膀收拢动作。

一般情况下，昆虫翅膀的仿生机构常采用二自由度的开链机构，以实现翅膀的上下摆动和绕翅根轴线的转动。对于尺寸较小且重量很轻的仿生昆虫模型，很少采用电动机驱动的机械结构，大都采用压电陶瓷驱动或电磁驱动的机械结构。

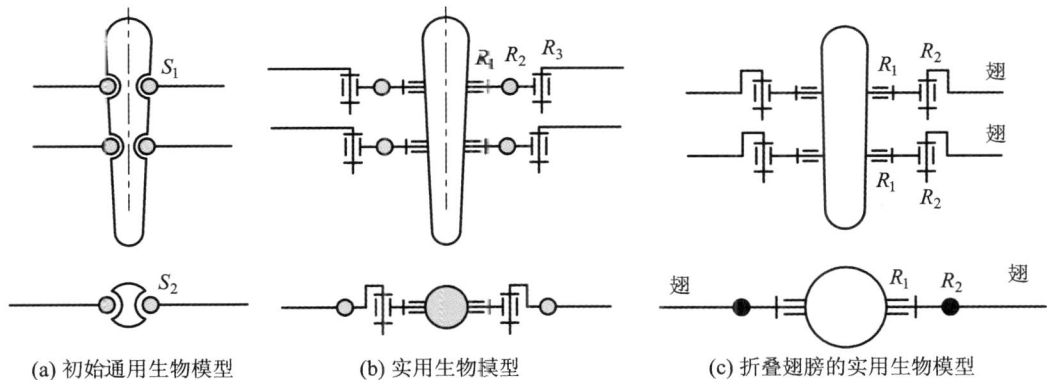

(a) 初始通用生物模型　　　　(b) 实用生物模型　　　　(c) 折叠翅膀的实用生物模型

图 7-22　双翅昆虫生物模型的主视图和俯视图

翅膀的运动也可以采用静电驱动的柔性机构来实现。整个驱动机构的设计灵感来源于昆虫的胸腔式结构。二自由度胸腔式扑翼驱动机的结构如图 7-23 所示。生物模型的主体由上下两块平行的极板组成，其中一块极板固定在基体上，另一块可移动极板与两边的连杆相连接，并通过连杆带动两边的翅膀上下扑动。整个机构没有使用轴承和转轴等运动部件，各支点和连接处(如 A、B、C 等)均采用柔性铰链连接。柔性铰链可采用聚酰亚胺树脂等柔性材料，通过沉积、涂

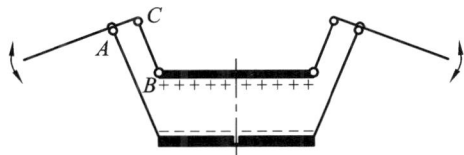

图 7-23　二自由度胸腔式扑翼驱动机的结构

布等微加工方法实现。因为柔性铰链的弹性模量很小，加上合理的结构设计，所以可以确保它具有很小的运动阻力。当在上下极板间施加交变电压时，机翼就会在交变电场的作用下上下扑动。当激励电压的频率等于驱动机构的自然频率时，驱动机构会产生更大的扑翼幅值。此外，当给极板两边施加不同的电压时，两边的机翼就会产生不同的扑翼幅值，从而导致两边的升力及推力大小不同，进而实现整个飞行器的转向控制。

3) 仿昆虫飞行的实物模型

下面介绍一种仿生扑翼刚性机构的仿昆虫飞行的实物模型。该模型采用两组曲柄摇杆机构，将曲柄输入的旋转运动转换为两个摇杆的摆动运动输出，如图 7-24 所示。这两组曲柄摇杆机构的尺寸参数均相同，但曲柄 O_1A 与曲柄 O_2A' 之间存在一固定的相位差 θ，所以两个摇杆的摆动输出并不同步，角度 ψ 在不同转角位置时会有不同的取值。当电动机旋转时，摇杆 O_2B' 会先到达摇杆运动空间的极限位置，随后摇杆 O_2B 才到达与其相对应的极限位置。在这一过程中，ψ 会逐渐减小到零，然后又会反方向逐渐增大。利用这一特性，两个摆动输出被传递到下方的差动轮系。

差动轮系原理如图 7-25 所示，当摆动输出 1 和摆动输出 2 的角度 ψ 不变时，行星轮随着行星轮支架绕轴 O_3 转动，自身不转动；当两个摆动输出的角度 ψ 变化时，行星轮会绕自身轴线 O_4 转动。因此，将翅膀固定在行星轮上，当曲柄连续转动，两个摇杆摆动输出的角度 ψ 近似不变时，翅膀保持扭转角度 α 不变而做平扇运动；当两个摇杆在极限位置处反向运动时，翅膀则完成反扇转换过程中的翻转运动。于是，通过设计不同的扑翼机构参数可以实现不同 ψ 及 α 的扑翼形式。

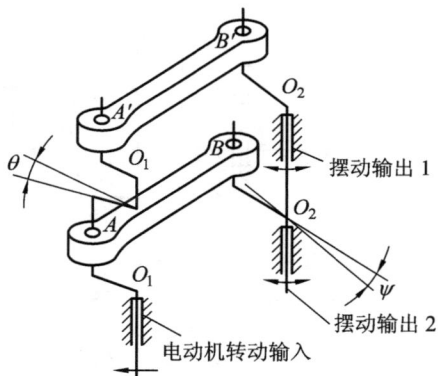

图 7-24   并联曲柄摇杆机构

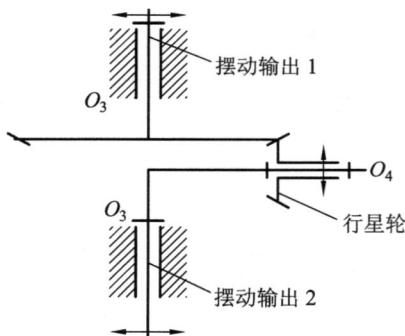

图 7-25   差动轮系原理

4) 仿昆虫飞行的机器人

仿昆虫飞行的机器人也称为微型飞行器，许多仿昆虫飞行的机器人(如蜻蜓机器人、苍蝇机器人、蝴蝶机器人等)都已经成功研制，并应用在军事侦察等多个领域。图 7-26 为德国 FESTO 公司研制的仿生蝴蝶。仿生机械蜻蜓 BionicOpter 共有 13 个自由度，其外观和内部传动系统如图 7-27 所示。这款仿生机械蜻蜓的身长约为 44 cm，翼展为 63 cm，重量为 175 g，机身和四只翅膀均由碳纤维制成。

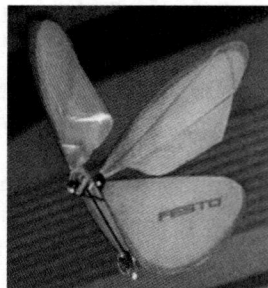

图 7-26   仿生蝴蝶

(a) 外观

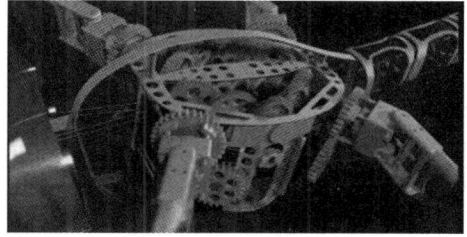

(b) 内部传动系统

图 7-27　仿生机械蜻蜓

2. 鸟类

鸟类身体呈流线型,当扇动如图 7-28(a)所示的流线型翅膀时,可产生前进的推力。它们的两翼展开的面积很大,因此能够扇动空气以实现飞翔。鸟类的骨骼很薄,比较长的骨骼大都是中空的,这种结构可以有效减轻体重,使鸟类能够更轻松地飞翔。图 7-28(b)、(c)所示分别为大雁和老鹰的飞行状态。

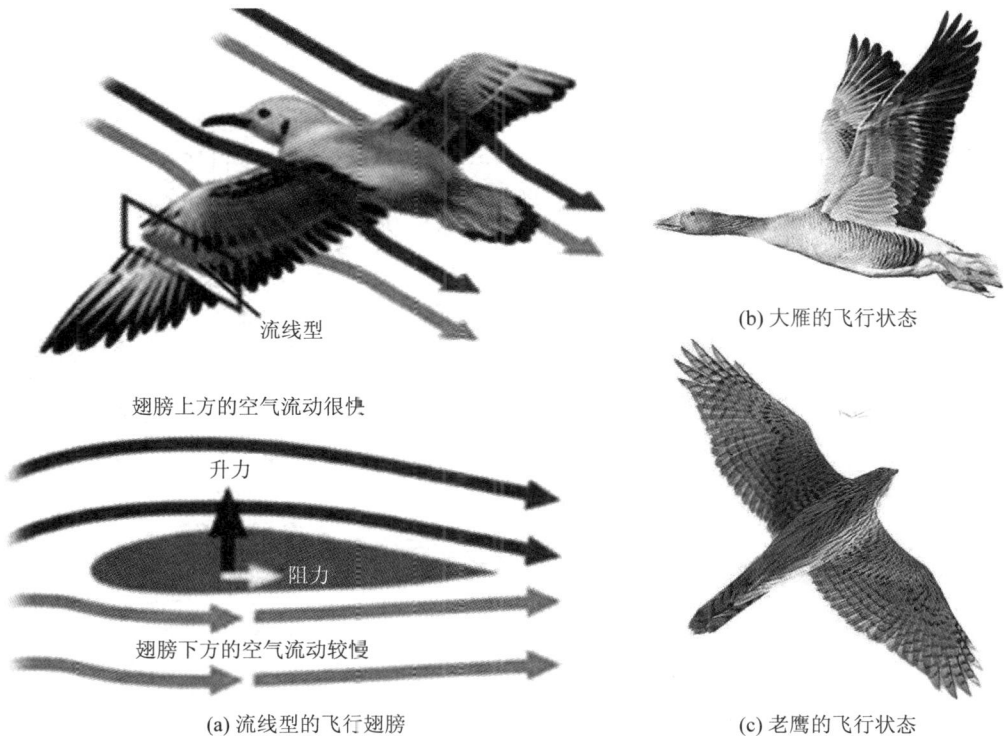

流线型

翅膀上方的空气流动很快

升力

阻力

翅膀下方的空气流动较慢

(a) 流线型的飞行翅膀

(b) 大雁的飞行状态

(c) 老鹰的飞行状态

图 7-28　鸟类飞行

1) 仿鸟类飞行的生物原型

鸟类的飞行可分为三个基本类型,即滑翔、翱翔和扑翼飞行。滑翔是鸟类不扇动翅膀而从某一高度向下方自然飘落的一种飞行方式。翱翔是指鸟类不扇动翅膀,通过从气流中获得能量来维持飞行的一种方式,这种方式不消耗肌肉的收缩能量。鸟类主要利用上升的热气流或障碍物(如山、森林)处产生的上升气流来维持飞行。尽管蝴蝶和蜻蜓等昆虫能够借助气流进行某种形式的翱翔，但通常鸟类(如鹰和乌鸦等)更能有效地利用垂直动量及能量产生的推力和升力进行翱翔。扑翼飞行则是鸟类借助发达的肌肉群扑动双翼以产生飞行所需能量的一种飞行方式。扑翼飞行是飞行动物最基本的飞行方式之一，研究扑翼飞行对仿鸟类飞行机器人的设计具有重要的指导意义。

扑翼飞行是指翅膀上下扑动的同时，翅膀沿扭转轴扭转，使迎角迅速地改变。扑翼机是一种小型航空飞行器，其机翼能像鸟和昆虫的翅膀那样上下扑动。与固定翼和旋翼飞行器相比，扑翼机的主要特点是将举升、悬停和推进功能集于一个扑翼系统之中，这使得它们可以使用很小的能量进行长距离飞行。自然界中的飞行生物几乎无一例外地采用扑翼飞行方式，这也为我们提供了一个启迪。根据仿生学和空气动力学的研究结果，我们可以预见，在翼展小于 15 cm 时，扑翼飞行相比于固定翼和旋翼飞行更具有优势。因此，微型仿生扑翼飞行器也必将在该研究领域占据主导地位。扑翼飞行鸟的生物原型如图 7-29(a)所示，扑翼飞行鸟的生物模型如图 7-29(b)所示。

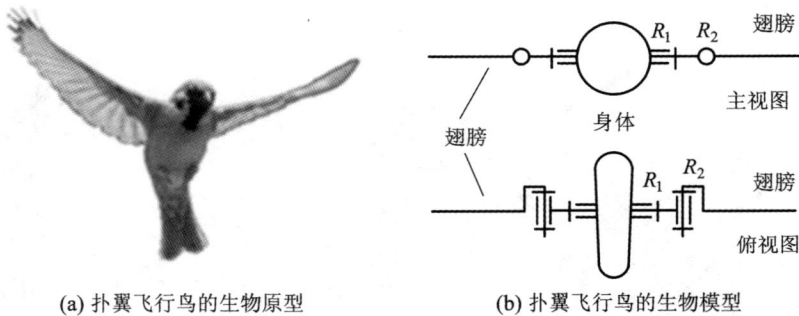

(a) 扑翼飞行鸟的生物原型　　　(b) 扑翼飞行鸟的生物模型

图 7-29　鸟类仿生

2) 仿鸟类飞行的生物模型

仿鸟类飞行的生物模型的扑翼机构基本可分为关节型扑翼机构和连杆型扑翼机构两类。关节型扑翼机构的结构复杂，用压电陶瓷驱动机构等方式进行驱动。仿鸟类飞行的生物模型经常采用连杆型扑翼机构，这种机构的结构简单，并常使用伺服电动机作为动力源进行驱动。

图 7-30 所示为典型的连杆型扑翼机构，该类扑翼机构的设计目标是使两个翅膀的上下

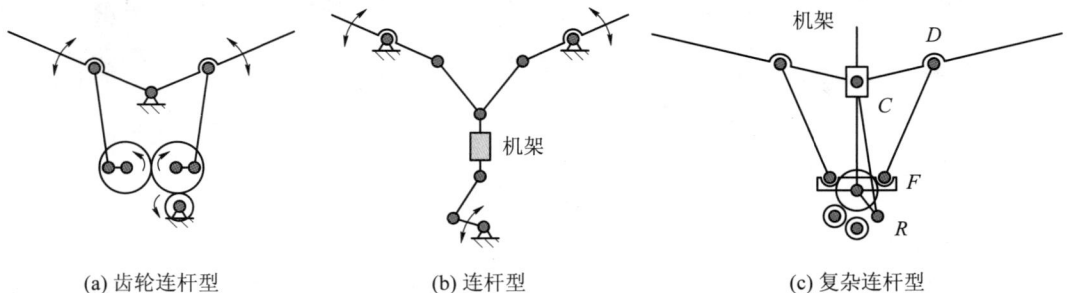

(a) 齿轮连杆型　　　　(b) 连杆型　　　　(c) 复杂连杆型

图 7-30　典型的连杆型扑翼机构

扑动只通过一个自由度来实现。虽然该机构设计没有考虑绕翅根轴线的转动自由度，也就是说缺少三翅翼扭转形成的迎角，但是由于翅膀采用了流线型结构，这种设计在一定程度上也能满足前进飞行的要求。

通过计算机构的自由度可知，图 7-30 中的三种连杆型扑翼机构的自由度都等于 1，这意味着它们各自仅使用一个电动机即可驱动整个机构的运动。

3) 仿鸟类飞行的实物模型

图 7-31 所示为大学生机械创新设计大赛中的学生作品——仿生扑翼鸟。该作品基于图 7-30(a)所示的机构原理，采用前置齿轮机构串联后置的连杆机构来实现翅膀的扑翼飞行。

(a) 外观

(b) 传动机构

图 7-31　仿生扑翼鸟

图 7-32 所示为采用弹性材料制造的柔性扑翼机构，其中 C 处实际上是一个柔性铰链。扑翼的 B 处通过绳索连接，该绳索随后被缠绕在滑轮上，滑轮由舵机驱动。两个扑翼与身体 AC 之间通过弹簧连接(图中未画出)。当扑翼向下摆动时，弹簧被压缩；当扑翼向上摆动时，弹簧提供反作用力。这种设计既减轻了扑翼的重量，又简化了扑翼的结构。

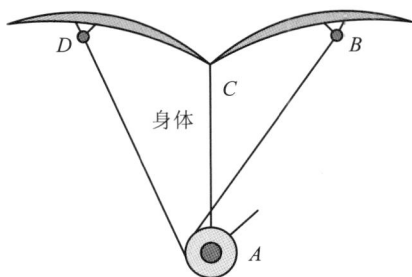

(a) 运动简图

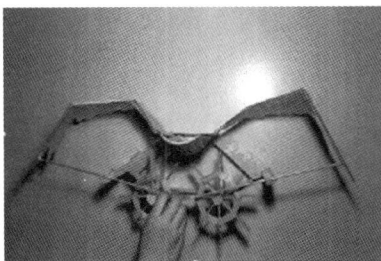

(b) 实物模型

图 7-32　柔性扑翼机构

4) 仿鸟类飞行的机器人

西北工业大学仿生飞行器研究团队从鸟类翅膀结构、扑动方式与飞行性能的内在机理入手，详细研究了鸟翼结构、运动形式等因素对飞行性能的影响机理，研发出了"小隼""信鸽""云鸮"等多款仿生飞行器。"小隼"仿生飞行器如图 7-33 所示。该团队对鸟类高效飞行的机理有了更深刻的理解，由此在仿生飞行器设计中突破了扑动翼、驱动机构、飞控系统设计等关键技术。这些突破使得飞行效果和续航时间等指标达到了世界领先水平。

(a) 外观

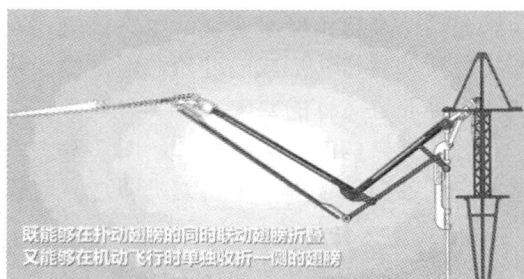

(b) 可单侧收折的翅膀

图 7-33   "小隼"仿生飞行器

目前，从仿生机械学的角度出发，仿生机械鸟设计的另一个难点是起飞与降落问题，这涉及鸟类翅膀的扑动、腿部运动的协调，以及传感系统与控制系统之间的协同工作。因此，现有的仿生机械鸟还不能降落在复杂的地貌环境中。

3. 飞行的哺乳动物

蝙蝠是哺乳动物，不是鸟类，但同样拥有在天空中自由飞翔的能力。

从图 7-34(a)所示的蝙蝠生物原型的骨骼构造可以看出，蝙蝠的上臂(肱骨)、前臂(桡骨)和指骨共同构成了翅膀的基本框架。翅膀还通过皮肤褶皱与后肢和尾部相连，这些结构为蝙蝠的翅膀提供了强大的支撑，使得扇动翅膀时非常有力。当蝙蝠扇动翅膀时，翅膀上方的空气流速加快，形成低压区，而翅膀下方的空气流速相对较慢，形成高压区。因此，根据伯努利原理，蝙蝠能利用这种上下翼面间的压力差获得升力，并在空气中上升。若要前进，蝙蝠会调整翅膀与迎面而来的气流之间的迎角，以产生向前的推力。所以，蝙蝠正是依靠这种向上的升力和向前的推力来进行飞翔的。

目前，许多国家已经成功研制出了多种仿生蝙蝠，如图 7-34(b)所示的是德国 FESTO公司研制的仿生蝙蝠。

(a) 蝙蝠的生物原型

(b) 仿生蝙蝠

图 7-34   蝙蝠的生物原型与仿生蝙蝠

7.2.3　仿生动物游动的创新设计

　　鱼类经过亿万年的自然选择与进化，形成了卓越的水中运动能力。它们既可以在持久游速下保持低能耗、高效率，又可以在拉力游速或爆发游速下展现出高机动性。这种在水中运动的完美性，吸引了全球科研工作者对模仿鱼类游动方式的仿生游动机器人技术进行研究与开发。目前，已研制出的水下仿生机器人根据其模仿的水下生物运动方式的不同，可分为仿鱼类的仿生游动机器人(即机器鱼)、仿多足爬行动物的水下机器人和仿蠕虫的水下机器人。下面主要对仿鱼类的仿生游动机器人(即仿生机器鱼)进行介绍。

1. 游动方式概述

　　在对鱼类推进机理的研究中，人们发现鱼类在其神经信号的控制下，可以指挥其体内的推进肌产生收缩动作，从而引发身体的波状摆动，这使得鱼类能够实现在水中的自由游动。水中动物的游动方式可分为三大类：以身体摆动为主的推进式游动、以尾鳍摆动为主的推进式游动和喷射推进式游动。

1) 以身体摆动为主的推进式游动

　　黄鳝、鳗鲡的身体呈扁圆筒状。当它们开始运动时，身体前端一侧的肌肉会先收缩，并逐渐将这种收缩传递到尾端。随后，另一侧的肌肉也会进行同样的收缩过程。这种两侧肌肉一张一弛的交替活动使得整个身体形成了波浪式的摆动，而头部在运动中保持相对稳定的姿态，很少出现左右摆动。海鳗身体的前半段是圆形的，后半段是侧扁的，这种形态有助于其在水中游泳。带鱼的身体几乎完全是侧扁的，所以它的游泳能力很强，如图 7-35(a) 所示。鱼体两侧横向推力因方向相反而相互抵消，而向前的推力使鱼体前进。以身体摆动为主的推进式游动如图 7-36 所示。

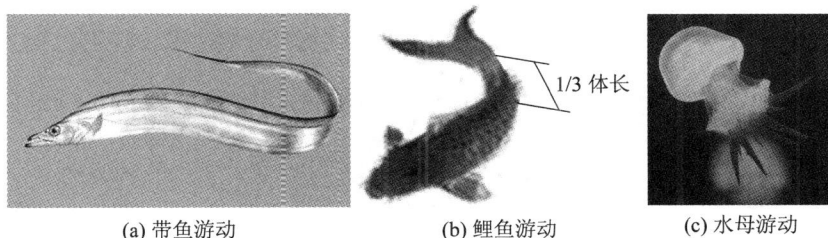

(a) 带鱼游动　　　　　　(b) 鲤鱼游动　　　　　(c) 水母游动

图 7-35　常见鱼类的游动方式

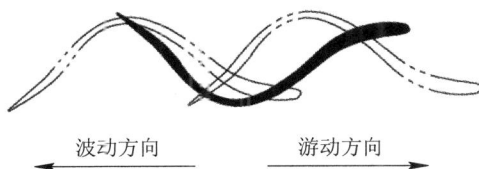

波动方向　　　　游动方向

图 7-36　以身体摆动为主的推进式游动

2) 以尾鳍摆动为主的推进式游动

以尾鳍摆动为主的推进式游动是指鱼类主要通过身体的后三分之一部分和尾鳍的摆动

来实现游动，如图 7-37 所示。采用这种游动方式的鱼类通常具有较好的瞬时加速能力和较强的巡航能力。图 7-35(b)所示的鲤鱼就是依靠摆尾和摆动其身体的后三分之一段游动的。

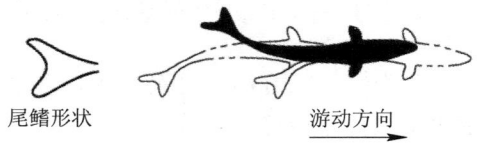

图 7-37　以尾鳍摆动为主的推进式游动

3) 喷射推进式游动

喷射推进式游动是指动物体内有可以向外喷射水流的特殊结构(如喷水管)，它们通过高速喷射水流产生的反作用力来推动身体向喷射水流的反方向运动，这与喷气飞机的运动原理一样。典型的喷射推进式游动动物有水母和章鱼，图 7-35(c)所示为水母在水中喷射游动的示意图。

2. 仿生机器鱼的设计

1) 鱼的生物原型

鱼类在演化发展的过程中，由于生活方式和生活环境的差异，形成了多种多样的适应各种不同环境的体型。在设计仿生设备或进行相关研究时，通常会采用鲫鱼作为生物原型，以便更好地理解和模拟鱼类的运动方式和适应性特征。仿生机器鱼的机构模型如图 7-38 所示。

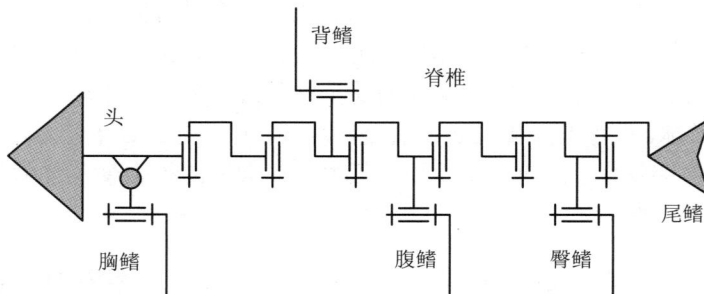

图 7-38　仿生机器鱼的机构模型

2) 鱼的仿生创新设计

仿生机器鱼的驱动装置如图 7-39 所示。仿生机器鱼一般采用舵机驱动，每个关节处安装一个舵机。在仿生机器鱼的头部，安装了电源、视觉传感器、控制电路、无线接收与发射装置等。通过对舵机进行控制，可实现仿生机器鱼的游动。根据图 7-38 所示的仿生机器鱼机构模型设计的仿生机器鱼可以依靠尾鳍的摆动实现快速推进，也可以通过摆动身体的其他部位进行快速或慢速游动，例如通过摆动胸鳍实现慢速游动。仿生机器鱼身体的平衡可通过对背鳍、腹鳍和臀鳍的舵机进行控制来实现。

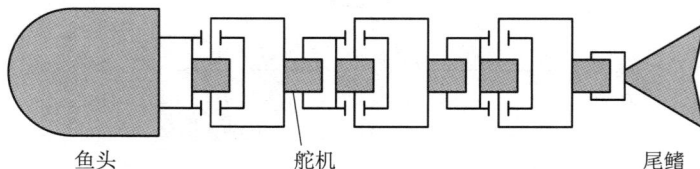

图 7-39　仿生机器鱼的驱动装置

　　仿生机器鱼(如图 7-40 所示)装备有化学传感器，能够在水中持续游动数小时，用于检测污染物质，并构建港口的实时三维污染分布图，从而准确反映当前海水中存在的化学物质及其分布位置。仿生机器鱼的研发将显著提升港口管理部门在监测船舶污染、其他类型有害污染物以及来自水下管道排放的污染物质方面的灵活性和响应速度。除对港口监测操作具有显著贡献外，此技术还有望推动机器人技术、生物化学分析、水下通信技术以及人工智能等多个领域的进一步发展和创新。

图 7-40　仿生机器鱼

3. 仿生机械水母的设计

1) 水母的生物原型

　　水母主要由圆伞形的身体、触手和口腕三大部分组成。图 7-41 所示为水母整体的剖视图。伞状体即外伞，它包覆和保护着水母内部的其他结构；而内伞腔在水母的运动过程中会充满水，其通过排水产生的反推力是水母的主要推进方式。水母的伞状体里面有很多肌肉纤维，这些肌肉纤维带动整个内伞腔产生收缩运动，从而通过口腕排出内伞腔内的水，形成向后喷射的水流，使水母向前推进。在舒张过程中，水母利用外伞肌肉的弹性可以使外伞缓慢地恢复到舒张状态，并通过口腕吸水，水经由辅管、环管到达内伞腔，完成吸水动作，并准备进行下一次的喷水推进。通过这种喷水推进的方式，水母便能向相反的方向游动。此外，水母通过改变喷水时其伞状体的方向，可以实现任意方向的转向游动。

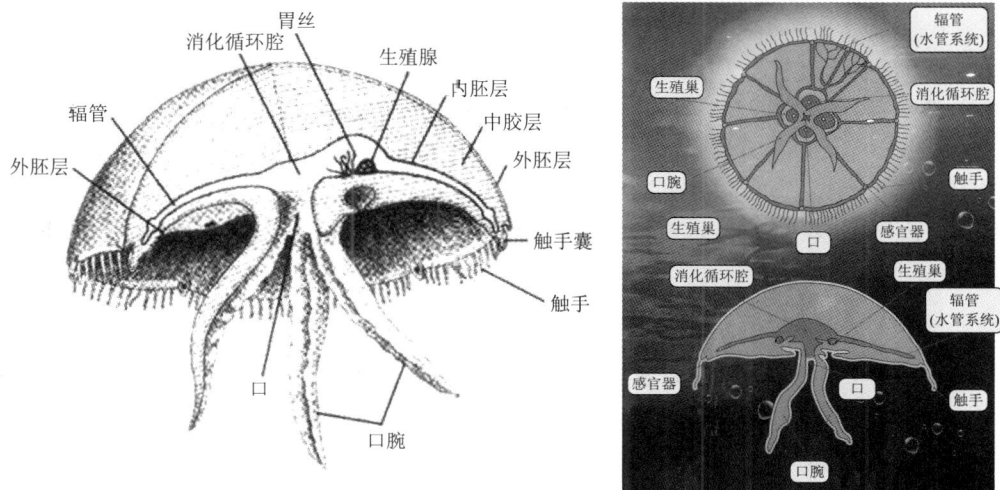

图 7-41　水母整体的剖视图

2) 水母的仿生创新设计

水母生物模型的设计一般分为两部分：其一是水母主体机构的设计，其二是水母触手机构的设计。

(1) 水母主体机构的设计。水母主体机构是指其身体运动的推进系统。在仿生机械水母中，曲柄滑块机构被广泛用作水母的运动主体机构，这一设计是受到雨伞机构的启发。图 7-42(a)为常见的雨伞机构，它是一个典型的曲柄滑块机构；图 7-42(b)所示是由雨伞机构演化而来的仿生机械水母。在这款仿生机械水母中，沿圆周方向设置的摆杆 *AB* 尾端制成宽体形状，当摆杆进行向心运动时，相当于挤压水流，使得水母上升；当摆杆进行离心运动时，相当于吸水，通过反复进行这两种运动，可实现水母的上升运动。在图 7-42(c)中，省略了仿生机械水母的外伞层，仅留其骨架结构。通过下方驱动器的运动，带动整个骨架结构运动，实现收缩与伸张，进而模拟水母在水中的喷射式推进。

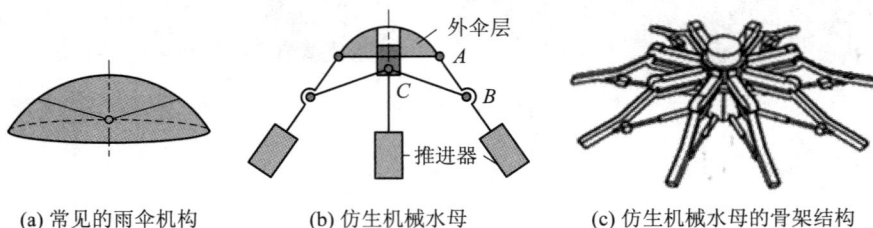

(a) 常见的雨伞机构　　　　(b) 仿生机械水母　　　　(c) 仿生机械水母的骨架结构

图 7-42　水母机构的仿生设计

在仿生机械水母的设计中，也经常采用曲柄滑块机构和四杆机构的组合作为仿生机械水母的主体运动机构，如图 7-43 所示。

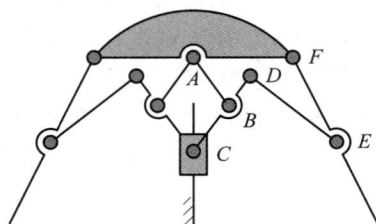

图 7-43　仿生机械水母的主体运动机构

(2) 水母触手机构的设计。水母的触手是水母的重要组成部分，不仅可以用于捕食，还可以帮助水母改变游动方向。分布在触手上的传感系统可以感知水流、波浪等信息，甚至能预知天气变化。触手机构的类型繁多，结构各异。在如图 7-44 所示的仿生机械水母触手机构中，*ABCD* 为滑块机构，*DGFE* 为铰链四杆机构，Ⅱ级杆组 *HIB* 连接到构件 *FG* 和构件 *BC* 上。

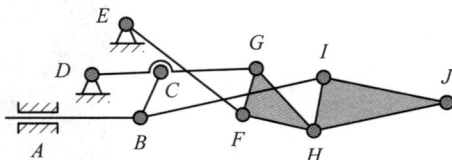

图 7-44　仿生机械水母的触手机构

第 8 章

常用的创新作品制作工具与专利申请

8.1 激光切割机

激光切割机将从激光器发射出的激光，经过光路系统聚焦成高功率密度的激光束。当激光束照射到工件表面时，它会使工件达到熔点或沸点，同时，与激光束同轴的高压气体将熔化或气化的金属吹走。随着激光束与工件之间相对位置的移动，最终使材料形成切缝，从而达到切割的目的。

激光切割加工使用不可见的激光束代替了传统的机械刀具，具有精度高、切割速度快、不受切割图案限制、自动排版以节省材料、切口平滑、加工成本低等特点，它将逐步改进或取代传统的金属切割工艺设备。

8.1.1 激光切割机的组成和功能原理

在激光切割机的工作过程中，激光刀头的机械部分与工件无接触，因此不会对工件表面造成划伤；激光切割速度快，切口光滑平整，一般无须后续加工；切割时热影响区小，板材变形小，切缝窄(通常在 0.1～0.3 mm 之间)；切口没有机械应力，无剪切毛刺；加工精度高，重复性好，不会损伤材料表面；支持数控编程，可加工任意的平面图，并可以对幅面很大的整板进行切割，无须开模具，经济且省时。因此，激光切割机是机械创新制作中应用最广泛的设备之一，下文以 BYL-3015-B 型激光切割机(如图 8-1 所示)为例，介绍激光切割机的组成和功能原理。

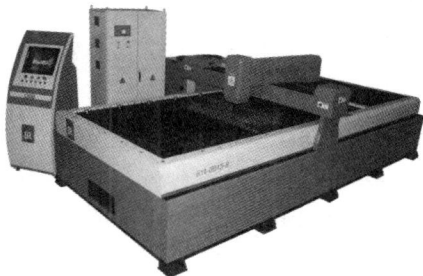

图 8-1 BYL-3015-B 型激光切割机

激光切割机主要由电源控制柜、电气操作台、水冷机、激光器、床身等部分组成。激光切割机的工作系统包括电源控制系统、伺服系统、激光系统、气动系统、水冷系统、激光电源及切割图形软件等。激光切割机的原理框图如图 8-2 所示。

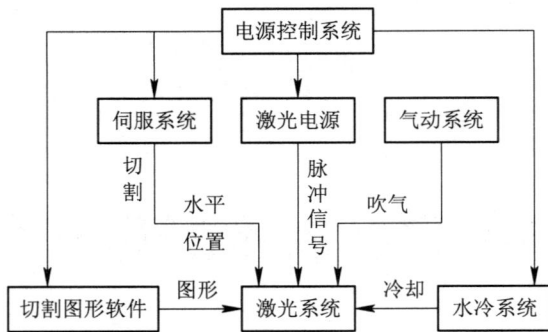

图 8-2   激光切割机的原理框图

激光切割是利用激光聚焦后产生的高功率密度能量来实现的。在计算机的控制下，激光器通过脉冲方式放电，从而输出受控的高频率脉冲激光，这些脉冲激光形成具有特定频率和脉宽的激光束。该激光束经过光路的传导及反射，并通过聚焦透镜组聚焦在待加工物体的表面上，形成一个个细微的、高能量密度的光斑。这些光斑在待加工物体的表面以瞬间高温熔化或气化被加工材料。每一个高能量的激光脉冲瞬间都能在物体表面溅射出一个细小的孔。在计算机的控制下，激光加工头与被加工材料按预先绘好的图形进行连续的相对运动打点，最终把物体加工成想要的形状。

8.1.2   激光切割机的工件图形编辑和参数设置

1. 工件图形的编辑

操作面板主要由触摸式显示屏、键盘、鼠标和操作按钮四个部分组成。附带的 USB 接口用于数据的传输。显示屏用于显示操作命令的具体执行过程。键盘和鼠标用于输入和修改切割参数及软件设置。操作按钮则用于发出上电、切割及断电等过程中的所有命令。

BYL-3015-B 型激光切割机是一种根据图形自动切割的数控设备。它不需要工作人员进行编程，只需要把图形输入操作软件中即可切割。如果工件图形简单，则用户可以直接在数控设备的操作界面上绘制；如果工作图形复杂，为操作便捷，则用户可以在计算机上绘制完成后再导入设备。

2. 激光切割机的参数设置

影响切割质量的参数有切割高度、割嘴型号、焦点位置、切割功率、切割频率、切割占空比、切割气压及切割速度。影响切割质量的硬件条件有保护镜片、气体纯度、板材质量、聚集镜及准直镜。

当遇到切割质量不佳时，建议先进行一般性检查。一般性检查的主要内容及顺序如下。

(1) 检查切割高度。建议实际切割高度在 0.8～1.2 mm 之间，若实际切割高度不准确，则需要进行重新标定。

(2) 检查割嘴。确认割嘴型号及大小是否选用正确，若正确，则进一步检查割嘴是否有损坏，圆度是否正常。

(3) 检查光心。使用直径为 1.0 mm 的割嘴进行光心检查。检查光心时，焦点位置最好

在 $-1\sim1$ mm 之间。这样打出来的光点小，易于观察。

(4) 检查保护镜片。检查保护镜片是否干净，要求无水、无油、无渣点。注意，天气寒冷或辅助气体温度过低可能导致保护镜片结雾。

(5) 检查焦点位置。检查焦点位置是否设定正确。

(6) 调整参数。在完成以上五项检查并确保都没有问题后，再根据出现的现象针对性地调整参数。

如何根据出现的现象调整参数呢？以下简单介绍切割不锈钢和碳钢时会遇到的现象及解决方法。

例如，切割不锈钢时会出现挂渣现象，挂渣的类型有多种。如果只是拐角处挂渣，则可先对拐角进行倒圆处理。从参数调整方面来看，可以降低焦点位置、加大气压等。如果整体挂硬渣，则需要降低焦点位置、加大气压，并可能需要更换更大直径的割嘴。但请注意，焦点位置过低或气压过大会导致断面分层和表面粗糙。如果整体挂的是颗粒状的软渣，则可适当增加切割速度或降低切割功率。切割不锈钢时还可能遇到切割即将结束时的一面挂渣现象，这时可以检查气源供气是否充足或气体流量是否稳定。

切割碳钢时，一般会遇到薄板断面不够光亮、厚板断面粗糙等问题。对于这些问题，可能需要调整焦点位置、切割速度、功率等参数，并确保气体纯度和流量在合适范围内。一般而言，1000 W 激光器可以切割不超过 4 mm 厚的碳钢并达到较好的切割质量，2000 W 激光器适用于切割 6 mm 厚的碳钢，3000 W 激光器则可以切割 8 mm 厚的碳钢。

》》 8.1.3　激光切割机的基本操作和维护

1. 激光切割机的基本操作

1) 开机

使用激光切割机的第一步是开机，开机操作的步骤如下：

(1) 打开水冷机后面的低压断路器。如果水冷机没有发出报警或显示异常，则说明水冷机正常开启。开启后，设定水冷机的温度参数。

(2) 打开操作台的显示器，并且打开使用软件。

(3) 打开激光电源。首先，开启电源控制柜上的钥匙开关并释放急停按钮，此时激光电源得电；然后，按下电源控制柜上的绿色按钮，此时显示器上应显示字母"P"；接着，按下激光操作面板上的选项软按键，待显示屏上显示"on"后按下确定键。等待 $2\sim3$ min 后，激光电源将正常开启。

2) 加工

开机完成后，即可进行加工操作，具体步骤如下：

(1) 将需要加工的工件图形导入操作软件中，对图形进行参数设置。

(2) 按下显示器下方的托料按钮，启动托料工序，然后把加工材料按切割要求放到机床上。

(3) 在出料口放置好用于接收小料的容器。

(4) 按下显示器下方的排料按钮，启动排料工序，软件操作进入切割工序。

(5) 切割完成后整理废料及成品。

3) 关机

加工完成后，按照以下步骤关闭激光切割机：

(1) 关闭激光电源。首先，按下电源控制柜的操作面板上的选项按键，待显示屏上显示"off"后，按下确定，此时显示器上显示字母"P"。等待 2～3 min，待激光电源完全冷却后按下电源控制柜上的红色按钮，然后按下急停按钮并关闭钥匙开关。

(2) 关闭软件，然后关闭显示器。

(3) 关闭水冷机后面的低压断路器以关闭水冷机。

(4) 切断总电源。

2. 激光切割机的维护

虽然激光切割机在一般情况下不容易出现问题，但我们仍需对其进行定期的维修保养和检查，以有效预防故障的发生。下面将介绍激光切割机维护保养的一些具体措施。

(1) 每日开机前，仔细检查激光器工作气体的压力情况，若气体压力不足，则应及时更换，并检查管道有无泄漏。

(2) 检查激光准备状态按钮是否有损坏，并检查指示灯、机床急停按钮是否正常工作。

(3) 检查 X 轴、Y 轴、Z 轴的限位开关及撞块安装螺钉有无松动，并测试各轴的限位开关是否灵敏。

(4) 每天开始切割前，如果提示切割机工作超过 24 h，则应及时为激光器更换混合气体，以免影响正常切割。换气完成后必须拧紧气阀，以免泄漏。由于混合气体是有毒气体，因此操作时注意安全。

(5) 检查冷水机水箱里的循环水水位，若不足，则必须及时添加。

(6) 检查外光路循环水路有无泄漏现象，若发现泄漏，则必须及时处理，否则会影响光学镜片的使用寿命。

(7) 每天切割完成后，检查聚焦镜镜片有无损坏。

(8) 检查外光路的伸缩皮腔是否有烧坏或者破损现象，如伸缩皮腔有烧坏现象，则需立即检查外光路是否偏光。

(9) 每日工作完成后，做好工作现场的 6S(整理(Seiri)、整顿(Seiton)、清扫(Seiso)、清洁(Seiketsu)、素养(Shitsuke)、安全(Safety))工作。

(10) 每日工作完成后，将空压机底部储气筒的泄水阀打开进行排水，待废水排完后，关闭该阀。

(11) 每日工作完成后，按关机步骤进行关机操作，然后切断整个机床的总电源。

8.2 3D 打印机

三维立体打印机也称为三维打印机(Three-Dimensional Printer，3DP)，简称 3D 打印机。3D 打印是一种快速成型(Rapid Prototyping，RP)技术，它采用层层堆积的方式逐层制作出三维模型，其运行原理类似于传统打印机的运行原理。但是，传统打印机是把墨水打印到纸质上以形成二维的平面图纸，而 3D 打印机是把液态光敏树脂材料、熔融的塑料丝、石膏粉等材料，通过喷射黏结或挤出等方式实现层层堆积叠加，最终形成三维模型。

8.2.1　3D 打印机的组成和功能原理

3D 打印机利用快速成型技术，集成了计算机辅助设计(CAD)、计算机辅助制造(CAM)、精密伺服驱动、光电子和新材料等先进技术。它依据 CAD 软件设计的三维产品模型，对模型进行分层切片处理，从而得到各层截面的轮廓信息。按照这些轮廓信息，3D 打印机会通过激光束选择性地喷射，从而固化一层层的液态光敏树脂(或切割一层层的纸，或烧结一层层的粉末材料)，或通过喷射装置选择性地喷射一层层的黏结剂或热熔材料等，以形成各层的截面，这些截面逐层叠加成三维产品。3D 打印将一个复杂的三维加工过程简化成一系列二维加工过程的组合。为了更详细地说明这一点，本节以实验室中的 3D 打印机为例进行说明。

1. 3D 打印机的组成

Panowin F3CL 桌面 3D 打印机是一款基于 FDM 技术的准工业级精度 3D 打印机，其主要组成部分包括打印平台、送丝机、丝料盘支架、打印托盘、进料导管、打印喷头、控制界面及各种接口，其外观如图 8-3 所示。

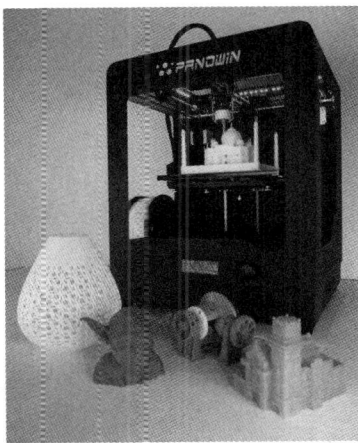

图 8-3　Panowin F3CL 桌面 3D 打印机的外观

1) 打印平台

打印平台(如图 8-4 所示)是模型的成型空间。在打印过程中，丝状材料将在打印平台上逐层堆积，并最终形成模型。为获得更好的打印效果，请务必保持打印平台平整、整洁。

注意：在打印过程中，打印平台会加热到较高的温度，请避免触碰平台，以免造成烫伤。

图 8-4　打印平台

2) 送丝机

送丝机(如图 8-5(a)所示)是材料的给进机构,用于将熔融状的丝状材料输送到打印喷头,并通过打印喷头挤出。

(a) 送丝机   (b) 丝料盘架

图 8-5   送丝机

3) 丝料盘架

丝料盘架(如图 8-5(b)所示)可安装在打印机的左侧,用于支撑和固定聚乳酸(Polyactic Acid,PLA)丝料盘。安装丝料盘时,需先拧下支架上的螺丝,然后将 PLA 丝料盘穿过丝料盘支架并安装在打印机上,最后重新旋紧螺丝。

4) 打印托盘

打印托盘是打印平台的支撑结构,其上安装有用于调节打印平台水平度的旋钮。

5) 进料导管

进料导管是一段用于引导 PLA 丝从送丝机进入打印喷头的塑料管,如图 8-6 所示。

图 8-6   进料导管

6) 打印喷头

打印喷头(如图 8-7 所示)是材料的输出机构,用于将丝状材料加热至熔融状态,并在送丝机的作用下挤出熔融状的材料。注意:在打印过程中,打印喷头会加热到较高的温度,应避免触碰喷头,以免造成烫伤。

7) 控制界面

控制界面(如图 8-8 所示)包括 LCD 液晶面板(显示屏)和控制旋钮,用于打印机的操作和控制。

图 8-7　打印喷头

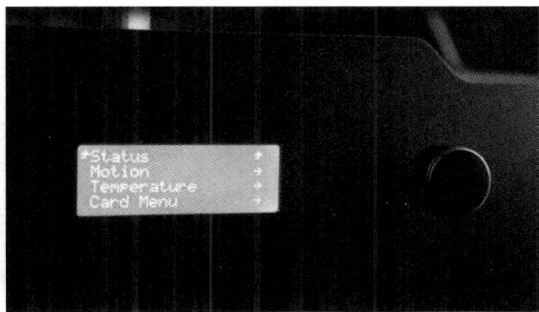

图 8-8　控制界面

2. 3D 打印机的功能原理

3D 打印是快速成型技术的一种，又称为增材制造。它是一种以数字模型文件为基础，使用粉末状金属或塑料等可黏合材料，通过逐层堆积的方式来构造物体的技术。

3D 打印技术与激光成型技术基本上是一样的。简单来说，3D 打印技术通过分层加工、叠加成形和逐层增加材料来生成三维实体。3D 打印机被称为"打印机"的原因是它参照了喷墨打印机的技术原理。3D 打印机的分层加工过程与喷墨打印机的逐行打印过程十分相似。在 3D 打印过程中，首先运用计算机设计出所需物体的三维模型；然后根据工艺需求，按照一定规律将该模型离散为一系列有序的单位层片，通常在 Z 轴方向上按照一定的厚度进行离散，从而把原来的三维 CAD 模型变成一系列的层片；接着根据每个层片的轮廓信息，输入相应的加工参数，系统会自动生成数控代码；最后成型系统会根据这些层片信息逐层打印，并自动将它们连接起来，得到一个三维物理实体。

3D 打印有诸多优点，具体如下。

(1) 它节省材料，不用剔除边角料，从而提高了材料的利用率，并通过摒弃传统生产线而降低了成本。

(2) 3D 打印能实现很高的精度和复杂程度，不仅能展现出外形曲线的设计，还能处理内部结构。

(3) 3D 打印不再需要传统的刀具、夹具和机床或任何模具，就能直接从计算机图形数据中生成任何形状的零件。

(4) 3D 打印可以自动、快速、直接和精确地将计算机中的设计转化为模型，甚至直接制造零件或模具，从而有效地缩短了产品研发周期。

3D 打印同时也存在缺点。受材料等因素的限制，通过 3D 打印制造出来的产品在实用性上受到一定质疑。一是强度问题。虽然 3D 打印能"打印"出房子、车子等物品，但它们的耐用性和功能性，如是否能抵挡风雨、是否能在路上顺利行驶等，仍然是必须面对的问题。二是精度问题。由于分层制造存在"台阶效应"，每个层次虽然很薄，但在微观尺度下仍会形成具有一定厚度的"台阶"，这可能导致在制造具有圆弧形表面的对象时出现精度偏差。三是材料的局限性。目前，能够应用于 3D 打印的材料种类有限，以塑料为主。此外，3D 打印机对材料的要求非常高。

3D 打印有多种类型，它们的不同之处在于所用的材料不同以及打印的层数不同。3D 打印的常用材料有尼龙玻纤、耐用性尼龙材料、石膏、铝合金、钛合金、不锈钢、镀银材料、镀金材料、橡胶类材料等。常见的 3D 打印类型、累积技术及常用材料如表 8-1 所示。

表 8-1　常见 3D 打印类型、累积技术及常用材料

类　　　型	累　积　技　术	常　用　材　料
挤压	熔融沉积成型	热塑性塑料、共晶系统金属、可食用材料
线	电子束自由成型制造	几乎任何合金
粒状	直接金属激光烧结	几乎任何合金
	电子束熔化成型	钛合金
	选择性激光熔化成型	钛合金、钴铬合金、不锈钢、铝
	选择性热烧结	热塑性粉末
	选择性激光烧结	热塑性塑料、金属粉末、陶瓷粉末
粉末层喷头 3D 打印	石膏 3D 打印	石膏
层压	分层实体制造	纸、金属膜、塑料薄膜
光聚合	立体平板印刷	光硬化树脂
	数字光处理	光硬化树脂

实验室用 Panowin F3CL 桌面 3D 打印机采用熔融沉积成型(FDM)技术进行工作，通过逐层堆叠熔融的丝状材料来形成一个坚实的三维立体物体。FDM 技术的工作原理如图 8-9 所示。

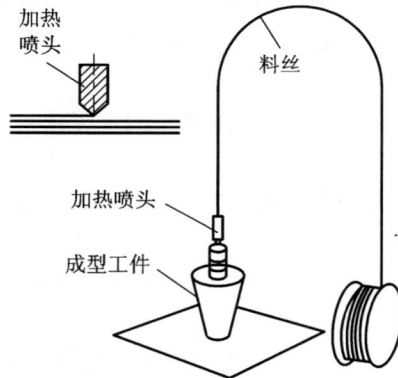

图 8-9　熔融沉积成型(FDM)技术的工作原理

8.2.2　3D 打印机的基本操作和维护

1. 3D 打印机的基本操作

1) 安装打印耗材

安装打印耗材(如图 8-10 所示)的步骤如下：

(1) 取出工具包内的丝料盘支架，把螺帽拧下。

(2) 去除丝料的外包装，按顺时针方向将丝料安装到打印机左侧的送丝轴上，并将螺帽拧紧。

(3) 用斜口钳将打印丝料的顶端剪为斜口状，以方便丝料顺畅通过进料导管。

(4) 松开送丝机的调节旋钮，将剪好的丝料一端由送丝机下部的进料口送入，直至丝料完全穿过送丝机并到达进料导管，确保丝料在进料导管内的长度约为 5mm。

(5) 拧紧送丝机的调节旋钮，确保送丝机的齿轮刚好咬合丝料。

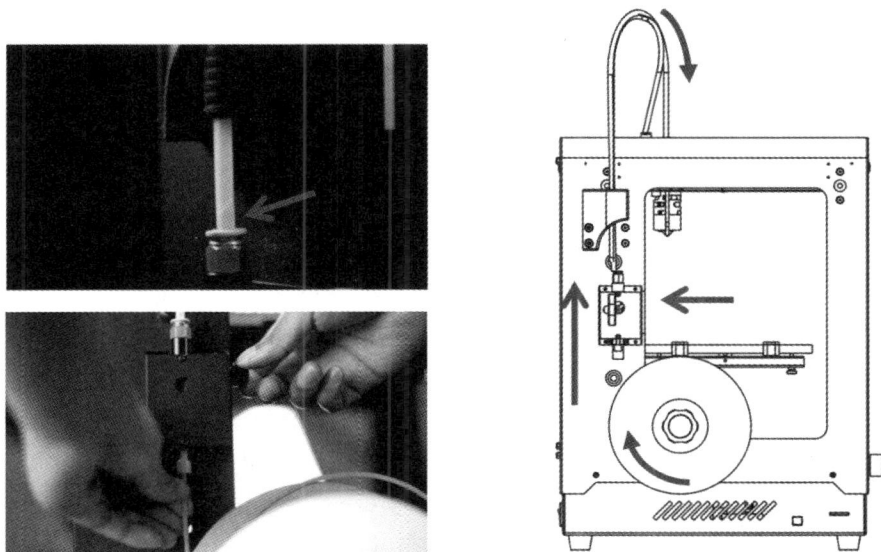

图 8-10　安装打印耗材

2) 打印机开机

将打印机的电源线连接到 220 V 交流电源插座上，并开启打印机背部的电源开关。开机后，打印机 LCD 液晶面板将显示待机状态界面，表示打印机已成功开机。

3) 预热打印喷头和打印平台

(1) 旋转打印机调节旋钮，打开系统菜单。

(2) 在系统菜单中选择"Temperature"菜单，并在"Temperature"菜单中点击"Preheat PLA"选项，将开始预热打印机喷头和打印平台。

4) 自动送丝

当打印机喷头的温度高于 180℃时，方可进行自动送丝操作。

打开系统菜单，选择"Motion→Extruder→Auto Feed"选项，打印机将进行自动送丝。送丝机自动将丝料送至喷头，并从喷头挤出一小段熔融状的丝料。

自动送丝过程大约持续 1 min。在此期间，屏幕将显示相关信息。送丝完成后，请用镊子将喷头处多余的丝料清理干净。

5) 打印示例模型

打开系统菜单，选择"Card Menu→CJ_Card_Holder.pcode"选项，开始打印示例模型。打印示例模型过程大约持续 1 h。

6) 打印完成并取下模型

打印完成后，将打印平台两侧的四个玻璃锁紧螺丝拧松，然后取下平台玻璃。待模型冷却后，使用铲刀将模型从平台玻璃上铲起并取下，如图 8-11 所示。

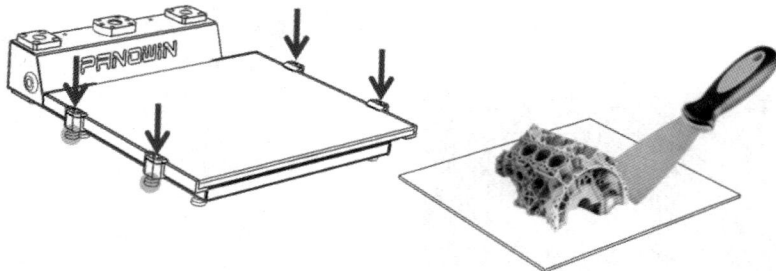

图 8-11　打印完成并取下模型

2. 3D 打印机的维护

对 3D 打印机进行正确的维护，可以从以下几个方面做起：

(1) 建议用户将工作环境的温度保持在 20℃～30℃之间。在此温度范围以外的环境下，用户需要根据实际环境调整打印参数，以确保获得良好的打印效果。

(2) 请在干燥环境下使用打印机。

(3) 建议用户使用 3 mm 厚的 PLA 打印耗材。PLA 耗材无毒无害，可降解，是一种高科技环保材料。如果使用丙烯腈-丁二烯-苯乙烯(ABS)耗材，则打印时会产生异味，需要保持环境空气流通。

(4) 请随时保持打印机的清洁，以确保打印机处于良好的工作状态，并保证打印机的运动机构能正常工作。如果运动机构粘有异物，请及时进行清洁处理。同时，建议用户随时检查运动机构是否润滑，并定期对运动机构加注润滑油。

注意：对于光轴，请使用液体润滑油；对于丝杆，请使用固体润滑油。

(5) 3D 打印机具备长时间打印大型物体的能力。但长时间打印时，建议用户不要离开，并留意打印机的状态。如果必须离开或遇到必须断电而暂停打印的情况，则可使用断电重续打印功能。

(6) 如果长时间不使用打印机，建议用户将打印耗材从打印喷头内取出。可先加热打印喷头，再使用自动退丝功能即可将打印耗材从喷头内取出。

(7) 更换不同颜色耗材时，需要在送丝完成后或打印前手动挤出残留在喷头内的耗材，待颜色正确后再选择文件进行打印。

(8) Panowin F3CL 打印机的操作界面为英文版，当使用 SD 卡导入.Pcode 文件时，请确保文件名中不包含中文。

8.3　三维扫描仪

三维扫描仪(3D Scanner)(如图 8-12 所示)和一般的扫描仪不同，它是集光、机、电和计算机技术于一体的科学仪器，主要用于对物体空间外形和内部结构进行扫描，以获取物体表面的空间坐标。在实际应用中，三维扫描仪用于侦测并分析现实世界中物体或环境的形状(即几何构造)与外观信息(如颜色、表面反照率等性质)。搜集到的信息常被用于进行三维重建计算，即在计算机虚拟环境中建立实际物体的数位模型。三维扫描仪广泛应用于工业设计、瑕疵检测、逆向工程、机器人导引、地貌测量、医学成像、生物扫描、刑事鉴定、数字文物保护、电影制片等领域。在机械创新设计与制作过程，当不能轻易获得必要的生产信息时，可采用逆向工程技术，通过三维扫描直接从成品分析并推导出产品的设计原理。

图 8-12　三维扫描仪

8.3.1　三维扫描仪的组成和功能原理

三维激光扫描系统主要由三维扫描仪、计算机、电源供应系统、支架以及系统配套软件等构成。三维扫描仪作为三维激光扫描系统的主要组成部分，它的基本结构包括激光发射器、接收器、时间计数器、马达控制的可旋转滤光镜、控制电路板、微处理器、CCD 相机以及软件程序等。三维扫描仪突破了传统的单点测量局限，具有高效率、高精度的独特优势。三维激光扫描技术能够获取扫描物体表面的三维点云数据，因此可以用于构建高精度、高分辨率的数字地形模型。三维扫描仪的外形如图 8-13 所示。

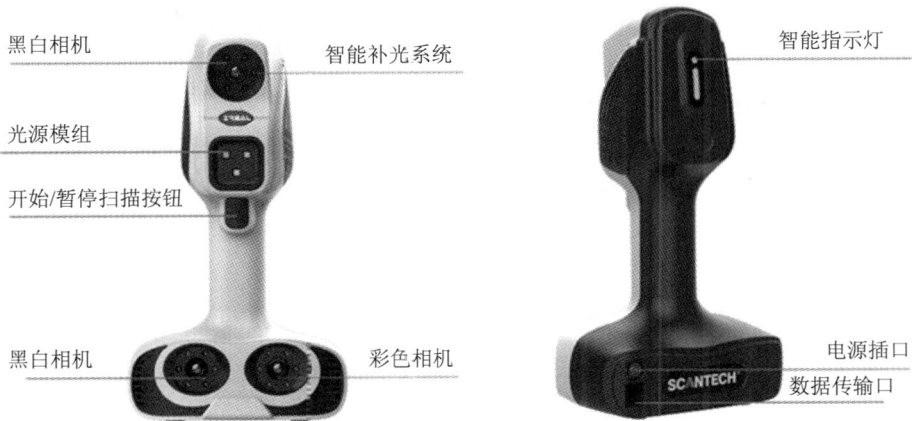

图 8-13　三维扫描仪的外形

三维扫描仪的基本工作原理是：采用一种结合了结构光技术、相位测量技术、计算机视觉技术的复合三维非接触式测量技术对物体进行扫描测量。所谓扫描测量，类似于传统照相机对视野内的物体进行拍摄，但传统照相机获取的是物体的二维图像，而三维扫描仪获取的是物体的三维信息。三维扫描仪能同时测量物体的一个面。在测量时，光栅投影装置会投影数幅有特定编码的结构光到待测物体上，同时，成一定夹角的两个摄像头同步采集相应的图像，然后系统对图像进行解码和相位计算，并利用图像匹配技术、三角形测量原理解算出两个摄像头公共视区内像素点的三维坐标。

》》 8.3.2　三维扫描仪的基本操作

三维扫描仪主要包括三维激光扫描仪和拍照式三维扫描仪。本节以拍照式三维扫描仪为例，简单说明如何快速掌握三维扫描仪的操作方法。

1. 前期的准备工作

1) 确保稳定的三维扫描环境

进行三维扫描之前，首先必须确保三维扫描仪处于一个稳定的环境中，这包括确保光环境适宜(避免强光和逆光对射)和三维扫描仪的稳固性等。要最大限度地减少环境对扫描结果的影响，确保三维扫描结果不会受到外部因素的影响。

2) 三维扫描仪校准

在三维扫描之前，对扫描仪进行校准是尤为关键的一步。校准的目的是让三维扫描仪知道自身在何种环境下进行扫描，以便能扫描并生成准确的三维数据。在校准过程中，要根据三维扫描仪预先设置的扫描模式调整参数，以计算出扫描仪相对于扫描对象的位置。

在校准扫描仪时，应根据扫描对象调整设备系统设置，以适应三维扫描环境。相机的设置会影响扫描数据的准确性，因此必须确保曝光等参数设置正确。应严格按照制造商的说明进行校准工作，仔细校正不准确的三维数据。校准完成后，可通过使用三维扫描仪扫描已知三维数据的测量物体来检查比对，如果发现扫描仪扫描的精度不符合要求，则需要重新校准扫描仪。

3) 对扫描物体表面进行处理

对有些物体的表面进行扫描是比较困难的。这些物体包括半透明材料(如玻璃制品、玉石)、有光泽或颜色较暗的物体。对于这些物体，需要使用哑光白色显像剂来覆盖其表面，目的是更好地扫描出物体的三维特征，使扫描数据更精确。需要注意的是，显像剂喷洒过多会导致物体表面厚度增加，对扫描精度造成影响。

注意：显像剂不会对物体表面及人体造成损害，扫描完成后用清水洗掉即可。

2. 开始扫描工作

准备工作完成后便可以对物体进行扫描了。使用三维扫描仪对待扫描物体从不同的角度进行三维数据捕捉，可以通过更改物体的摆放方式或调整三维扫描仪的相机方向来对物体进行全方位的扫描。

扫描的具体操作步骤如下：

(1) 根据待扫描物体确定合适的高度，将仪器置于垂直位置。

(2) 打开配套软件并进行初姓化，调节灯光亮度、焦距至合适状态，然后调节固定镜头的螺丝，使视窗口中的十字线移至方框中。

(3) 将标定板放在仪器下方，确保标定板在两个视窗口中都能完整显示。然后关灯，再次调节亮度、焦距至最清晰状态，并锁定焦距调节圈。

(4) 将标定板通电，点击软件上的相机图标开始标定。在四个方向对标定板进行拍摄，每个方向各拍摄两次。在拍摄期间，确保标定范围始终处于两视窗口内。拍摄完成后加载图像，输入行数、列数及边长，就可以标定了。

(5) 在扫描过程中，可以整体移动相机，但不能改变两个镜头的相对位置和焦距。移动物体或扫描仪时，需确保两视窗口中的十字线始终位于小方框内。点击软件界面上方的十字线图标，使用发光源上的调节按钮使大十字线变得清晰，然后关闭十字线显示，开始扫描。扫描下一幅图像时，需等待标志点变红后才可继续扫描。

(6) 扫描完成后，先保存工程文件，再点击剪刀图标以清除重复部分，最后导出点云文件。

8.3.3　扫描结果的后处理和输出

扫描结果的后处理和输出包括点云处理和数据转换两个步骤，分别介绍如下。

1. 点云处理

目前，市面上流行的三维扫描仪均采用点云自动拼接技术，无须后期手动拼接。这意味着，对物体表面扫描完成后，系统会自动生成物体的三维点云图形。但操作人员仍需要对扫描得到的点云数据进行处理，包括去除噪点(即多余的点云)以及进行平滑处理。

2. 数据转换

点云处理完成后，需要对数据进行转换。目前，大多数系统软件都能自动将点云数据直接转换成 STL 文件格式。生成的 STL 数据可以与市面上通用的三维建模软件(如 UG、Pro/E 等)进行对接。

8.4　专利申请

设计并制作完成创新作品后，需要进行知识产权的保护工作，申请专利就显得非常重要。

专利，从字面上理解，指的是专有的权利和利益。"专利"一词来源于拉丁语 Litterae Patentes，意为公开的信件或公共文献，最初是中世纪的君主用来颁布某种特权的证明，后来指英国国王亲自签署的独占权利证书。在现代，专利是受法律规范保护的发明创造。它是指一项发明创造的权利人或其代理人向特定国家或地区的专利审批机关提出专利申请，经过依法审查合格后，由该国家或地区的专利审批机关授予专利申请人在规定的时间内对该项发明创造享有的专有权。这种专利权仅在该国家或地区的法律管辖范围内有效，对其他国家或地区没有约束力。

》》 8.4.1　专利的分类

根据我国《专利法》的规定，只要发明人所发明创造的内容符合相关的规定，且在该项发明创造的申请日以前没有被他人以同样的发明创造在申请日以前，向国务院专利行政部门提出过申请并记载在申请日以后公布的专利申请文件或者公告的专利文件中，也没有在国内外出版物上公开发表过、在国内公开使用过或者以其他方式为公众所知，就能进行专利权的申请。但能否通过申请还需要经过国务院专利行政部门的一定审查才能确定。此外，专利权人需要按照规定缴纳年费，以保持专利权处于有效的状态。

《专利法》规定，专利分为发明专利、实用新型专利及外观设计专利三种类型。

1．发明专利

发明是指对产品、方法或者其改进所提出的新的技术方案。产品是指工业上能够制造的各种新制品，包括有一定形状和结构的固体、液体、气体之类的物品。方法是指对原料进行加工，制成各种产品的方法。

2．实用新型专利

实用新型是指对产品的形状、构造或者其结合所提出的适于实用的新的技术方案。同发明专利一样，实用新型专利保护的也是一个技术方案。但实用新型专利保护的范围较窄，它只保护有一定形状或结构的新产品，不保护方法以及没有固定形状的物质。实用新型的技术方案更注重实用性，其技术水平较发明而言，要低一些。多数国家的实用新型专利保护的都是比较简单的、改进性的技术发明，这些技术发明可以称为"小发明"。授予实用新型专利不需经过实质审查，手续比较简便，费用较低，因此，关于日用品、机械、电器等方面的有形产品的小发明，比较适用于申请实用新型专利。

3．外观设计专利

外观设计是指对产品的形状、图案或其结合以及色彩与形状、图案的结合所做出的富有美感并适于工业应用的新设计。外观设计专利的保护对象是产品的装饰性或艺术性外表设计，这种设计可以是平面图案，也可以是立体造型，更常见的是这二者的结合。

外观设计与发明、实用新型有着明显的区别，外观设计注重的是设计人对一项产品的外观所做出的富有艺术性、具有美感的创造。但这种具有艺术性的创造不是单纯的工艺品，它必须具有能够在产业上应用的实用性。外观设计专利实质上保护的是美术思想，而发明专利和实用新型专利保护的是技术思想。虽然外观设计和实用新型都与产品的形状有关，但两者的目的却不相同，外观设计的目的在于使产品形状产生美感，而实用新型的目的在于使具有形态的产品能够解决某一技术问题。例如，对于一把雨伞，若它的形状、图案、色彩设计得相当美观，那么应申请外观设计专利；如果雨伞的伞柄、伞骨、伞头结构设计得精简合理，可以节省材料且耐用，那么应申请实用新型专利。

在我国，授予专利权的发明和实用新型应当具备新颖性、创造性和实用性。授予外观设计专利的主要条件是新颖性。新颖性是指该发明或者实用新型不属于现有技术；也没有任何单位或者个人就同样的发明或者实用新型在申请日以前向国务院专利行政部门提出过申请，并记载在申请日以后公布的专利申请文件或者公告的专利文件中。

8.4.2　专利申请的流程

当我们有了自己的专利想法，首先应对该方向的专利进行查询，以确认此专利尚未被他人申请。在确认自己具备申请专利的资格后，下一步就是正式申请专利。专利申请的流程一般包含以下三个步骤：准备申请文件、提交申请文件、办理专利申请手续。专利申请流程如图 8-14 所示。

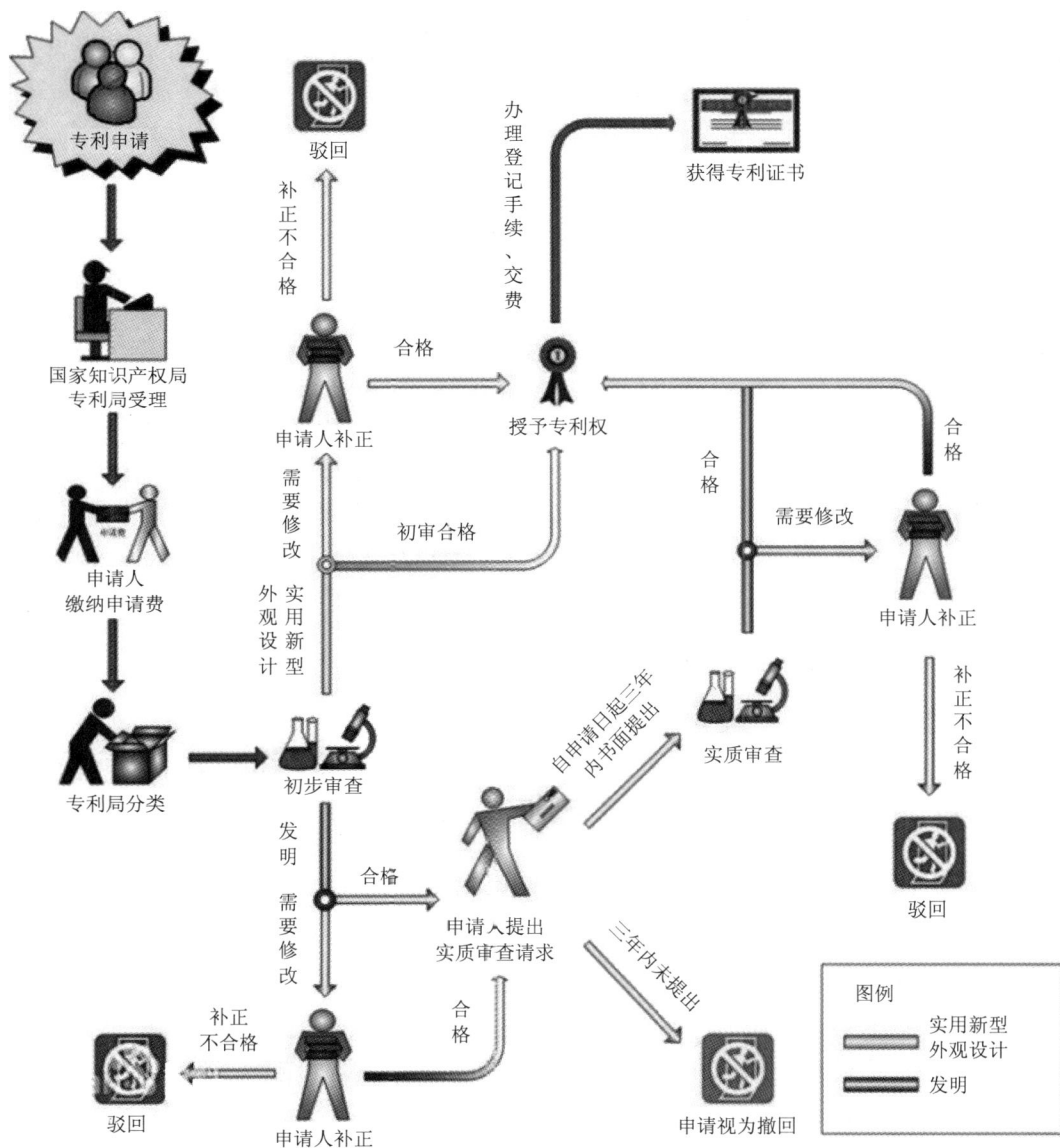

图 8-14　专利申请流程图

发明专利申请的审批程序包括受理、初步审查、公布、实质审查以及授权五个阶段。实用新型专利和外观设计专利申请不进行公布和实质审查，通常只包括受理、初步审查、授权三个阶段。

下面以发明专利申请为例介绍专利申请的各个阶段。

1. 受理阶段

专利局收到专利申请后进行审查，如果申请符合受理条件，专利局将确定申请日，给予申请号，并在核实过文件清单无误后发出受理通知书，通知申请人。如果申请文件存在以下问题之一，则专利局将不予受理：申请文件未打字、印刷或字迹不清、有涂改；附图及图片未用绘图工具和黑色墨水绘制、照片模糊不清有涂改；申请文件不齐备；请求书中缺申请人姓名或名称及地址不详；专利申请类别不明确或无法确定；外国单位和个人未经专利代理机构直接寄送的专利申请。

2. 初步审查阶段

经受理后的专利申请，在按照规定缴纳申请费后，将自动进入初步审查(以下简称为初审)阶段。在初审之前，专利局会首先对发明专利申请进行保密审查，若确定需要保密，则将按照保密程序处理。

初审阶段主要对申请是否存在明显缺陷进行审查，包括审查内容是否属于《专利法》规定的不授予专利权的范围，是否明显缺乏技术内容以至于不能构成技术方案，是否缺乏单一性，以及申请文件是否齐备且格式是否符合要求。对于外国申请人，还需进行资格审查及申请手续审查。若审查发现不合格之处，则专利局将通知申请人在规定的期限内进行补正或陈述意见。若申请人逾期不答复，则申请将被视为撤回。若经答复后仍未消除缺陷，则专利申请将被驳回。

对于发明专利申请，若初审合格，则专利局将发给申请人初审合格通知书。而对于实用新型和外观设计专利申请，除进行上述审查外，还需特别审查其是否明显与已有专利相同，即是否为一个新的技术方案或新的设计。若经初审未发现驳回理由，则实用新型和外观设计专利申请将直接进入授权程序。

3. 公布阶段

发明专利申请自初审合格通知书发出之日起进入公布阶段。若申请人未提出提前公开的请求，则自申请日起满 18 个月后才进入公开准备程序。若申请人请求提前公开，则申请将立即进入公开准备程序。经过格式复核、编辑校对、计算机处理、排版印刷等流程，大约 3 个月后，该申请的说明书摘要将在专利公报上公布，并出版说明书单行本。申请公布后，申请人即获得自公布日起至授权日期间的临时保护权利。

4. 实质审查阶段

发明专利申请公布以后，如果申请人已经提出实质审查(以下简称实审)请求且该请求已生效，则申请将进入实审程序。如果发明专利申请人自申请日起满 3 年还未提出实审请求，或者实审请求虽已提出但尚未生效，则该申请将被视为撤回。

在实审期间，审查员将对专利申请的新颖性、创造性、实用性以及是否符合《专利法》规定的其他实质性条件进行全面审查。若经审查认为该申请不符合授权条件或存在各种缺陷，则审查员将通知申请人在规定的时间内陈述意见或进行修改。若申请人逾期不答复，则申请将被视为撤回。若经多次答复及修改后，申请仍不符合授权要求，则该申请将被驳回。

5．授权阶段

实用新型和外观设计专利申请经初步审查，以及发明专利申请经实质审查后，若未发现驳回理由，则审查员将作出授权决定，申请随即进入授权登记准备阶段。在此阶段，审查员将对授权文本的法律效力和完整性进行复核，同时对专利申请的著录项目进行仔细校对和必要的修改。之后，专利局将发出授权通知书和办理登记手续通知书。申请人收到通知书后，应当在规定的两个月期限内，按照通知的要求办理登记手续并缴纳相应的费用。若申请人按期办理登记手续，则专利局将正式授予专利权，颁发专利证书，并在专利登记簿上做好相应记录。随后，该专利信息将在两个月后于专利公报上予以公告。若申请人未按规定办理登记手续，则视为放弃取得专利权的权利。

专利复审程序是专利申请在初步审查或实质审查阶段被驳回后，给予申请人的一种救济途径。根据《专利法》第四十一条的规定，专利复审委员会负责对复审请求进行受理和审查，并据此作出复审决定。复审请求案件主要涉及对初步审查或实质审查程序中驳回专利申请的决定持有异议，从而请求专利复审的案件。值得注意的是，只有专利申请的原始申请人才有权启动专利复审程序，并且这一请求必须在收到驳回通知书之日起的 3 个月内，向国家知识产权局专利复审委员会正式提出。

需要注意的是，人们常常容易将"专利"与"专利申请"这两个概念混淆。例如，有些人在其专利申请尚未获得授权之前，就声称自己拥有专利。实际上，专利申请在获得授权之前，仅能被称作专利申请。如果该申请最终获得授权，那么它可以被称为专利，此时专利申请人对其所请求保护的技术范围拥有独占实施权；如果最终未能获得授权，则该申请将永远无法成为专利。换言之，尽管专利申请人提交了专利申请，但在获得授权之前，他们并未就所请求保护的技术范围获得独占实施权。显然，这两个概念所代表的状态及其结果之间存在巨大差异。

由于专利直接关系到切身利益，世界各国关于专利的知识、法律和规定相当繁多且细致，甚至各不相同。要了解这些细节，可通过查询相关的具体法律、条文或国际条约来实现。

值得注意的是，专利具有两个最基本的特征是"独占性"与"公开性"。以"公开"换取 "独占"是专利制度最核心的原则，这分别体现了权利与义务的两面性。"独占性"指的是法律授予专利权人在一定期限内享有排他性的独占权利；"公开性"则是指专利申请人作为对法律授予其独占权的回报，必须将其技术内容公之于众，使得社会公众能够通过正规渠道获取相关的专利信息。

第9章

TRIZ 理论

9.1 TRIZ 理论的起源

近年来，我国将"大众创业、万众创新"列为国家重要发展战略之一，提倡在全国范围内增强创新意识、提高创新能力、开发创新技术，实现"人人创新"。创新是一个国家长远发展的必经之路。21 世纪以来世界各国经济和科技的竞争日益激烈，创新能力的高低已成为衡量一个国家综合国力强弱的重要因素。掌握一定的创新方法与技能对每一位创新工作者都非常有益，方法好则事半功倍。经过多年的研究和实践，人们发现起源于苏联的 TRIZ 理论具有鲜明的优势，在发明创新中表现突出，越来越受到人们的欢迎和重视。

北京奥运会火炬"祥云"顶端的纸卷形状(如图 9-1(a)所示)容易引发风的回旋。根据 TRIZ 理论中的事先防范原理，设计者在预燃室上方添加盖板，以提高它的抗风性能，确保在遇到瞬时风变时，火炬依然可以正常燃烧。在奥运会期间，运动员在获得奖牌后处于兴奋状态，有可能将奖牌抛向空中。为了提高奖牌的抗冲击性能和强度，根据 TRIZ 理论中的混合原理，北京奥运奖牌(如图 9-1(b)所示)采用了金镶玉的结构设计。修改完善小组对奖牌金属和玉结合的工艺技术以及安全性等进行了多次技术测试。实验结果表明，将奖牌从两米高空自由落下，落地时奖牌完好无损。

(a) 火炬   (b) 奖牌

图 9-1 北京奥运会火炬和奖牌

》 9.1.1　什么是 TRIZ 理论

TRIZ(发明问题解决理论)是由苏联发明家根里奇·阿奇舒勒(G.S.Altshuller)及其带领的一批科研人员在研究了大量高水平专利的基础上，提出的一套具有完整理论体系的创新方法。TRIZ 曾作为苏联的国家机密，在军事、工业、航空航天等领域均发挥了巨大作用，被誉为创新的"点金术"。直到苏联解体后，大批 TRIZ 专家移居其他发达国家，TRIZ 才被传播到美国、欧洲、日本、韩国等国家和地区，逐渐为世人所知。近年来，TRIZ 在我国开始获得广泛关注，并在各行各业都得到了广泛应用。

TRIZ 理论与工业联系密切，而机械创新设计是工业创新的重要组成部分，可以说，只要是有实体结构的地方就有机械。本章将介绍 TRIZ 的理论知识体系和主要工具，包括 40 个发明原理、技术冲突与矛盾矩阵(详见插页中的矛盾矩阵图)、物理冲突与分离原理，以及利用这些原理解决物理冲突和技术冲突的方法。

TRIZ 是 "Teoriva Resheeniya Izobreatatelskikh Zadatch" 的首字母缩写，其英文全称为 Theory of Inventive Problem Solving，英文缩写为 "TIPS"，翻译成中文为 "发明问题解决理论"。划时代的 "发明问题解决理论"(TRIZ)的出现为人们提供了一套全新的创新理论，开启了人类创新发明史的新篇章。TRIZ 利用创新的规律，使创新过程摆脱了盲目的、高成本的试错和灵光一现式的偶然，使得发明创造不再是 "智者" 的专利，也不再是灵感爆发的结果。

TRIZ 是由苏联发明家根里奇·阿奇舒勒带领一批学者从 1946 年开始，经过 50 多年对世界上 250 万份专利文献进行搜集、研究、整理、归纳、提炼，建立的一整套系统化、实用性的解决发明问题的理论、方法和体系。阿奇舒勒以新颖的方式对专利进行分类，特别研究了专利发明家解决发明问题的思路和方法，从而发现 250 万份专利中只有 4 万份是真正具有创新性的发明专利，其余都是某种程度的改进与完善，如图 9-2 所示。经过研究，他们发现技术系统的发展不是随机的，而遵循一些相同的进化规律。人们可以根据这些进化规律预测技术系统未来的发展方向。同时，他们也发现，技术创新所面临的基本问题和矛盾是相似的，而大量发明创新过程都有相似的解决问题的思路。因此，阿奇舒勒等人指出，创新所依据的科学原理和法则是客观存在的，大量发明创新都依据同样的创新原理，这些原理会在后续的发明创新中被反复应用，只是被使用的技术领域不同而已。所以，发明创新是有理论根据的，也是完全有规律可以遵循的。

》 9.1.2　TRIZ 理论的内涵

TRIZ 是一门科学的创造方法论。它是基于本体论、认识论和自然辩证法产生的，也是基于技术系统发展的内在客观规律来对问题进行逻辑分析和方案综合的。TRIZ 能够定向地引导人们进行创新，避免盲目、随意。它提供了一系列工具，包括用于解决技术冲突的 40 个发明原理和矛盾矩阵、用于解决物理冲突的 4 个分离原理和 11 种方法、针对发明问题的 76 个标准解法和发明问题解决算法以及消除心理惯性的工具和资源-时间-成本算子等。这些工具使得人们可以按照解决问题的不同方法，针对不同问题，在不同阶段和不同时间进行操作和执行，从而使发明过程变得可量化、可控制，而不再完全依赖灵感和悟性。

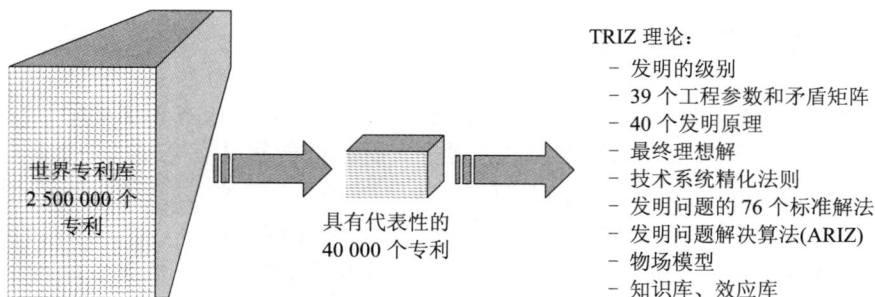

图 9-2　TRIZ 理论的起源

9.2　TRIZ 理论的应用

产品是功能的实现载体，任何产品都承载着一个或多个功能。为了实现这些功能，产品由多个相互关联的零部件组成。当修改某个零部件的设计，以提高产品某一方面的性能时，可能会影响与这些被改进设计的零部件相关联的其他零部件，结果可能导致产品另一方面的性能受影响。如果这些影响是负面的，那么设计就出现了冲突。例如，为了固定轴上的零件而采用螺母进行固定，需要在轴上加工螺纹。这样做虽然达到了固定的目的，但同时也削弱了轴的强度。这种冲突是创新设计中经常遇到的问题，也是最难解决的问题。可以说，创新就是在不断解决这些冲突的过程中产生的。

当产品的一个技术特征参数的改进对另一个技术特征参数产生负面影响时，就产生了冲突。TRIZ 理论认为，发明问题的核心是解决冲突，无法解决冲突的设计不是创新设计。产品的进化过程就是不断识别并解决产品内部冲突的过程。当一个冲突被成功解决后，产品会进入一个相对稳定的发展阶段；随着后续新的冲突被识别并解决，产品会进一步进化到新的状态。设计人员在设计过程中不断地发现并解决冲突，是推动产品向理想化方向进化的动力。

在解决冲突时，应遵循的原则是：在改进系统中的一个零部件或性能时，不能对系统或相邻系统中的其他零部件或性能造成负面影响。

9.2.1　发明原理

阿奇舒勒在对全球专利进行分析、研究的基础上，发现不同领域的发明中所使用的规则数量有限。这些规则在不同时代的发明和不同领域的创新中被反复采用。基于这一发现，阿奇舒勒提出了 40 条冲突解决原理，也被称为发明原理。这些原理是在探索新的工作原理时所应遵循的规律。实践证明，这些原理对指导设计人员的发明创造活动具有重要的指导意义。

原理 1：分割原理

(1) 将一个物体分割为几个独立部分。例如，在不同品牌的家用电冰箱中，冷冻室和冷藏室的位置可能不同。有些产品将冷冻室和冷藏室设计为两个独立部分，允许用户根据个人喜好进行配置。在货车装卸过程中，如果车头部分闲置，则会造成资源浪费。因此，将货车分解为动力部分(机车)和装载部分(拖车)，可以在对拖车进行装卸时让机车拖拽其他拖车，从而提高货车各部分的使用效率。

(2) 将一个物体分割为几个容易组装和拆卸的部分。在机械设计中，独立的运动单元被称为构件。在结构设计中，经常需要将一个构件拆分为多个独立零件进行分别制造，这样有助于简化制造过程，降低加工成本，便于装配。此外，将构件拆分为多个零件还能使得结构的某个参数(如尺寸、形状等)更易于调整，以满足不同的设计需求。另外，有时这样的拆分也是为了满足设计功能对同一个构件的不同部位所提出的特定材料要求。

(3) 提高物体的可分性。例如，在机械切削加工中，刀具的刀头部分在切削过程中会逐渐磨损。将刀杆和刀头设计成可拆卸的结构，不仅便于快速更换刀头，而且有助于提高刀杆的利用率。

原理 2：分离原理

(1) 将一个物体中的有害部分与整体分离。例如，家用空调器的散热器在工作时会产生较大的噪声。通过将散热器从空调器的主体部分中分离出来并作为一个独立的单元安装在室外，可以有效减少其对室内工作和生活环境的噪声干扰。

(2) 将一个物体中起某种专门作用的部分与整体分离。例如，激光复印机中的成像功能可以被分离出来作为一个独立的功能模块。这样，当该模块与扫描功能结合时，可以形成复印机；与计算机结合时，可以形成打印机；与通信功能结合时，可以形成传真机。这种分离和再组合的方式，提高了单一部件的多功能性和使用效率。

原理 3：局部质量原理

将零件的结构从均匀分布改为非均匀分布，根据零件不同位置的具体功能需求来设计其局部结构，以确保零件的每一个局部都能发挥出最佳效能。例如，在制造过程中，对零件的不同部位采用不同的热处理工艺或表面处理技术，以赋予它们特定的功能特性，从而满足设计对特定局部的特殊要求。这样的设计方式可以确保零件在整体性能上达到最优。

原理 4：不对称原理

机械零件的传统设计多采用对称结构，因为对称结构有助于简化设计。然而，机械零件也可以采用不对称结构，不对称性原理为机械结构设计提供了更多的选择和灵活性。以机械传动中常用的轮毂结构为例，虽然很多轮毂采用两侧对称的设计，但如图 9-3 所示，为了解决轮毂与轴、轮毂与轮缘之间的定位问题，可以采用不对称的轮毂结构设计。这种设计不仅解决了定位问题，还提高了整体的性能和效率。

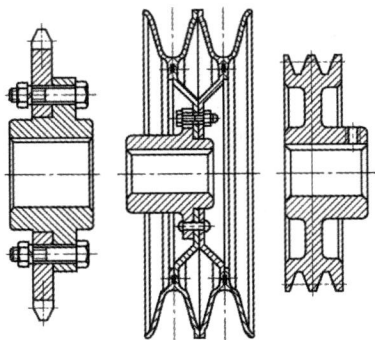

图 9-3　不对称的轮毂结构

原理 5：合并原理

(1) 在空间上将功能相同或相近的物体合并在一起。例如，收音机和录音机在功能上有许多相似之处，因此，在设计收录机时，可以将收音机和录音机的功能结合在一起，使整体结构更为紧凑和简单。同样地，电子表和电子计算器也可以进行合并设计，它们可以共用电源、晶振、显示器等部件，从而降低整体系统的复杂性和成本。

(2) 在时间上将功能相关的物体合并在一起。例如，将铅笔和橡皮设计为一体化工具，可以使人们在写错字时方便地直接使用橡皮进行修改，提高了使用的便捷性。又例如，将制冷和加热功能集成在同一台家用空调器中，使得空调不仅在夏季提供制冷功能，在冬季也能提供加热功能，从而扩展了空调的使用季节，改善了人们的生活质量。

原理6：多用性原理

多用性原理也称为多功能原理，指的是使一个物体或系统具有多种功能。这不仅可以提高产品的价值，增加其竞争力，还可以通过将相关功能组合在一起来降低整体成本并简化使用流程。这一原理与合并原理有相似之处。

在系统设计中，让组件承担多种功能可以减少组件数量，如飞机设计中用屏蔽板充当机架，或者利用电线同时作为网络线，实现一物多用，简化系统。如图9-4所示，多用工具集多种常用工具的功能于一体，为旅游和出差人员提供了极大的便利。同样地，现代手机设计中也将多种功能集成在一起，不仅拓展了手机的使用范围，还提升了其性价比，使得手机成为一款功能强大且实用的多功能设备。

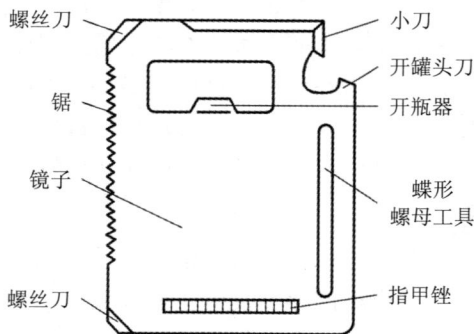

图9-4　多用工具

原理7：嵌套原理

(1) 将某个物体放入另一个物体的空腔内。例如，地铁车厢的车门(如图9-5所示)在开启时，门体会滑入车厢壁内的空腔中，从而不占用多余的空间。另外，为了美观和安全性，电线通常会被嵌入墙体内。同样地，为了提供均匀的加热或制冷效果，可以将加热或制冷部件嵌入住房的地板或天花板中。而在汽车中，安全带在闲置状态下会被自动卷入卷收器内，从而不会占据驾驶空间或干扰乘客。

(2) 利用嵌套的方式，将第一个物体嵌入第二个物体内，再将第二个物体嵌入第三个物体内，以此类推。例如，多层伸缩式天线通过层层嵌套的结构设计，实现了在不使用时能够极大地减少对空间的占用，提高了便携性和实用性。同样采用这种嵌套结构的还有多层伸缩式鱼竿、多层伸缩式液压缸以及多层伸缩式梯子，这些设计都有效利用了空间，并提升了设备的便利性和效率。

图 9-5　地铁车厢的车门

原理 8：质量补偿原理

对于很多机械装置，物体的重力是主要的负载。如果能够用某种力与物体的重力相平衡，那么可以显著减小机械装置的负载，从而提高其工作效率和性能。

(1) 用一个向上的力与向下的重力相平衡。例如，在悬挂广告牌时，可以利用氢气球产生的浮力与广告牌的重力相平衡，从而减小悬挂结构的负载。在电梯、立体车库等起重类机械装置的设计中，为了降低动力及传动装置的负载，可以通过滑轮为起重负载配置配重。具体地，如果使配重等于轿厢重量与最大载重量之和的一半，那么可以极大地降低动力及传动装置的负载。

对于精密滑动导轨，为了减小导轨的载荷、提高精度并降低摩擦阻力，可以采用图 9-6 所示的机械卸载导轨。这种导轨通过弹性支承的滚子来承担大部分载荷，而精密滑动导轨则主要为零件的直线运动提供精密的引导。

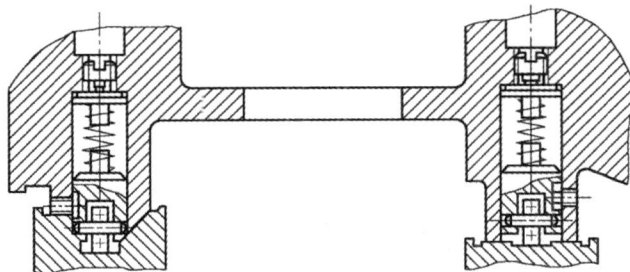

图 9-6　机械卸载导轨

(2) 通过物体与环境之间的相互作用来为物体提供向上的作用力，从而平衡重力。例如，船在水中时，船体排开的水为船提供了浮力，这个浮力与船的重力相平衡，使得船能够浮在水面上。飞机在飞行时，通过机翼与空气的相对运动，产生了一个向上的升力，这个升力与飞机的重力相平衡，使得飞机能够在空中稳定飞行。

原理 9：预加反作用原理

在有害作用发生之前，预先施加一个与之相反的作用力或应力，以抵消或减轻有害作用的影响。例如，在梁受到弯曲载荷时，受拉伸的一侧材料容易受到损害。为了减轻这种损害，可以在梁承受工作载荷之前，通过某些技术措施(如预弯或预应力)对其施加一个与工作载荷方向相反的预加载荷。这样，当梁受到预加载荷和工作载荷的共同作用时，其应力分布会更为均匀，峰值应力会降低，从而有利于避免梁的失效。

原理 10：预操作原理

在正式操作开始之前，为预防某些不利意外事件的发生，通常会预先进行一系列的准备或预防措施。例如，为了防止被连接件在载荷作用下发生松动，在施加载荷之前会对螺纹连接进行预紧；为了防止螺纹连接在振动环境下发生反转而导致连接松动，在预紧的同时会对螺纹连接采取专门的防松措施；为提高滚动轴承的支承刚度和稳定性，在工作载荷作用之前对轴承进行预紧；为了防止零件在使用过程中受到腐蚀，在装配前对零件表面进行防腐处理，以增强其抗腐蚀性。

原理 11：预补偿原理

事先设计并准备好应急防范措施，以提高系统的可靠性和安全性。例如，为了在瞬时过载的条件下保护关键零部件免遭损坏，可以在机械装置中设置一些预设的薄弱单元(也称为"牺牲单元")。当系统出现过载时，这些薄弱单元会首先达到其承载能力极限并失效，从而中断过载载荷的传递路径，有效保护其他重要零件免受损害。电路中的熔断器、机械传动中的安全离合器等就是这类起过载保护作用的单元。

原理 12：等势性原理

在物体传送过程中，尽量使其处于等势面中，即不需要进行不必要的升高或降低，以减少能量消耗和提高效率。例如，在工厂生产线设计中，传送带通常被设计成与操作台等高，从而避免了工人频繁地将工件搬上搬下，减少了不必要的体力消耗和时间浪费。鹤式起重机也是利用等势原理的一个典型例子，它在搬运物品时，通过精确控制，使重物基本沿着近似水平线移动，不改变重物的势能，从而避免了因先提升再降下而导致的能量损失。

原理 13：反向原理

通过使用与原来相反的动作或方法来达到相同的目的，这包括不直接实现条件所规定的作用，而采取相反的方式；使物体或外部介质的活动部分变为静止的，而原本静止的部分变为可动的；将物体的方向或位置进行颠倒。例如，为了松开粘连在一起的物体，通常不加热外部件，而选择冷却内部件，通过改变温度差异来达到分离的目的；为了实现工件和刀具之间的相对运动，可以让工件旋转，同时保持刀具静止，从而通过工件的运动来完成切削或加工过程。

原理 14：曲面化原理

将物体的直线、平面形状或功能向曲线、球面化方向转变，以充分利用空间、提高效率和性能。例如，在将管子焊接到管栅的装置中，使用滚动球形电极(或称为球形接头)可以更容易地适应管子的不同位置和角度，从而提高焊接的灵活性和效率。

原理 15：动态原理

将静止的物体设计成可动的，或将一个物体分成几个可以相互移动的部分，以优化其功能和性能。例如，在自动电弧焊的过程中，为了大范围地调节焊池的形状和尺寸，采用了可弯曲的带状电焊条。这种电焊条可以沿着预定的路径弯曲，从而在焊接过程中呈现曲线形状，实现更灵活的焊接路径和更准确的焊接效果。

原理 16：过量作用原理

如果在实现百分之百所需功效的过程中遇到困难，则可以考虑采取局部作用或过量作用原理，即取得略小于或略大于所需的功效，然后再进行调整。这样往往能够简化问题，并可能带来意想不到的便利。例如，在测量血压时，首先向气袋中充入过量的空气，以确保气袋完全膨胀并紧密贴合在手臂上。然后，再慢慢排出空气，直到达到适当的压力以进行血压测量。同样地，在使用注射器抽取药液时，先抽取略多于所需的药液量，然后再通过调整排出适量的药液，以达到精确的剂量。

原理 17：维数变化原理

当物体在某一维度(如线性)上的运动或分布存在困难时，应考虑将其运动或分布扩展到更高的维度(如平面或三维空间)。同时，也可以利用多层结构替代单层结构，或者将物体倾斜、侧置以改变其运动或分布方式。此外，还可以利用物体的反面或相邻面来实现特定的功能或效果。例如，多轴联动的加工中心通过增加运动轴的维度，能够完成复杂的零件曲面加工，实现更高的加工精度和效率；立体车库通过利用三维空间，在相同的地面面积上停放更多的车辆，提高了空间利用率；在越冬圆木的存放中，为了增大木材堆放场的单位容积和减小受冻木材的体积，将圆木扎成捆并立着放，利用高度维度来增加储存量，并减小木材因受冻而产生的体积变化。

原理 18：机械振动原理

通过利用振动，无论是使原本静止的物体产生振动，还是增强已有的振动或形成共振，都可以达到提高效率、改善性能或实现特定功能的目的。例如，手机采用振动替代传统的铃声，以在需要安静的环境中提供提醒；电动剃须刀通过高速振动的刀头来更有效地刮除胡须；电动按摩椅子利用振动来模拟按摩效果，提供放松和舒缓的体验；甩干机通过快速旋转产生离心力，使衣物中的水分被甩出；振动筛则利用振动来分离不同大小的颗粒；电动牙刷通过高频振动来提高刷牙的清洁效果；而核磁共振仪则利用特定频率的射频脉冲使人体组织中的氢原子核产生共振，进而通过检测这些共振信号来获取医学图像。

原理 19：周期性作用原理

将连续的作用转换为周期性的作用，或改变周期性作用的频率或周期。例如，热循环自动控制薄零件的触点焊接方法基于测量温差电动势的原理。为了提高控制的准确性，在采用高频率脉冲焊接时，在焊接电流脉冲的间隔中测量温差电动势。此外，警车的警笛利用周期性的声音变化，既能避免持续噪声带来的不适，又能增加声音的辨识度，使人更加警觉；而电锤则利用周期性的脉冲力，使钻孔工作更为容易和高效。

原理 20：有效作用的连续性原理

通过消除空转和间歇运转，实现连续工作，从而提高效率和效果。例如，卷笔刀通过连续旋转的刀片代替重复的削铅笔动作，提高了削铅笔的效率和连续性；苹果削皮器利用连续的旋转运动，一次完成整个苹果的削皮过程，避免了重复切削的烦琐；在加工两个相交的圆柱形孔时，为提高加工效率，人们使用了一种特殊设计的钻头，该钻头在正反行程中均可进行切削，从而实现了连续加工，减少了空转时间。

原理 21：快速原理

通过缩短执行一个危险或有害作业的时间来减少潜在的危害或不利影响。例如，在焊接过程中，为了减少局部加热导致的焊接热变形，采用高能密度的激光焊接来缩短焊接时间；在生产胶合板时，为保持木材的天然特性和减少结构变化，使用 300℃～600℃的燃气火焰对木材进行短时间烘烤；闪光灯采用瞬间闪光的方式，不仅节省了能源，还避免了长时间闪光可能对人眼造成的伤害。

原理 22：变害为利原理

将有害因素进行组合或重新利用，以消除其有害影响或将其转化为有益的结果；通过增加有害因素的幅度，使其达到无害甚至有益的状态。例如，在机械设计时，通过设计易于拆卸的零件，不仅方便了机器的维修和维护，而且在机器报废时能够方便地进行回收，将原本可能成为废物的部件转变为可再利用的资源；在潜水活动中，使用氢氧混合气体代替纯氧，避免了潜水员因吸入纯氧过多而导致的昏迷或中毒问题；在森林灭火时，采用先炸开火势即将通过的地方的策略，通过创造防火隔离带，有效地阻止了火势的蔓延，从而达到了灭火的目的。

原理 23：反馈原理

对于不易直接掌握或控制的情况，可以通过构建有效的反馈系统来进行实时监测和调整。这些反馈系统通常依赖传感与信息处理技术来收集和传递数据。例如，许多能够自动识别、自动检测和自动控制的电子仪器、设备以及机器人等机电一体化产品，都配备了自动反馈功能，以确保系统的稳定运行和精确控制；汽车上的仪表可以实时显示车辆的运行状态，为驾驶员提供必要的反馈；钓鱼用的浮标可以反映鱼咬钩的情况；自动开关的感应门和声控灯则根据环境或人的动作提供即时的反馈；随节拍变化的音乐喷泉则通过音乐节奏的变化来提供视觉上的反馈。

原理 24：中介原理

通过利用一个具有传递作用或连接功能的中间物体，将一个物体(特别是易于分离的物体)暂时或永久地附加到另一个物体上。例如，使用自拍杆作为连接手机和用户的中间物体，方便用户进行自拍；弹琴时使用的拨片作为连接手指和琴弦的中介，帮助弹奏出特定的音色；在机械传动中，带传动和链传动作为连接动力源和工作部件的中介，实现动力的传递；在机器的机架和地面之间安装的减震胶、隔振器或隔振垫，作为减少振动传递的中介；在化学反应中，催化剂作为促进反应速率的中间物质，帮助实现特定的化学转化。

原理 25：自我服务原理

物体通过其内在的设计或功能，实现自我调整、自我维护或自我修复，从而减少对外界干预的依赖。例如，在带传动系统中，自动张紧装置利用重锤的重力作为动力源，使张紧轮始终保持对皮带的适当张紧力，确保传动系统的稳定运行；含有粉末冶金多孔材料的轴承，在使用前通过浸泡在热油中吸收润滑油，当轴运转时，随着温度的升高，轴承中的油会释放出来进行润滑，实现了轴承的自我润滑功能；数码相机中的超声波除尘系统，通过自动发射超声波来清除感光元件上的灰尘，保证了拍摄质量，实现了自我清洁的功能。

原理 26：复制原理

使用简单且经济的替代品来替换难以获取、复杂、昂贵、不便或易损坏的原件，或者通过光学、数字或其他方式复制物体或系统，以达到节省时间、资金、便于观察等目的。例如，在医学诊断中，使用摄影或成像技术"复制"病变部位，以便于医生观察和分析病情；在驾驶员培训中，采用虚拟驾驶系统模拟真实的驾驶环境，以经济和安全的方式训练驾驶员。

原理 27：替代原理

采用廉价且可能不太持久的替代品来替代昂贵且持久的原件，或用一组廉价的物体替代一个昂贵的物体，通过牺牲某些品质(如持久性)来换取成本或其他方面的优势。例如，在一次性场合中，使用纸杯替代玻璃杯，以降低成本和减少清洗的麻烦；在制造玻璃刀时，使用人造金刚石替代天然钻石作为刀头，以降低成本，同时保持足够的硬度和耐用性。

原理 28：机械系统替代原理

用光学、声学、热学、电场或磁场等其他物理系统来替代或部分替代现有的机械系统，以提高效率、简化结构或增加功能性。例如，采用光电传感器技术的感应式水龙头替代传统的机械式手动水龙头，使得水龙头的使用更加方便和卫生；利用电机调速系统替代复杂的机械传动变速系统，实现更为精确和灵活的速度控制；使用电磁制动系统替代传统的机械制动系统，以提高制动效率和响应速度。

原理 29：气动与液压原理

使用气体或液体替代物体的固体部分，通过气体或液体的膨胀、气压或液压来执行功能或提供缓冲作用。例如，采用充气或充液的结构(如气枕、橡皮艇、电动按摩水床)来替代传统的固体结构，利用气体或液体的特性来实现特定的功能；利用静液压或液体反冲的结构(如液压千斤顶、液体阻尼器)来提供稳定的力量或吸收冲击。

原理 30：利用软壳和薄膜原理

使用软壳和薄膜来替代传统材料，或用它们来将物体与外部介质隔离。例如，在充气混凝土制品的成型过程中，通过在模型中浇注原料后覆盖一层不透气的薄膜来增强混凝土的膨胀效果。此外，使用塑料薄膜替代玻璃来建造温室大棚，可以实现更轻便、更经济的结构，并且方便安装和拆卸；水上步行球则利用软壳和薄膜原理，将游客与外部水域隔离，确保游客在水上安全行走。

原理 31：多孔材料原理

将物体设计成多孔结构或利用附加的多孔元件(如镶嵌、覆盖等)来改变其原有特性。如果物体本身已经具有多孔结构，则可以通过预先填充某种物质来进一步调整其性能。例如，电动机的蒸发冷却系统利用了多孔材料原理，其中活动部分和某些结构元件由多孔材料制成，如预先浸润了液体冷却剂的多孔粉末钢，在工作时，冷却剂蒸发，从而实现了短时、高效且均匀的冷却效果；多孔沥青路面则利用多孔结构来提高降噪性能和渗水性能。

原理 32：改变颜色原理

通过改变物体或外部介质的颜色、透明度或可视性来增强功能、传达信息，或在难以看清的物体上添加有色或发光物质以提高可见性。在某些情况下，也可以改变物体的辐射性以改变其温度。例如，PH 试纸通过颜色变化来指示溶液的酸碱度；变色眼镜可以根据环境光线调整镜片颜色，以保护眼睛免受强光伤害；养路工人的工作服采用艳丽的色彩和荧光设计，以确保在交通环境中容易被识别，提高工作安全性；钞票上的荧光防伪图案通过特殊的光学效果来防止被伪造。

原理 33：一致性原理

与指定物体相互作用的其他物体应当使用相同(或性质相近)的材料制成，以防止不利的化学反应和损害。例如，使用相同的材料相接触可以避免不必要的化学反应的发生；使用相同材料制造的零件具有相似的热膨胀系数，从而减少了因温度变化引起的应力；在同一产品中采用相同的材料不仅有利于生产的准备，而且在产品报废后便于材料的回收，减少了分离不同材料的额外成本；在焊接过程中，使用与焊件相同金属的焊条可以确保焊接质量和强度；当自行车内胎损坏时，从旧内胎上剪取相同材质的橡胶片进行修补，可以确保修补处与内胎的整体性能一致。

原理 34：抛弃或再生原理

通过溶解、蒸发等手段废弃已完成功能的零部件，或在工作过程中直接进行转换。同时，在系统运行过程中迅速补充消耗或减少的部分，以保持系统的持续运行。例如，为了改善电弧焊和电火花焊接过程中高温区的检查效果，使用了可熔化的探头。这种探头以不低于自身熔化速度的速度被不断地送入高温区，从而实现了对高温区的实时监测。药物胶囊在服用后，外壳被消化而药物被吸收，实现了自动抛弃。自动铅笔在笔芯消耗时，通过旋转笔杆来补充新的笔芯，实现了自动补充。冰灯在季节变化后，随着温度的升高而自然融化，无须人为消除。

原理 35：改变参数原理

此原理涉及改变物体的物理或化学参数，不仅限于简单的状态变化(如从固态到液态)，还包括"过渡态"和中间状态，以实现性能的优化和改变。例如，利用液化技术运输气体，可以显著减少体积和降低运输成本；固体胶因其固态形式，比液态胶水更方便携带和使用；金属材料通过热处理(如淬火、调质、回火)可以在不同温度下获得所需的机械性能；铝合金相较于纯铝，具有更高的强度和耐用性；洗手液作为液态清洁剂，相较于固态的香皂，具有更高的浓度且易于定量使用。

原理 36：相变原理

利用物质在相变(如固态到液态、液态到气态等)时发生的现象(如体积变化、放热或吸热)来改善系统性能或实现特定功能。例如，为了统一规格和简化结构，密封横截面形状各异的管道和管口的塞头被设计成杯状，并装有低熔点合金。当合金凝固时，其体积膨胀，从而确保了结合处的密封性。干冰在升华时会吸收大量的热，这一特性使其可以用于速冻、灭火、清洗以及在舞台上产生云雾等效果。煤气在加压后呈现液态，便于储存和运输，而通过阀门控制减压后，煤气重新变为气态，从而便于使用。

原理 37：热膨胀原理

利用材料的热膨胀(或热收缩)特性，特别是利用不同材料间热膨胀系数的差异来实现特定的功能或改进性能。例如，温室盖采用铰链连接的空心管制造，管中装有易膨胀的液体。当温度发生变化时，液体膨胀或收缩，导致管子的重心改变，从而使温室管能够自动升起或降落。热气球通过加热内部空气使其膨胀，从而实现升空。利用不同金属热膨胀系数不同的特性，可以制成双金属片温控开关，这种开关能根据温度的变化自动开启或关闭电路。

原理 38：加速氧化原理

利用氧化过程中的特性来加速或控制氧化反应，包括促进从一级氧化向更高一级氧化的转换。例如，在水下呼吸器中储存高浓度的氧气以延长使用时间；在金属切割过程中，使用乙炔-氧气混合气体代替乙炔-空气混合气体以提高切割速度和效率；汽车涡轮增压发动机通过增加进气压力来提高燃烧效率；中国人发明的风箱是一种鼓风工具，它可以通过增加空气流量来助燃；臭氧发生器则通过电解等方式产生臭氧，利用臭氧的强氧化性去除空气中的有害物质。

原理 39：惰性环境原理

使用惰性气体环境代替常规环境，或在物体中添加惰性或中性添加剂，以及使用真空环境来防止不利反应或改善性能。例如，用氩气等惰性气体填充灯泡，以防止发热的金属灯丝被氧化；在粉末状的清洁剂中添加惰性成分，以改变其体积和流动性，从而更易于使用传统工具进行测量；在真空环境中完成特定过程，如真空包装食品以延长保质期；在演播室、礼堂等场所的墙壁中使用松软的吸声板，并通过改变声音的反射角来最大限度地减少回声，提高声音质量。

原理 40：复合材料原理

利用不同材料的不同构造和特性，通过组合多种材料来制成一种具有新特性的复合材料，以替代单一材料。例如，在金属热处理过程中，为了确保特定的冷却速度，采用了一种由气体在液体中形成的悬浮体作为冷却剂；在瓷器制作中，通过添加铁质材料制成铁胎瓷，这样既能保持瓷器的优良特性，又能提高其强度和抗冲击性；用玻璃纤维制成的冲浪板比传统的木质板更轻、更耐用，并且易于制成各种形状。

在著名的波音 737 飞机引擎的改进设计中，设计人员面临了一个技术挑战：为了提升引擎性能，需要增大整流罩的面积以吸入更多的空气，这通常意味着需要增大圆形整流罩的直径。然而，增大整流罩的直径会导致其下边缘与地面的距离减小，进而增加飞机在跑道上行驶时的安全风险。这一矛盾构成了技术上的冲突。经过深入分析和创造性思考，设计人员运用不对称性原理，提出了一个创新的解决方案：将整流罩由传统的圆形设计修改为不对称的扁圆形。这种设计在保持或增大发动机功率的同时，避免了整流罩下边缘与地面距离过近的问题，从而有效地解决了技术冲突，确保了飞机的安全性和性能提升。

20 世纪 90 年代，在正面碰撞事故中保护汽车乘员安全的前部正面安全气囊技术已经相当成熟。然而，为了应对侧面碰撞中乘员安全的需求，汽车业界意识到开发并安装相应的侧面安全气囊是必要的。大多数汽车制造商考虑将气囊安装在座椅皮里面，因为这样的安装位置在保护车内乘员时非常有效且方便安装。但是，这种设计也带来了一个显著的冲突：在侧面碰撞发生时，气囊需要穿破座椅皮以迅速展开并保护乘员；而在日常使用中，座椅皮则需要保持足够的强度和耐用性，以避免不必要的开裂。尽管各大汽车制造商进行了多次试验和尝试，但这一冲突仍未得到满意的解决。

联系日常生活中的常识，我们明白一件物品的缝合处通常是其结构上的薄弱点。因此，在设计侧面安全气囊的座椅皮安装方案时，我们采取了以下改进措施。

首先，在气囊从座椅皮穿出的位置设置了专门的连接缝。这些连接缝被精密地缝合在一起，确保在气囊张开时受到的阻碍极小。为了增加这些连接缝的柔性和适应性，我们运用了多孔材料原理，将传统的"线"连接改为"扣"连接，即采用搭扣的方式将缝合处的座椅皮叠合在一起。这样，在日常使用中，搭扣连接可以提供足够的张力以保持座椅皮的完整性，而在气囊需要张开时，叠合在一起的座椅皮能够迅速脱离搭扣的约束，从而不妨碍气囊的展开。

接下来，为了确保气囊在展开时能量能够集中在连接缝上，我们采用了复合材料原理。我们特意在气囊的座椅皮穿出区域上开孔，并使用轻质且易于撕裂的织物连接在座椅皮的孔边缘上。这两片织物就像孔的两扇窗户，它们之间也采用了一种特殊的缝合方式，使得缝合区成为整个结构中的最薄弱点。

为了降低连接缝的强度，我们运用了预加反作用原理。在缝合用线的选择上，预先进行特殊处理，使其在受到气囊展开的向外作用力时能够迅速绷断，从而确保气囊能够无阻碍地展开。

最后，为了改善座椅皮的附着方式，我们运用了合并原理。如果气囊在座椅皮内部就展开，那么可能会导致气囊无法顺利穿出座椅皮而失去其保护作用。因此，我们将座椅皮与座椅内的填充物紧密地黏合在一起，以确保在气囊展开时，座椅皮能够顺利打开，为气囊的展开提供足够的空间。

》》 9.2.2　TRIZ 理论的应用方式

TRIZ 理论将冲突分为技术冲突和物理冲突。

1. 技术冲突

技术冲突是指在一个系统中，改善一个子系统的某一性能或引入一个有益作用时，会导致另一个子系统产生有害结果或性能下降。技术冲突常表现为一个系统中两个或多个子系统之间的冲突。

1) 技术冲突的表述形式

技术冲突具有如下 4 种表述形式。

(1) 在一个子系统中引入一个有用功能时，导致另一个子系统产生一个有害功能。

(2) 消除一个子系统的有害功能时导致另一个子系统的有用功能下降。

(3) 一个子系统有用功能的加强或有害功能的减少使得另一个子系统或整个系统变得过于复杂。

(4) 当改善系统某部分(或参数)的性能时，不可避免地导致系统其他部分(或参数)的性能下降。例如，要提高轴的强度，就需要增加其截面积，这会导致轴的质量增加。

在不同领域中，人们所面临的创新问题各不相同，其中包含的技术冲突也多种多样。为了解决这些技术冲突，首先需要对它们进行统一的描述。在 TRIZ 理论中，不同领域中相互冲突的特性经过高度概括，被抽象为 39 个技术特性参数，见表 9-1。这些参数可以对不同问题中所包含的各种技术冲突进行统一、明确的描述，从而帮助工程师和设计师找到解决技术冲突的有效方法。

表 9-1　技术特性参数

序号	参　　数	序号	参　　数
1	运动物体的质量	21	功率
2	静止物体的质量	22	能量损失
3	运动物体的长度	23	物质损失
4	静止物体的长度	24	信息损失
5	运动物体的面积	25	时间损失
6	静止物体的面积	26	物质或事物的数量
7	运动物体的体积	27	可靠性
8	静止物体的体积	28	测试精度
9	速度	29	制造精度
10	力	30	作用于物体的有害因素
11	应力与压力	31	物体产生的有害因素
12	形状	32	可制造性
13	结构的稳定性	33	可操作性
14	强度	34	可维护性
15	运动物体作用的时间	35	适用性及多用性
16	静止物体作用的时间	36	装置的复杂性
17	温度	37	控制和测量的复杂性
18	光照度	38	自动化程度
19	运动物体的能量	39	生产率
20	静止物体的能量		

表 9-1 中的参数可以分为三类：通用物理与几何参数(1～12、17、18、21)，通用负向技术特性参数(15、16、19、20、22～26、30、31)，通用正向技术特性参数(13、14、27～29、32～39)。负向的含义是指这些参数若变大，系统性能变差；正向的含义是指这些参数若变大，系统的性能变好。例如，使饮料罐的壁厚减小的技术特性参数可能是 2 号参数(静止物体的质量)或 8 号参数(静止物体的体积)(如果壁厚减小导致材料用量减少)。在 TRIZ 理论中，通用技术特性参数的含义是非常多样的。如果我们减小壁厚，则可能会引起罐体承载力的减小，对应的技术特性参数就是 14 号参数(强度)。因此技术冲突就是减小"静止物体的质量"或"静止物体的体积"时会引起"强度"的降低。

2) 解决技术冲突的矛盾矩阵

39 项通用技术特性参数描述了问题的技术特性，40 条发明原理表明了问题的潜在解决方法。那么在解决问题时，需要用到哪个发明原理？TRIZ 理论研究人员通过长时间的分析与研究，提出了矛盾矩阵的概念。矛盾矩阵(见插页)的行和列都表示技术特性参数，单元格中列出了推荐的解决该问题的发明原理(用发明原理的序号表示)。

3) 解决技术冲突的案例

在将卫星送入太空时，希望卫星的质量越小越好，因为这样更加容易运载且成本更低。但减小卫星的质量可能会导致尺寸缩小，从而影响其性能。这就产生了一个冲突：卫星的质量(对应矛盾矩阵改善的技术特性参数 1"运动物体的质量")与尺寸(对应矛盾矩阵中恶化的技术特性参数 3"运动物体的长度")之间的冲突。通过查询矛盾矩阵中这两个参数的交叉点，可以找到推荐的发明原理，即原理 8、原理 15、原理 29 和原理 34。

振动筛的筛网损坏是设备报废的主要原因之一，尤其对于分垃圾的振动筛来说更是如此。经分析，我们发现筛网面积大虽然能提高筛分效率，但与此同时，筛网接触物料的面积也相应增大，使得物料对筛网的伤害加剧。将这一分析结果用 TRIZ 理论中的技术特性参数术语来描述，可以将改善的技术特性参数确定为 5 号参数，即运动物体的面积；而恶化的技术特性参数为 30 号参数，即作用于物体的有害因素。利用矛盾矩阵，可以确定与上述冲突相对应的发明原理，即原理 22、原理 1、原理 33、原理 28。其中，原理 1 是分割原理。根据这条原理，我们在设计筛网时可以考虑将其分割成小块状，然后再将这些小块连接成一体。这样做的好处是，即使筛网的某个局部区域损坏，也只需更换那一小部分，而无须整体更换，从而降低了维护成本。原理 33 是一致性原理。根据这一原理，可以考虑采用与物料相互作用时具有相同或相似特性的材料来制造筛网。经过分析可以发现，造成筛分垃圾的振动筛网损坏的主要原因是物料的沾湿性与腐蚀性。因此，参考这一发明原理，可以选择耐腐蚀的聚氨酯材料来制作筛网。经过这样的设计创新，我们在实践中取得了很好的应用效果。新的筛网设计不仅提高了筛分效率，还显著降低了筛网的损坏率，延长了设备的使用寿命。振动筛网如图 9-7 所示。

图 9-7　振动筛网

在易拉饮料罐的设计中，我们面临的技术冲突是：为了增加饮料容量(恶化的技术特性参数 4 "静止物体的长度")，罐体需要更高，但这会导致罐壁承受的压力增大(改善的技术特性参数 11 "应力与压力")。针对这一冲突，矛盾矩阵给出了几个发明原理作为解决方案，其中包括原理 1(分割原理)、原理 14(曲面化原理)和原理 35(改变参数原理)。利用原理 1(分割原理)，将饮料罐的侧壁设计成波浪形，以增加侧壁的强度而不增加壁厚。利用原理 14(曲面化原理)，将罐体的唇口部分设计为带弧度的形状，这不仅可以提高美观度，还可以增强罐体的稳定性和抗压能力。通过这样的设计改进，成功地解决了易拉饮料罐设计中的技术冲突，提高了产品的整体性能。

在实际应用中，标准的六角形螺母在使用传统扳手(如图 9-8(a)所示)拧紧时，由于作用力主要集中在六角形螺母的两个棱边上，在用力过大或使用时间过长的情况下，会导致六角形边缘受损。一旦螺母受损，传统扳手就很难拧紧和松开螺母。当前面临的技术冲突是：若想通过改变扳手设计来降低对螺母的损坏程度，就必须减少扳手开口与螺母侧面之间的间隙，甚至力求达到近乎无间隙的状态，这进而要求提高螺母和扳手开口的尺寸精度(对应恶化的技术特征参数 29 "制造精度")，给螺母和扳手的制造带来困难。而改善的技术特征参数为 31 号参数 "物体产生的有害因素"，即减少扳手对螺母产生的有害因素——压坏棱边。针对这一冲突，通过查找矛盾矩阵，我们获得了 4 个发明原理作为潜在的解决方案，包括原理 4(不对称原理)、原理 17(维数变化原理)、原理 34(抛弃或再生原理)以及原理 26(复制原理)。对原理 4(不对称原理)和原理 17(维数变化原理)进行深入分析，我们可以得到以下启示。

(1) 原理 4(不对称原理)：采用不对称设计，改变扳手的工作面形状，以增加与螺母侧面接触的作用点，从而避免仅与两个棱边接触造成的应力集中。

(2) 原理 17(维数变化原理)：通过增加接触维度，将原本螺母与扳手之间的二维棱线接触转变为三维侧面接触，从而增大接触面积，分散压力，减少螺母棱边的损坏。

如图 9-8(b)所示的新型扳手在制造工艺和精度要求上基本没有大的改变，但却能有效避免对螺母造成严重的损坏。

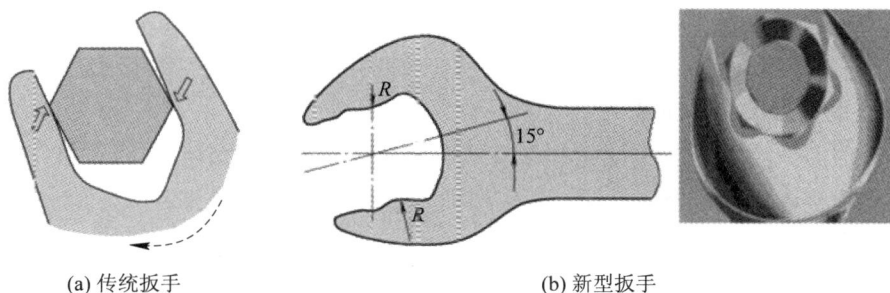

(a) 传统扳手　　　　　　　　　(b) 新型扳手

图 9-8　TRIZ 在新型扳手中的应用

2. 物理冲突

物理冲突是指当对同一子系统有相互矛盾或相反的要求时，该子系统内部同时表现出两种相互对立的状态或特性。与技术冲突相比，物理冲突是一种更突出、更难解决的冲突。一方面，物理冲突的两方面是互斥的，即同一个参数需要同时满足两个相反的状态；另一方面，物理冲突要求这两个互斥的状态共存于一个统一体中。这种"自相矛盾"的冲突促使人们摒弃惯性思维，从更本质的角度进行多方面的思考。

1) 物理冲突的描述形式

物理冲突具有如下描述形式：

(1) 一个子系统中有害功能的降低导致子系统中有用功能的降低；

(2) 一个子系统中有用功能的增强导致子系统中有害功能的增强。

上述描述准确地界定了物理冲突和技术冲突的根本区别，即物理冲突涉及同一参数内部相互对立的需求状态，而技术冲突则涉及两个或多个不同参数之间的冲突。与技术冲突不同，物理冲突由同一个参数内部的两个相反需求构成。对于物理冲突，通常无法从矛盾矩阵中找到直接的解决方案，而需要运用特定的物理冲突解决原理或方法进行化解。表 9-2 列举了常见的物理冲突。

表 9-2　常见的物理冲突

几何类	材料及能量类	功能类
长与短	多与少	喷射与卡住
对称与不对称	密度大与小	推与拉
平行与交叉	热导率高与低	冷与热
厚与薄	温度高与低	快与慢
圆与非圆	时间长与短	运动与静止
锋利与钝	黏度高与低	强与弱
窄与宽	功率大与小	软与硬
水平与垂直	摩擦系数大与小	成本高与低

例如，为了降低汽车在加速时的油耗，汽车底盘应具有较小的质量，以便减少动能转换时的能量损失。但为了保证高速行驶时汽车的稳定性和安全性，底盘又需要具有足够大的质量来提供足够的刚性和稳定性。这种要求底盘同时具有大质量和小质量的情况，在汽车底盘设计中就构成了一个物理冲突，解决这一冲突是汽车底盘设计的关键。

2) 解决物理冲突的分离原则

对于物理冲突的解决，TRIZ 提供了 4 大分离原理：空间分离原理、时间分离原理、条件分离原理、整体与部分分离原理，具体归纳为如下 11 种分离方法：

(1) 冲突特性的空间分离。

(2) 冲突特性的时间分离。

(3) 将同类或异类系统与超系统结合。

(4) 将系统转换为反系统，或将系统与反系统相结合。

(5) 系统具有一种特性，而其子系统有相反的特性。

(6) 将系统转换到微观级系统。

(7) 系统中的状态交替变化。

(8) 系统由一种状态转换为另一种状态。

(9) 利用系统状态变化所伴随的现象。

(10) 以具有两种状态的物质代替具有一种状态的物质。

(11) 通过物理和化学的转换使物质状态转换。

我们可以将 4 个分离原理和 40 个发明原理综合应用，从而拓宽思路，为解决物理冲突提供更多方法。40 个发明原理和 4 个分离原理之间存在特定的对应关系，见表 9-3。

表 9-3　分离原理与发明原理的对应关系

分离原理	发 明 原 理
空间分离原理	1、2、3、4、7、13、17、24、26、30
时间分离原理	9、10、11、15、16、18、19、20、21、29、34、37
整体与部分分离原理	12、28、31、32、35、36、38、39、40
条件分离原理	1、5、6、7、8、13、14、22、23、25、27、33、35、

3) 解决物理冲突的案例

(1) 空间分离原理案例。在交叉路口，不同方向行驶的车辆都需要通过，这要求道路在某一点必须交汇。然而，为了确保车辆的安全运行，避免不同方向的车辆在交汇点发生碰撞，又要求道路在交汇点处不应直接相交，这就形成了一个物理冲突。

运用空间分离原理来解决交叉路口的问题，可以通过建设立交桥或隧道将不同方向的车辆引导到不同的空间层面，从而实现道路在三维空间上的分离。这种解决方案有效地解决了交叉路口的物理冲突，使得不同方向的车辆可以在不同层面上安全通过，互不干扰。图 9-9 所示展示了立交桥在交叉路口的应用实例。

图 9-9　立交桥在交叉路口的应用实例

(2) 时间分离原理案例。对于交叉路口的交通冲突，除采用空间分离原理外，还可以采用时间分离原理来解决。通过设置交通信号灯，使不同方向的车辆在不同的时间段内分别通过交叉路口，从而实现了时间上的分离。这种方式有效地解决了交叉路口可能出现的物理冲突，确保了交通的顺畅和安全。

(3) 条件分离原理案例。水流既可以用于淋浴，也可以用于切割金属。水流的应用效果取决于特定的条件，即水射流的速度。当水射流速度较慢时，水流适合用于淋浴；而当水射流速度极快时，水流可以用于切割金属。这就是条件分离原理在实际应用中的一个例子。

(4) 整体与部分分离原理案例。在微观层面上，自行车的链条，即单个链节部分是刚性的，具有固定的形状和结构。然而，当这些链节连接在一起，形成链条整体时，它就展现出了柔性的特性，能够灵活地弯曲和伸展。这种从部分到整体的性质变化正是整体与部分分离原理的一个生动案例。自行车链条如图 9-10 所示。

图 9-10　自行车链条

3. 利用 TRIZ 理论解决冲突的流程

使用 TRIZ 理论中的矛盾矩阵解决设计中的实际问题时，首先应该明确问题中的冲突，并分析冲突的类型。

如果是技术冲突，那么需要识别出冲突中的有利因素(即期望改善的方面)和不利因素(即需要避免的恶化方面)，并确定它们之间的对立关系。接着，将这些有利因素和不利因素对应到 TRIZ 理论的 39 个技术特性参数中，以识别出具体的冲突参数。然后，利用冲突解决矩阵(也称为矛盾矩阵)找出与冲突参数相对应的发明原理。一旦选定某一个或某几个原理后，必须根据特定的问题情境创造性地应用这些原理，以产生一个或多个潜在的解决方案。对于复杂的问题，单独一个原理可能不足以解决所有冲突，因此可能需要结合多个原理来寻求最佳解决方案。

如果是物理冲突，则应根据 4 个分离原理(空间分离原理、时间分离原理、条件分离原理和整体与部分分离原理)及对应的 11 个分离方法来分析和解决冲突。这些分离方法并不直接对应到 40 个发明原理，但它们为如何应用这些原理来解决物理冲突提供了指导思路。在解决物理冲突时，也需要创造性地应用发明原理，并结合分离原理，形成最终的解决方案。

在解决方案的生成和评估过程中，对问题的深入思考、创造性的思维、跨领域的知识整合以及领域内的经验都是非常重要的。图 9-11 所示展示了利用矛盾矩阵解决冲突的整个流程。

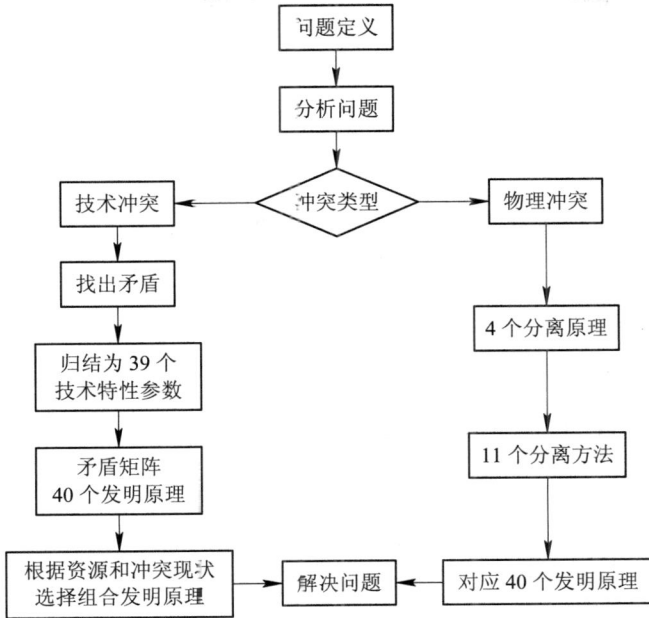

图 9-11　利用矛盾矩阵解决冲突的流程

第 10 章

创新作品的控制设计

10.1 Arduino 的主控板和扩展板

Arduino 是一个开放源代码的电子原型平台，具有灵活、易用的硬件和软件。Arduino 专为设计师、工艺美术师、电子爱好者，以及对开发互动装置或互动式开发环境感兴趣的人而设计。Arduino 可以接收来自各种传感器的输入信号，从而检测其运行环境，并通过控制光源、电机以及其他驱动器来影响其周围环境。Arduino 板上的微控制器使用 Arduino 编程语言(基于 C/C++)和 Arduino 开发环境(以 C/C++为基础)进行编程。Arduino 既可以独立运行，也可以与计算机上运行的软件(例如 Flash、Processing、Max/MSP)进行通信。Arduino 开发环境(IDE)是开放源代码的，用户可以免费下载并使用它，从而帮助开发者开发出更多令人惊叹的互动作品。

Arduino 的型号有很多，Arduino UNO 是最常见的一种，如图 10-1 所示。图 10-2 中标出的数字接口和模拟接口即为常说的 I/O 接口。数字接口编号为 0～13，模拟接口编号为 0～5。除最重要的 I/O 接口外，Arduino UNO 还有电源部分。Arduino UNO 可以通过两种方式供电：一种是通过 USB 接口供电，另一种是通过外接 6～12 V 的直流(DC)电源供电。除此之外，Arduino UNO 还有 4 个 LED 灯和一个复位按键。ON 是电源指示灯，通电即亮。L 是接在数字接口 13 上的一个 LED 灯。TX、RX 是串口通信指示灯，当进行串口通信或下载程序时，这两个灯会不停闪烁。

图 10-1 Arduino UNO 板

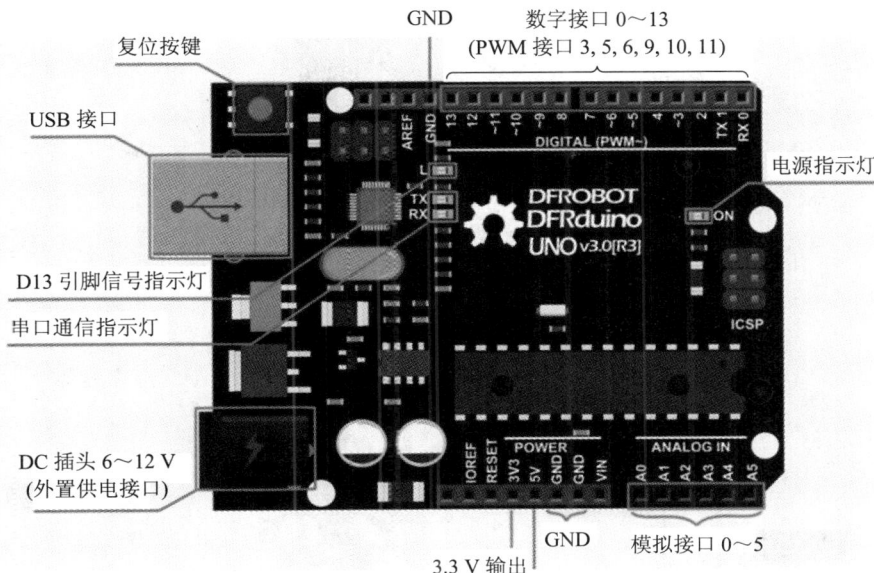

図 10-2　Arduino UNO 接口

10.1.1　Arduino 主控板

本章介绍的 Arduino 系列主控板、扩展板、传感器等内容是以机器时代(北京)科技有限公司的探索者机器人实验箱中提供的产品为依据进行介绍的。

1. Basra 开发板

Basra 是一款基于 Arduino 开源平台设计的开发板,它能够通过多种传感器来感知环境,并通过控制灯光、电机和其他装置来响应并影响环境。开发板上的微控制器可以使用 Arduino IDE、Eclipse、Visual Studio 等集成开发环境通过 C/C++语言来编写程序,编译成二进制文件后,可烧录进微控制器中。Basra 的处理器核心是 ATmega328,具有 14 个数字 I/O 接口(其中 6 个可用于 PWM 输出)、6 个模拟 I/O 接口、一个 16 MHz 晶体振荡器、一个 Micro USB 接口、一个电源插头、一个 ISP 下载接口和一个复位按键等,如图 10-3 所示。

2. Mehran 开发板

Mehran 是一块基于 Atmel SAM3X8E CPU 的开发板,如图 10-4 所示。它有 14 个数字 I/O 接口(其中 12 个可用于 PWM 输出)、6 个模拟 I/O 接口、1 个 UART 硬件串口、84 MHz 的时钟频率、一个 USB OTG 接口、一个电源插头、一个复位按键和一个擦写按键。电路板上已经集成了控制运行所需的各种部件,用户仅需要通过 USB OTG 接口连接到电脑,或者通过 AC-DC 适配器、电池连接到电源插头,就可以让控制器开始运行。Mehran 板的引脚排列与 Arduino 标准的 Arduino 扩展板的引脚排列一致。需要注意的是,在 Arduino IDE 中进行编程时,需要选择"Arduino Due (Native USB Port)"作为开发板。

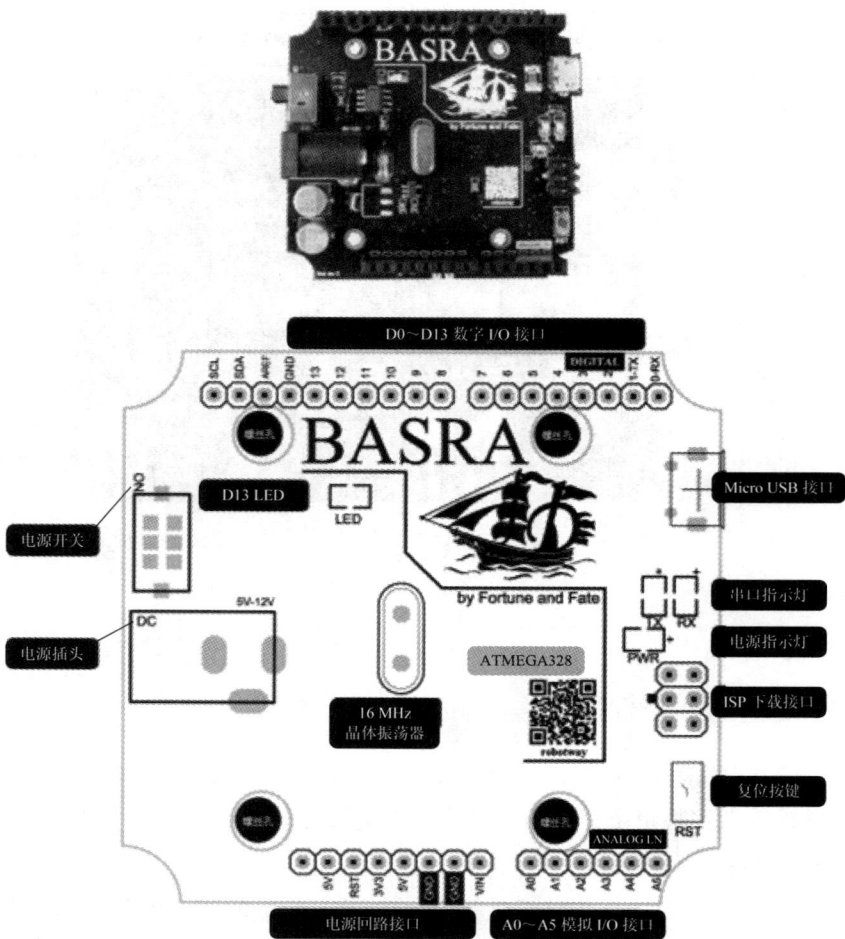

图 10-3　Basra 开发板

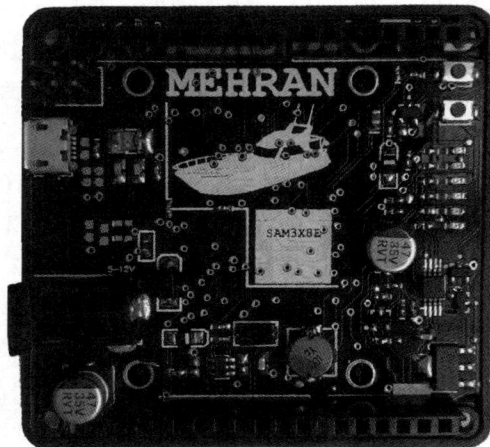

图 10-4　Mehran 开发板

10.1.2 BigFish 扩展板

Arduino 是一款开源的主控板,非常适合热爱电子制作的人制作互动作品。但是,对于不熟悉电子技术的爱好者来说,在各种 Arduino 主控板上添加电路是一件比较麻烦的事。机器时代(北京)科技有限公司的探索者机器人实验箱中提供了一个专用于机械创新设计的 BigFish 扩展板,它能轻松地将大部分传感器与各种 Arduino 主控板连接起来。

BigFish 扩展板电路可靠且稳定,板上还扩展了伺服电机接口、8×8 LED 点阵、直流电机接口以及一个通用扩展接口,是 Arduino 主控板的理想配件。直流电机接口与舵机接口复用,默认情况下,最多支持 6 个舵机,或 1 个直流电机和 4 个舵机,或 2 个直流电机和 2 个舵机。BigFish 扩展板如图 10-5 所示。

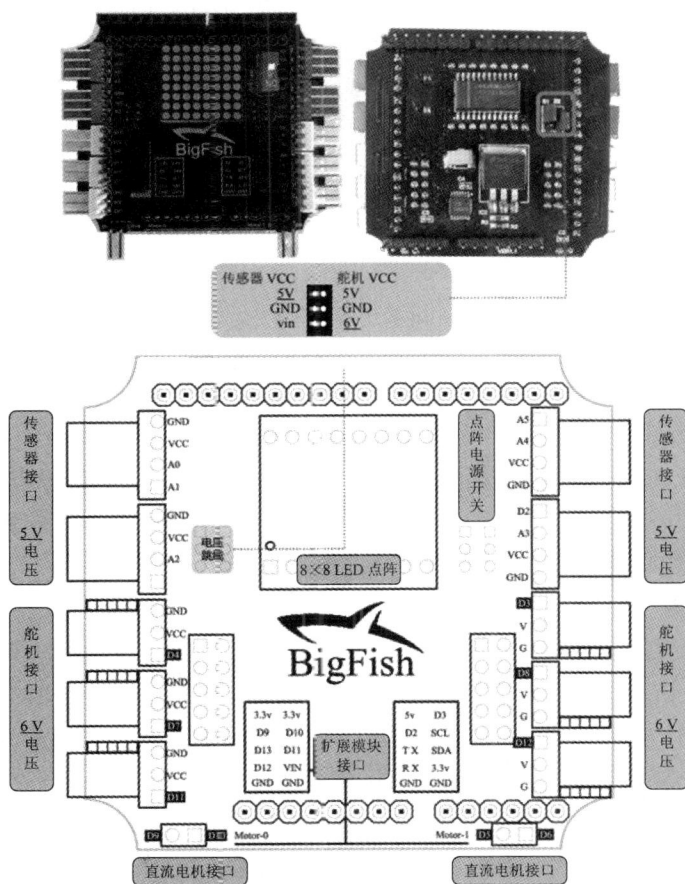

图 10-5　BigFish 扩展板

在使用时,只需将 BigFish 扩展板直接准叠在 Arduino 主控板上,然后将传感器和电机连接到对应的接口,就可以方便地实现控制操作。在使用 Arduino 主控板进行编程时,BigFish 扩展板的传感器接口号需要进行转换。具体来说,在图形化编程环境中,接口号要用数字加 14 来表示,即 A0 对应 14,A2 对应 16,A3 对应 17,A4 对应 18。请注意,这里的接口号以与 VCC 引脚相邻的 A*接口号为准。

10.2 常见的传感器

国家标准GB/T 7665—2005 中传感器的定义是：能感受被测量并按照一定的规律转换成可用输出信号的器件或装置，通常由敏感元件和转换元件组成。传感器的出现和发展赋予了物体类似触觉、嗅觉等感知能力，使得物体能够在一定程度上感知和响应外界环境，变得更加智能化。

人们为了从外界获取信息，必须借助感觉器官。在研究自然现象和规律以及在生产活动中，单靠人们自身的感觉器官是远远不够的。为弥补这一不足，就需要借助传感器。因此，可以说，传感器是人类五官的延长，所以又被称为"电五官"。

新技术革命使世界进入了信息时代。在利用信息的过程中，首要任务就是获取准确可靠的信息，而传感器正是获取自然和生产领域中信息的主要途径与手段。在现代工业生产，特别是自动化生产过程中，各种传感器被用于监测和控制生产过程中的各项参数，以确保设备工作在正常状态或最佳状态，从而使产品达到最好的质量。因此，没有优良的传感器，现代化生产也就失去了基础。

10.2.1 数字量传感器

数字量传感器只能输出 0 或 1，也就是高电平信号或者低电平信号，这类似于电源的开启或关闭，所以数字量传感器也被称作开关量传感器。这类传感器都是低电平触发的，也就是说，当触发时，它们输出一个低电平信号。换句话说，当传感器输出低电平信号时，主控板将这个信号标为 1；当传感器输出高电平信号时，主控板将这个信号标为 0。数字量传感器主要包括触碰传感器、近红外传感器、闪动传感器、灰度/白标传感器、光强传感器等。下面主要介绍触碰传感器、近红外传感器和灰度/白标传感器。

1. 触碰传感器

触碰传感器(如图 10-6 所示)可以检测物体对触碰开关的有效触碰，并通过触碰开关触发相应的动作。触碰开关的行程为 2 mm。在使用时，首先将触碰传感器安装在机器上，确保它位于容易被物体触碰到的位置，然后使用 4P 输入线将其连接到 BigFish 扩展板的传感器接口上。需要注意的是，只有当触碰开关本身被物体碰到后，触碰传感器才会被触发。

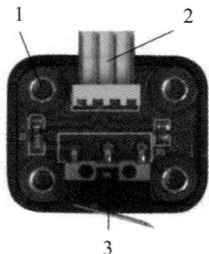

1—固定孔；2—4P 输入线接口；3—触碰开关。

图 10-6 触碰传感器

2. 近红外传感器

近红外传感器(如图 10-7 所示)可以发射并接收反射的红外信号，其有效检测范围在 20 cm 以内。它的工作原理是传感器发射红外线并接收其反射回来的红外线。与灰度传感器不同的是，近红外传感器的发射功率更大，因此即使物体是黑色的，也能有效反射红外线，从而实现对物体的识别。这种传感器多用于避障、物体检测等领域。需要注意的是，在安装近红外传感器时，不要遮挡其发射和接收头，以避免传感器检测发生偏差。

除了上述数字量传感器，还有几种传感器比较特殊，即灰度/白标传感器、光强传感器、声控传感器等。这些传感器既可以作为数字量传感器使用，也可以作为模拟量传感器使用。

图 10-7　近红外传感器

3. 灰度/白标传感器

灰度/白标传感器有助于进行黑线/白线的跟踪，可以识别白色/黑色背景中的黑色/白色区域，以及悬崖边缘等特征，其有效检测距离在 0.7～3 cm 之间。

如图 10-8 所示为灰度传感器。灰度传感器上有一个红外发射管和一个红外接收管(通常发射管为红色，接收管为黑色)。传感器发射红外线并接收其反射回来的红外线。如果目标颜色较深(如黑色)，则红外线会被吸收，接收管接收到的反射光较弱；如果目标颜色较浅(如白色)，则反射回来的红外线较多，接收管接收到的反射光较强。根据接收到的反射光强度，灰度传感器可以判断目标的颜色深浅。对于白标传感器，其触发原理与灰度传感器的相反。当白标传感器检测到白色标记时，会触发相应的信号。

需要注意的是，在安装灰度/白标传感器时，应尽量确保其贴近地面且保持与地面平行。使用这类传感器前，建议先测试触发距离，并根据实际需求进行调整，以便更加灵敏并且有效地检测到信号。

1—固定孔；2—4P 输入线接口；
3—红外发射/接收管。

图 10-8　灰度传感器

》》 10.2.2 模拟量传感器

与数字量传感器只能检测到 0 或 1 不同，模拟量传感器能够检测到连续变化的信号，并输出一个连续变化的数值范围。有了这些连续数值，可以为传感器设置更多的触发条件。比如，如果某个模拟量传感器可以检测到 0～1023 范围的连续数值，那么就可以设置触发条件：当数值在 0～100 之间时触发功能 1，当数值在 100～500 之间时触发功能 2，当数值在 500～1023 之间时触发功能 3。因此模拟量传感器在使用时展现出更加强大的功能。

1. 灰度/白标传感器

当作为模拟量传感器使用时，灰度/白标传感器可以检测到不同的灰度值。因此，它们不仅可以识别黑色、白色，还可以识别灰度属性不同的其他颜色。在某些机器人比赛中，场地会采用由黑到白的色彩布置，以供机器人识别，这时灰度传感器就能发挥其重要作用。

简单来说，灰阶是指当所有色彩都转化成黑与白的组合时，所呈现出的不同深浅的灰色层次。结合前面介绍过的这两种传感器的工作原理可知，不同颜色的物体对红外线的反射能力不同。传感器检测到的不同反射光线强度可以转换成灰度值，供机器人识别和处理。

2. 超声波测距传感器

HC-SR04 超声波测距传感器(如图 10-9 所示)具有 2～400 cm 的非接触式距离感测功能，其测距精度高达 3 mm。该传感器由超声波发射器、接收器与控制电路组成，能够探测出距离。因此，超声波测距传感器可以用于机器人避障、距离测量、高度测量、物体表面扫描等项目中。

图 10-9　HC-SR04 超声波测距传感器

3. 温湿度传感器

DHT11 数字温湿度传感器(如图 10-10 所示)是一款含有已校准数字信号输出的温湿度复合传感器。该传感器包括一个电阻式感湿元件和一个负温度系数(Negative Temperature Coefficient，NTC)测温元件。它的校准系数以程序的形式存储在一次性可编程(One Time Programmable，OTP)内存中，传感器内部在检测信号处理过程中会调用这些校准系数。该传感器的单线制串行接口使系统集成变得简易快捷。但需要注意的是，DHT11 数字温湿度传感器在测量温度时，其探测头不需要与被测物体接触，因为它是通过感应周围空气中的温度来间接测量温度的。该传感器在测量湿度时，则是通过电阻式感湿元件来实现的。

4. 加速度传感器

加速度传感器(如图 10-11 所示)是一种可以对物体运动过程中的加速度进行测量的电子设备。在实际应用中，加速度传感器还可以用于对物体的姿态或者运动方向进行检测。

加速度传感器采用微型电容式三轴加速度传感器芯片(如 MMA7361)，可以应用到摩托车和汽车防倾倒报警、遥控航模姿态控制、游戏手柄运动感应、人形机器人跌倒检测、硬盘冲击保护、倾斜度测量等场合。

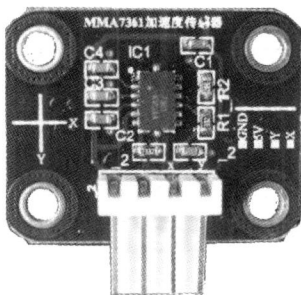

图 10-10　DHT11 数字温湿度传感器　　　　图 10-11　加速度传感器

10.3　Arduino 语言及程序结构

使用 Arduino 主控板的创新作品，可以在 Arduino IDE 中使用 C/C++语言进行编程，也可以使用 ArduBlock 进行图形化编程。但无论是使用 C/C++语言编程还是图形化编程，都要求使用者具备面向过程的编程基础。

10.3.1　Arduino IDE 的界面

1. 下载 Arduino IDE 并安装

打开网页，输入网址 http://www.arduino.cc/en/software，进入页面后，找到如图 10-12 所示的下载界面。

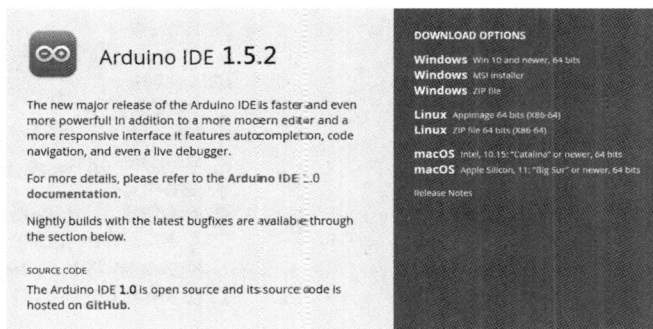

图 10-12　下载界面

对于 Windows 用户，点击下载 Windows 安装程序，如果是 Mac 用户，点击下载 Mac OS X 安装程序；如果是 Linux 用户，则选择相应的系统安装程序。

下载完成后，解压文件，然后把解压后的 Arduino IDE 1.5.2 文件夹放到计算机中熟悉的位置，便于之后查找。打开 Arduino IDE 1.5.2 文件夹，可以看到如图 10-13 所示的内容。

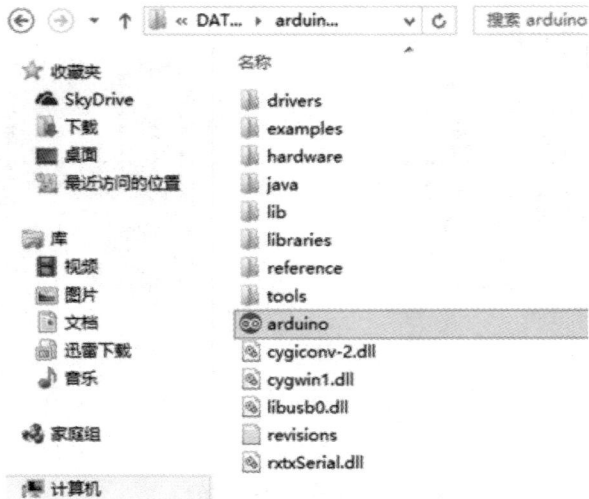

图 10-13　安装文件

2. 安装驱动

　　把 USB 线的一端插到 Arduino UNO 板上，另一端连接到计算机上。连接成功后，Arduino UNO 板上的红色电源指示灯 ON 会亮起。然后，打开计算机的"控制面板"，选择"设备管理器"。在设备管理器中，找到"其他设备"→"Arduino UNO"，右击选择"更新驱动程序软件(P)"，如图 10-14 所示。

图 10-14　安装驱动

3. 打开软件

　　点击 Arduino IDE 的图标，进入 IDE，即可开始编程。在 Arduino IDE 的界面(如图 10-15 所示)中，可看到包含程序菜单栏、校验、下载、串口监视器等多个菜单命令。

图 10-15　Arduino IDE 的界面

10.3.2　Arduino 图形化编程

ArduBlock 是 Arduino IDE 的一个可视化编程插件，它必须依赖 Arduino IDE 运行，是最受欢迎的 Arduino 编程入门工具之一。与 Arduino IDE 的文本式编程环境不同，ArduBlock 采用图形化积木搭建方式进行编程。

启动 ArduBlock 之后，它的界面如图 10-16 所示。该界面主要分为三个区域：工具栏(上方)、积木区(左侧)和编程区(右侧)。其中，工具栏主要包含保存、打开、新增等功能按钮，积木区展示了可用于编程的各种积木，编程区则是用户通过搭建积木来编写程序的区域。下面将分别介绍这三个区域的功能和用法。

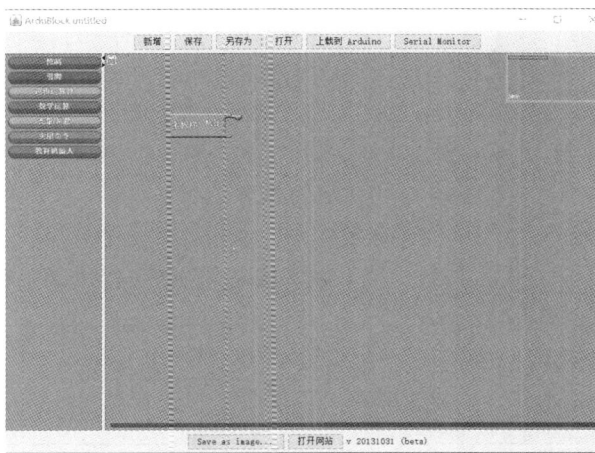

图 10-16　ArduBlock 的界面

1. 工具栏

工具栏包括"新增""保存""另存为""打开""上载到 Arduino""Serial Monitor"等功能按钮。"新建"用于创建新的编程项目，"保存""另存为"和"打开"是常见的文件操作工具，这里就不再详细介绍了。点击"上载到 Arduino"后，ArduBlock 将生成相应的代码，并通过 Arduino IDE 自动上传到 Arduino 主控板上。在点击"上载到 Arduino"之前，请务必检查接口号和板卡型号是否正确设置，以避免上传失败或引起不必要的麻烦。上传完成后，可以打开 Arduino IDE 来确认程序是否成功上传。"Serial Monitor"功能用于打开串口监视器。串口监视器用于显示和发送从 Arduino 主控板接收到的串行数据。但是，请注意，只有当计算机正确识别到 Arduino 主控板并且安装了相应的驱动程序后，串口监视器才能正常工作。

2. 积木区

积木区包含了常见的编程积木，这些积木共分为六大模块：控制模块、引脚模块、逻辑运算符模块、数学运算模块、变量/常量模块、实用命令模块。

1) 控制模块

控制模块(见表 10-1)包含了基本的编程语句，这些对于接触过编程的人来说会很容易理解。

表 10-1 控制模块

积 木 类 型	积 木 含 义
主程序 执行	执行主程序，程序中只允许有一个主程序
程序 设定 循环	执行主程序，但不同于上一个的是，这里的设定与循环分别对应 Arduino IDE 中的 setup( )函数和 loop( )函数
如果 条件满足 执行	选择结构，如果条件满足，则执行命令
如果/否则 条件满足 执行 否则执行	选择结构，如果条件满足，则执行第一组命令，否则执行第二组命令
当 条件满足 执行	循环结构，当条件满足时执行命令，直到条件不满足时跳出循环
重复 变量 次数 执行	循环结构，当条件满足变量的重复次数时，执行命令
退出循环	强制退出循环
子程序 执行	执行子程序
子程序	调用子程序

2) 引脚模块

引脚模块(见表 10-2)是针对 Arduino 主控板的引脚(也称为针脚(包括数字针脚和模拟针脚))和特定设备(比如舵机、超声波测距传感器等)设计的特定使用模块。

表 10-2　引脚模块

积 木 类 型	积 木 含 义
 数字针脚　#	读取数字针脚值(取值为 0 或 1)
 模拟针脚　#	读取模拟针脚值(取值在 0～1023 之间)
 设定针脚数字值　#	设定数字针脚的值(0 或 1)
 设定针脚模拟值　#	设定支持 PWM 的数字针脚的值(取值在 0～255 之间)
 伺服　针脚#　角度	设定舵机的针脚和角度
 360度舵机　针脚#　角度	设定 360° 舵机的针脚和角度
 超声波　trigger #　echo #	设定超声波传感器的 trigger 和 echo 针脚。trigger 针脚为发射端,echo 针脚为接收端
 Dht11温度　针脚#　Dht11湿度　针脚#	读取 DHT11 温湿度传感器的温度和湿度值
 音　针脚#　频率	设定蜂鸣器的针脚和频率
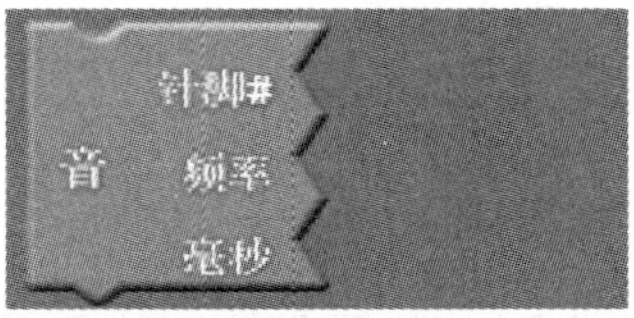 音　针脚#　频率　毫秒	设定蜂鸣器的针脚、频率和持续时间
 无音　针脚#	设定蜂鸣器为无声

3) 逻辑运算符模块

逻辑运算符模块(见表 10-3)主要包括常见的逻辑运算符(如"且""或者""非")和比较运算符,其中比较运算符用于比较数字值、模拟值和字符等。

表 10-3　逻辑运算符模块

积　木　类　型	积　木　含　义
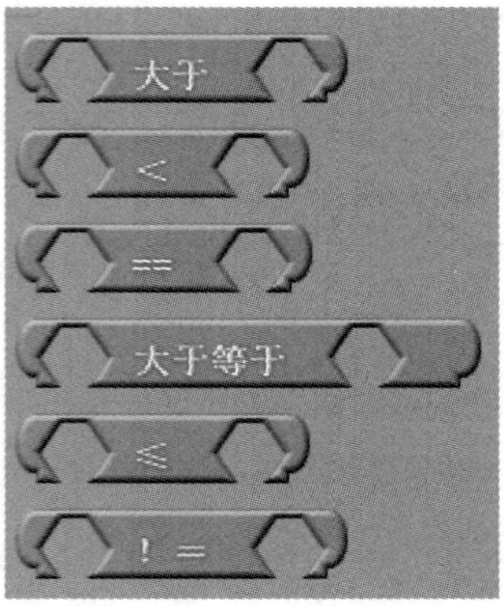	模拟值和实数的比较
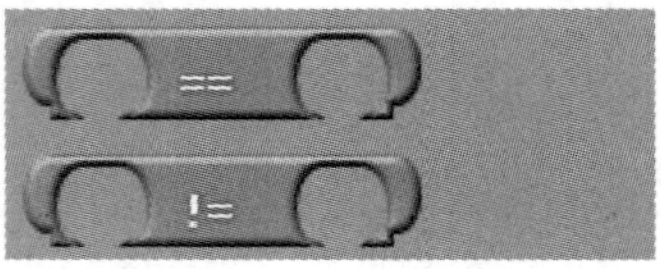	数字值的比较
	字符的比较
	逻辑运算符,也称为"与"。上下两个语句都为真时整体(复合语句)为真,否则为假.
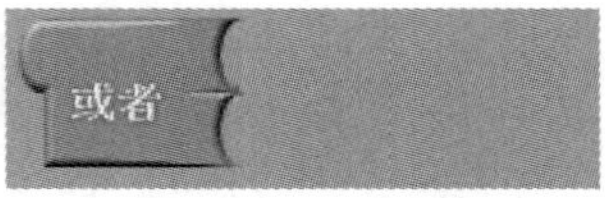	逻辑运算符。上下两个语句都为假时整体为假,否则为真
	逻辑运算符。表示对后面语句的否定
	比较字符串是否相等。
	判断字符串是否为空

4) 数学运算模块

数学运算模块(见表 10-4)提供了 Arduino 中常用的运算，如四则运算、三角函数运算、映射等。

表 10-4　数学运算模块

积 木 类 型	积 木 含 义
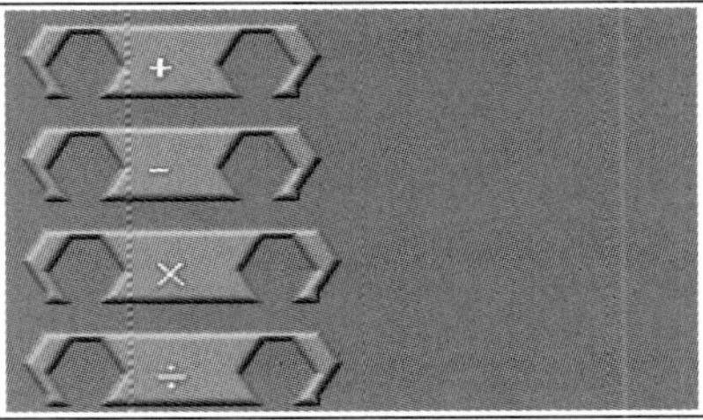 +　−　×　÷	四则运算，包括加、减、乘、除，要求符号两边为模拟值
 取模运算（取余）	取模运算，又称为取余或求余，要求符号两边为模拟值
绝对值	求绝对值
 乘幂　底数　指数	乘幂运算，又称为乘方运算
 平方根	求平方根
sin　cos　tan	三角函数(包括正弦、余弦、正切)运算
 随机数　最小值　最大值	求随机数，随机数的范围在"最小值"和"最大值"之间
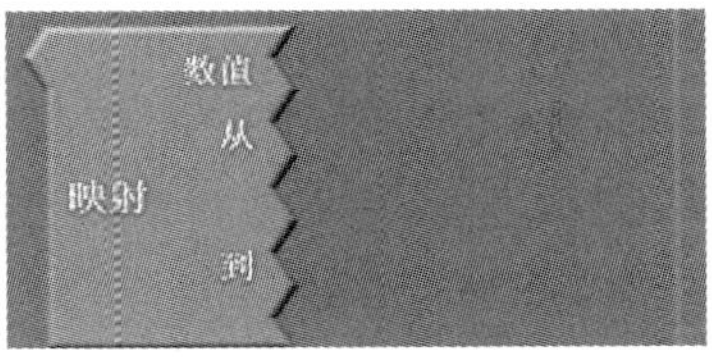 映射　数值　从　到	映射，将一个数值(变量或常量)从一个范围映射到另一个范围

5) 变量/常量模块

变量/常量模块(见表 10-5)主要包括数字变量、模拟变量、字符变量、字符串变量以及它们对应的各种常量。

表 10-5 变量/常量模块

积 木 类 型	积 木 含 义
1	模拟常量
给模拟量赋值 变量 数值	给模拟变量赋值
模拟变量名	定义模拟变量名
设置数字变量 变量 数值	给数字变量赋值。如果没有赋值,则默认值为 否
数字变量名	定义数字变量名
低（数字） 高（数字）	数字常量，表示高低电平值
真 假	数字常量，表示真假值
设置实数变量 变量 数值	给实数变量赋值。如果没有赋值，则默认值为 0
实数变量名	定义实数变量名
3.1415927	实数常量，表示圆周率
设置char变量 变量 char	给字符变量赋值
A	定义字符变量名
字符串变量名	定义字符串变量名
字符串	字符串常量，与上个积木配合使用

6) 实用命令模块

实用命令模块(见表 10-6)包含一些常用的命令，如延迟命令、串口监视操作、红外遥控操作等。

表 10-6　实用命令模块

积　木　类　型	积　木　含　义
	延迟函数，单位是毫秒或微秒
	记录 Arduino 从上电到当前为止运行的时间
	读取串口的值
	通过串口打印并换行
	将字符串和模拟量结合，即将模拟量转换为字符串形式
	将字符串和数字量结合，即将数字量转换为字符串形式
	设定红外遥控接收端口的针脚
	获取红外遥控的指令
	写入 I2C，需要设备地址、寄存器地址和具体写入数值
	读取 I2C，需要设备地址和寄存器地址
	判断是否正确读取 I2C

3. 编程区

编程区是程序编写的窗口，可以通过移动右边和下边的滚动条来查看编程区的全部内容。启动 ArduBlock 后，编程区会自动包含一个主程序模块，因为主程序有且只能有一个，所以不能再次添加主程序模块。如果尝试添加第二个主程序模块，那么在下载程序时系统会提示"循环块重复"。另外，除子程序执行模块之外，所有其他积木模块的程序都必须放在主程序模块内部。当通过搭建积木来编写程序时，请确保将具有相同缺口的积木模块组合在一起，成功组合时计算机的扬声器会发出"咔"的一声。还可以对积木模块进行克隆和添加注释，只需选中该模块，然后右击选择相应的操作即可。其中，子程序执行模块还有一个特殊功能，即创建子程序引用，点击该模块后会自动弹出一个用于调用该子程序的模块。如图 10-17 所示为小车红外避障程序。当需要删除多余的积木程序时，只需选择不需要的积木程序，并将其拖拽到积木区里就可以删除。

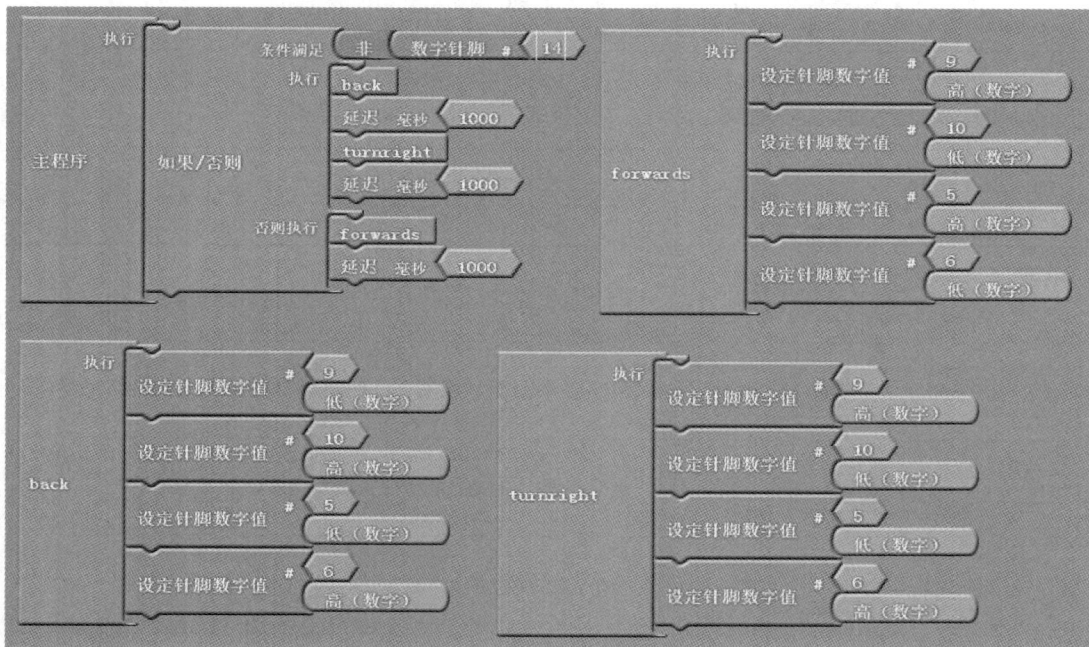

图 10-17   小车红外避障程序

10.4   创新作品控制的创新设计

为了让读者快速掌握 Arduino 的图形化编程语句和编程策略，下面以避障任务、循迹任务这两个典型的控制任务为例，详细介绍控制程序的编写过程。

10.4.1   避障任务

使用超声波测距传感器进行避障任务的程序编写，并进行测试。

1. 结构组装

首先需要组装一个三轮小车，其后两轮为驱动轮，分别安装驱动电机；前轮为万向轮。三轮小车的结构如图 10-18 所示。

图 10-18　三轮小车

2. 安装控制系统

将主控板、电池、超声波测距传感器固定在小车上，并将扩展板堆叠在 Arduino 主控板上。传感器对应的接口号应参考接口 VCC 针脚旁边的编号，即 A0、A2、A3、A4。图形化编程时，需要正确配置接口号。对于 BigFish 扩展板，其图形化编程环境中接口号的对应方式较为独特。具体来说，接口号通常不直接显示给用户，而是通过一种特定的计算方式获得的。这种方法是将接口号中 "A" 后面的数字部分加上 14，从而得到实际的接口号。例如，接口号为 A3 时，其实际的接口号就是将数字 3 加上 14，结果为 17。这种对应关系在图 10-19 中有详细展示。

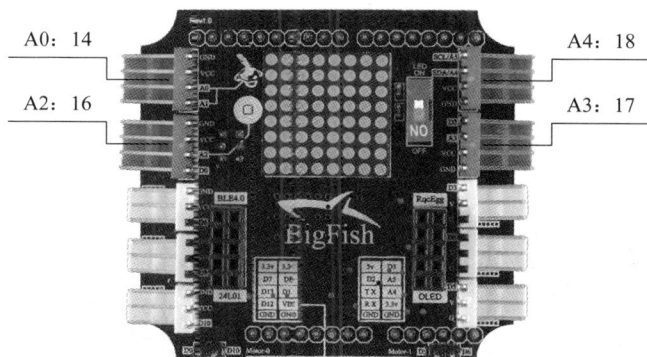

图 10-19　扩展板对应的接口

3. 调试

超声波测距传感器可以测量出具体的距离值，这个距离值是传感器通过测量 "声波发射与反射的时间间隔"，并利用一个简单的测距算法公式计算得出的。

图形化编程环境中已经内置了一个超声波测距积木，该积木封装了测距算法。将如图 10-20 所示的串口打印程序烧录到控制器后，即可在串口监视器中看到超声波测距传感器检测到的距离值。

图 10-20   串口打印程序

程序烧录完成后，在图形化编程界面上方的最右侧，点击"Serial Monitor"按钮，可打开串口监视器。对于使用 C 语言及其对应开发环境(如 Arduino IDE)的用户，在"工具"菜单下可以找到"串口监视器"选项(如图 10-21(b)所示)，用于查看串口数据。

(a) ArduBlock图形化编程界面中的"Serial Monitor"按钮

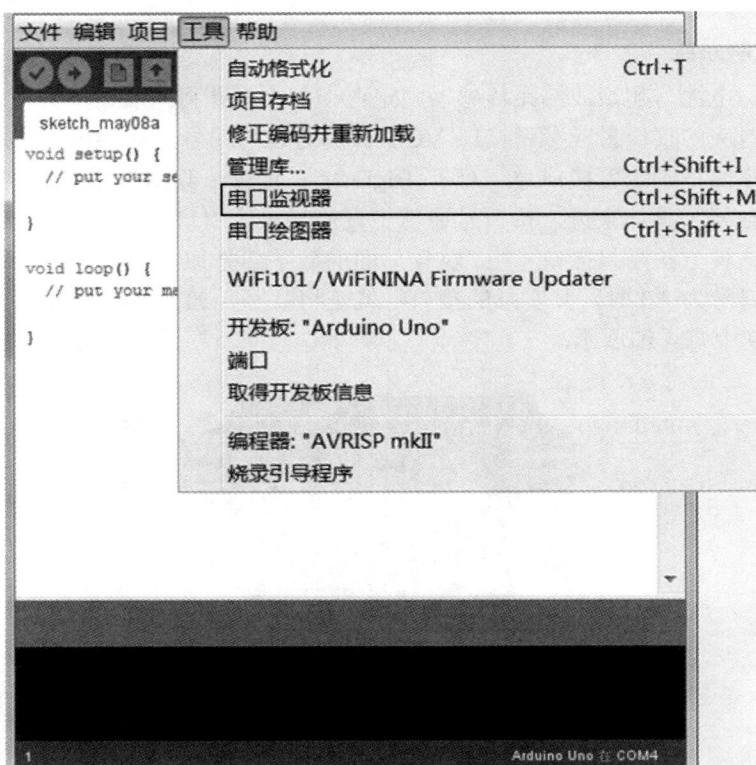

(b) Arduino IDE 中的"串口监视器"选项

图 10-21   打开串口监视器的方法

在图形化编程界面中，参考如图 10-22 所示例程编写程序并烧录，然后自行完成调试。

编写程序的逻辑为：如果超声波测距传感器检测到的距离小于 20 cm(即距离障碍物小于 20 cm)，则小车首先应停止，接着后退一段距离，最后进行转向；否则，如果距离大于或等于 20 cm，则小车应继续前进。

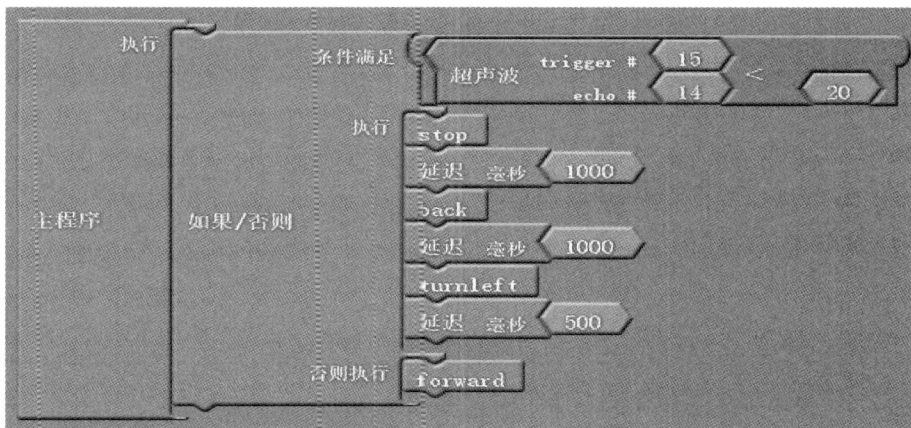

图 10-22　超声波避障例程

10.4.2　循迹任务

智能制造生产线中的自动导引车(AGV)被广泛应用于自动化工厂中，它能够自动执行货物运送任务。那么，AGV 的自主运行是如何实现的呢？答案就隐藏在那条黑色的轨迹线上。AGV 沿着这条轨迹线的自主运行被称为循迹。

1. 循迹策略

AGV 需要至少安装两个灰度传感器。将小车放置在黑色循迹线上，左右灰度传感器会根据检测到的颜色变化输出不同的信号。通常，灰度传感器检测到黑色(即循迹线)时输出信号"1"，检测到白色时输出信号"0"。若两侧的灰度传感器都没有检测到黑线，即都检测到白色，则传感器输出的信号都是"0"，小车就会一直向前行驶。当左侧传感器检测到黑线时，它会输出信号"1"，而右侧传感器没有检测到黑线，它输出信号"0"，此时小车应该向左调整方向，即左转；同理，当右侧传感器检测到黑线时，它会输出信号"1"，而左侧传感器输出信号"0"，此时小车应该向右调整方向，即右转。也就是说，哪侧的传感器检测到黑线(输出信号"1")，小车就向该侧转向以调整位置。当左右两侧的传感器都检测到黑线时，通常意味着小车已经达终点。如图 10-23 所示为循迹策略示意图。

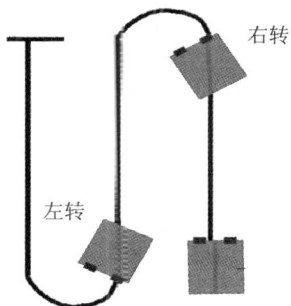

图 10-23　循迹策略示意图

根据上面的分析，我们不难得到小车的循迹策略表 10-7。当右侧传感器碰到黑线(信号为"1")时，小车应该右转，此时执行 right 子程序；当左侧传感器碰到黑线(信号为"1")时，小车应该左转，此时执行 left 子程序；当左右两侧传感器都未碰到黑线时(两个信号都为"0")，小车正常前进；当左右两侧传感器都检测到黑线(两个信号都为"1")，小车到达终点，小车应该停止，此时执行 stop 子程序。例如，在图 10-24 中，左侧传感器连接至14 号针脚，右侧传感器连接至 16 号针脚。程序设定条件如下：若 14 号针脚的传感器检测到黑色(通常表示信号"1")，同时 16 号针脚的传感器未检测到黑色(表示信号"0")，则执行 left 子程序。

表 10-7　循迹策略表

左侧传感器	右侧传感器	小车状态	动作
0	1	小车左偏	向右调整方向(右转)
1	0	小车右偏	向左调整方向(左转)
1	1	到达终点	停止
0	0	正常	前进

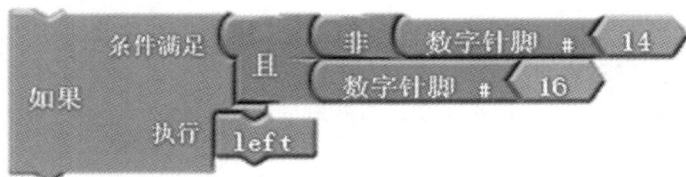

图 10-24　循迹左转例程

2. 安装调试

小车左右两侧的灰度传感器分别连接在扩展板的 A0 和 A4 接口，如图 10-25(a)所示。接下来，将循迹策略表转化为循迹的编程逻辑图，如图 10-25(b)所示。

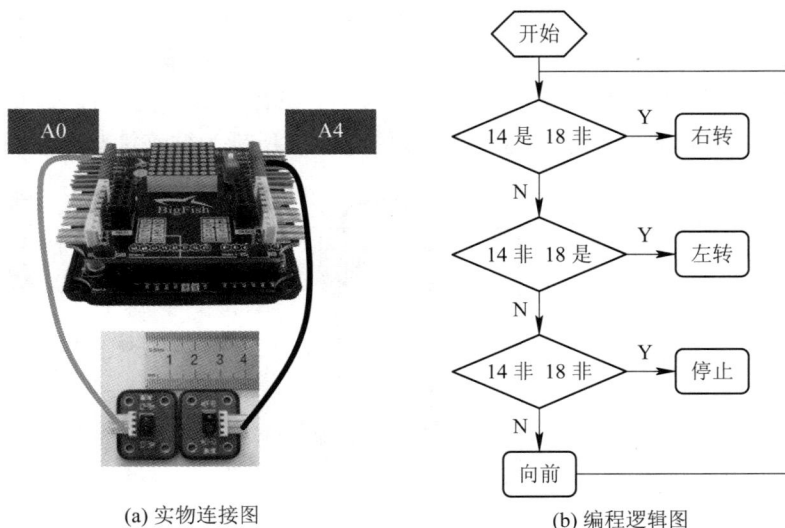

(a) 实物连接图　　　(b) 编程逻辑图

图 10-25　小车循迹的实物连接图与编程逻辑图

根据编程逻辑图编写如图 10-26 所示的循迹程序，并进行小车的循迹调试。

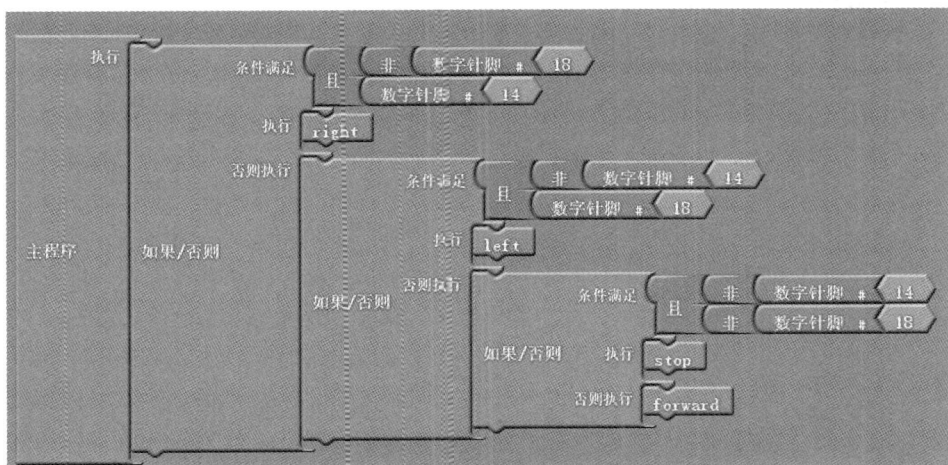

图 10-26 循迹程序

3. 测试灰度传感器

为判断灰度传感器是否能够正常响应并触发相应的操作，可以使用串口打印程序来进行测试。灰度传感器的测试输出分为两种形式。一种是模拟量输出，它能够输出 0～1023 之间的具体灰度值；另一种是数字量输出，其输出结果仅为 0 或 1。

在测试灰度传感器的数字量输出时，编写如图 10-27(a)所示的串口打印程序。启动串口监视器后，将灰度传感器置于距离黑白两种颜色目标物 3～5 cm 的高度，并观察对应的数字量测得值(如图 10-27(c)所示)。这样，我们可以检查传感器触发是否灵敏。

测试灰度传感器的模拟量输出时，编写如图 10-27(b)所示的串口打印程序。打开串口监视器，将灰度传感器置于距离黑白两种颜色目标物 3～5 cm 的高度，并观察串口监视器显示的灰度传感器模拟量实际测得值。

需要注意的是，传感器的触发和测得值会受到多种环境因素的影响，如光线强度、与目标物之间的距离等。因此，为了获得更准确的测量结果，建议进行多次重复测试，并在不同的环境条件下对传感器进行校准。

(a) 测试灰度传感器数字量输出的程序

(b) 测试灰度传感器模拟量输出的程序

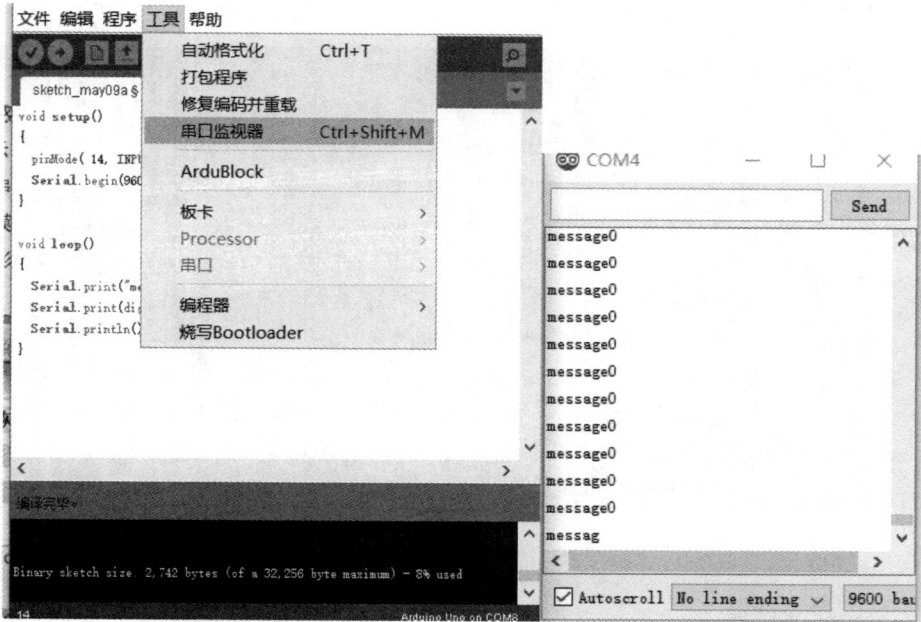

(c) 串口监视器显示的灰度数字量测得值

图 10-27　灰度传感器测试示意图

参 考 文 献

[1]　张春林，赵自强，李志香. 机械创新设计[M]. 4 版. 北京：机械工业出版社，2021.

[2]　王晖. 机械产品创新设计与 3D 打印[M]. 北京：机械工业出版社，2020.

[3]　刘静，宋晓华. 机械创新设计[M]. 北京：机械工业出版社，2021.

[4]　张莉彦，张美麟，张有忱. 机械创新设计[M]. 3 版. 北京：化学工业出版社，2022.

[5]　张春林，赵自强. 仿生机械学[M]. 北京：机械工业出版社，2018.

[6]　张景学，乔琳. 机械原理与机械零件[M]. 2 版，北京：机械工业出版社，2023.

[7]　徐起贺. 机械创新设计[M]. 2 版. 北京：机械工业出版社，2016.

[8]　潘承怡，姜金刚. TRIZ 实战：机械创新设计方法及实例[M]. 北京：化学工业出版社，2019.

[9]　中国机械工程学会，中国机械设计大典编委会. 中国机械设计大典[M]. 南昌：江西科学技术出版社，2002.

[10]　孙桓，陈作模，葛文杰. 机械原理 [M] . 7 版. 北京：高等教育出版社，2006.

[11]　孔凌嘉，王晓力，王文中. 机械设计[M]. 3 版. 北京：北京理工大学出版社，2018.

[12]　王晶. 第二届全国大学生机械创新设计大赛决赛作品集[M]. 北京：高等教育出版社，2007.

[13]　罗绍新. 机械创新设计[M] . 2 版. 北京：机械工业出版社，2008.

[14]　张有忱，张莉彦. 机械创新设计[M]. 北京：清华大学出版社，2011.

[15]　王树才，吴晓. 机械创新设计[M]. 武汉：华中科技大学出版社，2013.

[16]　高志，黄纯颖. 机械创新设计[M] . 2 版. 北京：高等教育出版社，2010.

[17]　杨家军. 机械创新设计技术[M]. 北京：科学出版社，2008.

[18]　檀润华. TRIZ 及应用：技术创新过程与方法[M]. 北京：高等教育出版社，2010.

[19]　沈萌红. TRIZ 理论及机械创新实践[M]. 北京：机械工业出版社，2012.

[20]　李彦，李文强. 创新设计方法[M]. 北京：科学出版社，2013.

[21]　温兆麟. 创新思维与机械创新设计[M]. 北京：机械工业出版社，2012.